断陷盆地傍河取水水文地质勘查技术与环境影响评价

王现国　李永超　雷　励　肖书超　赵全顺　王晨旭　等著

黄　河　水　利　出　版　社
·郑州·

内 容 提 要

本书在全面、系统收集区内水文地质资料，特别是20世纪50年代初以来地下水调查、勘查、监测、水质等方面研究成果的基础上，论述了研究区水文地质特征，对区域地下水系统演化和人类活动条件下地下水系统的演化进行了定量预测，以纸庄水源地为例，系统地进行了水文地质勘查技术研究，对地下水资源量进行评价，为水资源开发利用、保护提供了可靠依据。

本书可供从事水文地质、水资源管理的专业人员及高等院校地下水科学与工程等有关专业的师生参考。

图书在版编目(CIP)数据

断陷盆地傍河取水水文地质勘查技术与环境影响评价/王现国等著.—郑州:黄河水利出版社,2014.4

ISBN 978-7-5509-0772-0

Ⅰ.①断… Ⅱ.①王… Ⅲ.①断陷盆地-地下取水-水文地质勘探-研究 ②断陷盆地-地下取水-环境影响-评价 Ⅳ.①TU991.11

中国版本图书馆CIP数据核字(2014)第069753号

组稿编辑:王路平 电话:0371-66022212 E-mail:hhslwlp@126.com

出 版 社:黄河水利出版社

地址:河南省郑州市顺河路黄委会综合楼14层 邮政编码:450003

发行单位:黄河水利出版社

发行部电话:0371-66026940、66020550、66028024、66022620(传真)

E-mail:hhslcbs@126.com

承印单位:河南新华印刷集团有限公司

开本:787 mm×1 092 mm 1/16

印张:11.25

字数:260千字 印数:1—1 000

版次:2014年4月第1版 印次:2014年4月第1次印刷

定价:40.00元

前　言

地下水是一种有限的宝贵自然资源,又是生态环境体系中的活跃因素,地下水环境是人类环境的重要组成部分,与人类生存密切相关,世界范围内的地下水环境均表现出不断恶化的趋势,其中最为突出的是地下水水量衰竭和地下水污染。不断恶化的地下水环境又反作用于人类本身,严重制约了经济的发展,甚至危及人类的健康和生命。地下水的开发利用曾经作为古代文明的标志,代表着人类发展的技术水平,但是在现代,地下水资源已成为制约国民经济发展的基础条件之一。展望地下水开发的历史,凡是科学合理地开发利用地下水,往往会产生良好的经济、社会和环境效益;相反,无序持续超量开采地下水,往往导致地下水位区域性下降、地下水水质恶化以及地面变形、地面沉降、地面塌陷等环境问题。大量事实表明,地下水环境所提供的条件,并不能供人类随意开发,而要求人类有意识地与其保持平衡。当前,整个世界范围内频繁出现的一系列环境水文地质问题,正是人类打破了这种平衡的必然后果。因此,保护和改善地下水环境,以地下水资源永久持续利用,经济、社会和环境协调发展为原则,实现地下水资源科学有序的开发利用和管理,是21世纪我国面临的重要任务。

洛阳盆地位于河南省西部黄河南岸,西起延秋,东至黑石关,呈北东—北东东向延伸近百千米,南北宽约10余千米,伊、洛河贯流其间。行政区划包括洛阳市市区及辖区偃师、孟津、新安、宜阳、伊川等县(市)及郑州市辖巩义市部分地区。洛阳是举世闻名的历史文化名城,素有九朝古都之称,在中华民族5 000年文明史上,曾几度繁荣,占有重要的历史地位。洛阳作为国家重点建设城市,是一座以机械、电力、冶金、纺织、建材、橡胶、化工、玻璃、电子等多种工业为主导产业的工业城市,具有较强的工业经济基础和雄厚的科技实力。"九五"期间,洛阳市抢抓机遇,加速发展洛南新城建设,经济发展水平和社会面貌发生了重大变化。偃师是洛阳的卫星城市,社会经济发展水平位居全省先进行列。目前,这两座城市生活及工业用水多以开采洛阳盆地内浅层地下水为主,盆地内现有11个傍河水源地,日开采量达88.83万m^3。

随着国民经济的飞速发展,城市规模的日益扩大,人口的不断增多,地下水开采量的日益增加,盆地内区域性地下水位不断下降。同时,伊、洛河相继修建了水利工程并投入使用,1963年伊河陆浑水库建成投入使用,1993年洛河故县水库建成投入使用,1999年洛阳市规划在洛河洛阳市区段建立五期水面工程,目前已有三期水面工程建成蓄水。陆浑水库、故县水库的兴建利用及洛河水面工程的拦水运用使本区水文地质条件发生了重大变化。重新计算和评价洛阳盆地地下水资源,可为盆地内地下水资源的合理开发利用提供依据。

洛阳盆地是豫西山系中的一个大型山间盆地。洛阳位于盆地西部,是河南省和国家的主要重工业基地,也是我国历史文化名城。20世纪50年代以来,洛河两岸工农业用水量逐年增加,并且主要依靠地下水源,致使洛河水量逐年减少,两岸地下水位下降,水源井出水量减少，河水位与地下水位脱开，形成了地下水降落漏斗，同时产生了地下水位持续下降、地面沉降等环境问题。自50年代末以来，地矿、水利、城建等部门进行了一系列水文地质、环境水文地质、环境地质勘察、评价和检测工作。

人工大量地开采地下水资源使洛阳盆地内地下水环境条件发生了明显改变，主要表现为地下水补给条件发生了显著变化，区内地下水位普遍下降。为防止地下水位持续下降，在1984～1996年间相继开展了地下水人工回灌试验，又从1999年开始建设人工补给调蓄工程，自2000年4月开始，随着人工调蓄工程的运行，对地下水的补给量有所增加，地下水位抬升，同时也出现了地下水污染、地下人防工程被淹没、建筑物变形、土地浸没等灾害。

地表水及地下水污染是研究区的又一个严重环境问题。随着区内城市规模的不断扩大，地表水和地下水均已受到不同程度的污染，洛河水质已达V类；由于城市工业废水及生活废水的随意排放，第四系孔隙地下水遭受严重污染。20世纪70年代以来第四系孔隙地下水常量组分TDS、硬度、NO_3^- 等含量逐年升高，地下水总硬度年均上升7.3 mg/L（以$CaCO_3$计），局部地下水总硬度、NO_3^-、NO_2^-、NH_4^+、六价铬、氰化物等超过现行生活饮用水标准。

洛阳盆地水环境的恶化主要是由水资源利用不合理、水资源管理不力、地下水资源量不清等因素所导致的。地下水系统已不能实现水资源可持续利用，为了保护地下水资源，实现经济、社会的持续发展，以上这些问题都是亟待解决的水环境问题。本书是依托洛阳市偃师纸庄水源地供水水文地质勘探、洛阳市地下水资源保护研究、洛阳市地下水人工回灌机制研究等项目支撑完成的，其中洛阳市偃师纸庄水源地供水水文地质勘探项目曾获建设部2002年度优秀工程勘察设计二等奖，洛阳市地下水资源保护研究项目曾获河南省国土资源科技成果一等奖；主要研究了盆地区40年来地下水环境演化规律，揭示了地下水环境演化与人类活动、水文地质条件等因素的相互关系；运用数学模型对研究区的浅层孔隙地下水系统进行仿真刻画，结合研究区的社会经济发展，优化已有水源地开采方案，对人工调蓄工程运行模式进行研究，综合考虑地表水资源条件，采用地下水数值模拟模型对盆地的地下水资源开采方案进行优化，保证水资源可持续利用，从而为合理开发利用洛阳盆地水资源、保护洛阳盆地生态环境提供科学依据。

在研究过程中，得到了水利部水资源管理中心、河南省水利厅、洛阳市水务局、洛阳市自来水公司、洛阳市环境保护局、洛阳市节约用水办公室、偃师市水利局、偃师市自来水公司、偃师市节水办公室等单位的大力支持，同时研究过程中也引用了大量同行在此方面的研究成果和资料，在此表示衷心的感谢！

本书可供水文水资源、地下水科学与工程等专业技术人员及高等院校相关专业的师生参考。

作　者

2014年2月

目 录

第 1 章　绪　论

河南省偃师市第二水厂纸庄水源地位于洛阳盆地东部北岸一级阶地，是傍河型大型水源地。随着偃师市国民经济的飞速发展和城市规模的不断扩大，地下水开采量亦逐年加大，在规划区内洛河傍河地段建立新的水源地对缓解偃师市供水紧张状况，合理开发利用地下水资源，提高水资源利用的社会、经济和环境效益，保证城市供水安全有极其重要的现实意义和长远意义。

1.1　目的、任务和位置交通

1.1.1　目的、任务

偃师市是洛阳市的重要卫星城市。随着经济体制改革的不断深化、国民经济的飞速发展、城市规模的不断扩大，用水量与日俱增。目前，地区地下水日开采量 3.5 万 m^3，其中自备井日开采量约 2.5 万 m^3。存在的问题是：市区超量开采地下水，现状条件下城区已形成地下水开采降落漏斗，漏斗中心水位标高 93.65 m，漏斗面积已达 25.6 km^2。从多年动态资料看，降落漏斗有逐年增大的趋势（1989 年漏斗中心水位标高 96.0 m，漏斗面积 1.9 km^2）。因此，寻找和开发具有调蓄能力、经济效益和社会效益较佳的新水源地，提高城市供水安全保证程度，是偃师市亟待解决的问题。

为改变偃师市供水紧张状况，偃师市自来水公司在洛河北岸杜楼村至南蔡庄村以南地带投资兴建了偃师市第二供水水源地，日开采量 5 万 m^3（省计委设计计〔1996〕1033 号文批准）。

本次勘察工作以评价 100 m 以上浅层地下水资源为主，并对 100 ~ 350 m 的中深层地下水进行初步评价，为建立日开采量 5 万 m^3 水源地编制技术设计提供依据。主要任务是在 100 km^2 范围以内：

（1）进一步查明区内水文地质条件。查明区内浅层（100 m 以上）含水层组的分布埋藏条件、岩性岩相组合特征、富水性及其地下水补给、径流、排泄条件；

（2）建立并初步论证地下水渗流模型，计算和评价区内地下水的可开采量，为水厂建设提供施工设计依据；

（3）通过钻探、试验等手段，对地下水开采技术条件、长期开采的保证程度作出可靠评价；

（4）预测开采期内地下水资源变化趋势，开采后对邻近水源地的影响（主要是第一水厂水源地及首阳山电厂水源地），以及对区内工农业用水开采条件的影响作出初步论证。

1.1.2 位置交通

偃师市第二水厂纸庄水源地位于偃师市洛河北岸杜楼村至南蔡庄村以南地带，勘探区南部以洛河为界，东起偃师老城村，西至207国道，北部边界确定在邙岭脚下（以首阳山断裂为界）。地理坐标为东经112°41′～112°46′，北纬34°42′～34 °43′，面积约16.9 km^2。测绘范围为东经112°34′～112°50′，北纬34°40′～34 °45′，面积198 km^2。

勘探区西距洛阳市25 km，区内交通便利，陇海铁路、310国家级公路、开洛高速公路在区北侧通过，207国道在西部与310国道垂直相交，交通十分便利（见图1-1）。

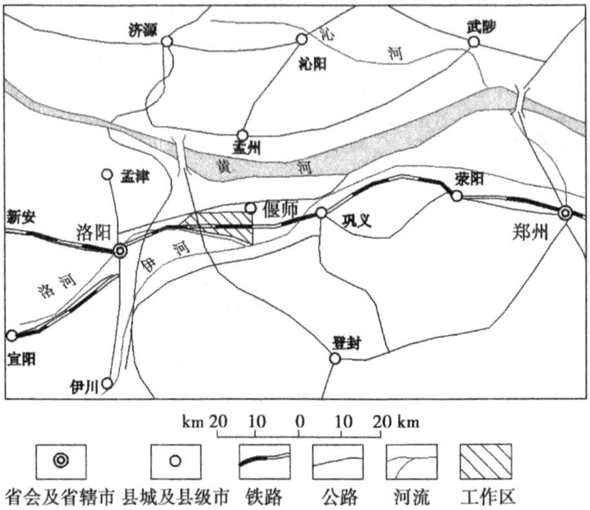

图1-1 交通位置图

1.2 城市供水现状及发展规划

1.2.1 城市供水现状

1994年，经国务院批准，偃师撤县设市，城区总面积47.2 km^2。目前，市区供水水源以地下水源为主，市第一水厂水源地有供水井6眼，供水能力约1.0万 m^3/d。此外，各厂矿企业多为自备井供水，供水量约为2.5万 m^3/d（其中化肥厂1.0万 m^3/d），市区总供水量3.5万 m^3/d。

1.2.2 城市供水规划

1995年7月，偃师市人民政府在偃师县城总体规划（1981～2000年）和偃师县城总体调整规划（1986～2000年）的基础上，完成了新的总体规划（1994～2010年）。

根据新的总体规划，城区近期总用水量为11.699 7万 m^3/d，远期需水量将达16.610 7万 m^3/d。可见，近期缺口为8.199 7万 m^3/d，远期缺口为13.110 7万 m^3/d，届时供需矛盾将更加突出,城区地下水可开采资源的数量及其能否满足日益增长的需求、开采过程中出现的环境地质问题及其应采取的对策等,都是亟待解决的问题。

1.3　水文地质研究程度及水利化现状

1.3.1　水文地质研究程度

研究区水文地质研究程度较高,自 20 世纪 60 年代以来,先后在市内作过不同比例尺的地质、水文地质工作,积累的丰富的地质、水文地质资料主要有:

(1)1961 年豫 01 队提交了《1:5万水文地质测绘报告》;

(2)1975 年河南省地质局水文地质队编有 1:5万《河南省偃师县农田供水水文地质勘察报告》;

(3)1985 年河南省地矿厅水文地质二队提交了 1:20 万《洛阳临汝幅综合水文地质普查报告》;

(4)1986 年河南省煤田地质二队提交了 1:5万《偃龙煤田水文地质汇编》;

(5)1980 年电力工业部西南电力设计院提交了《洛阳市首阳山电厂一期水源地水文地质勘测报告》;

(6)1989 年河南省工程水文地质勘察院提交了《偃师县供排水公司水源地钻孔施工及水量评价简报》;

(7)1990 年中国地质大学(北京)编有《洛阳市偃师县城关供水水文地质调查报告》;

(8)1996 年河南省地矿厅第二水文地质工程地质队提交了 1:5万《偃师市水资源开发利用规划报告》;

(9)1998 年河南省郑州市地质工程勘察院提交了《偃师市城区地下水资源评价报告》;

(10)1998 年河南电力设计院提交了《首阳山电厂扩建 2 ×400 MW 工程水源地勘探报告》。

除以上成果外,近几年来,各用水单位施工了不少的供水井,都给本次工作积累了宝贵的水文地质资料。

1.3.2　水利化现状

勘探区内偃师市城关镇、首阳山镇等 2 个行政镇的农业用水情况,因水利设施条件、自然条件等的差异,其用水量不尽相同。城关镇农业用水均采用地下水源,主要为井灌,水井设施配套齐全,农灌效益最好。首阳山镇农业用水是引用中州渠污水或抽取地下水。中州渠位于洛河北岸,1959 年兴建引洛河水,渠首在洛阳市区涧河口上游,经洛阳市区、郊区、孟津县平乐镇后,进入偃师市,途经首阳山镇、山化乡,东延穿过本区,全长 50 km。引水能力可达 6 m^3/s,总设计灌溉面积 7 万亩(1 亩 =1/15 hm^2,下同)。目前,偃师市仅首阳山镇可受益,年引水量约 100 万 m^3,灌溉面积 5 220 亩。中州渠现基本上成为洛阳市的排污渠,中州渠 1997 年引水量变化曲线见图 1-2。

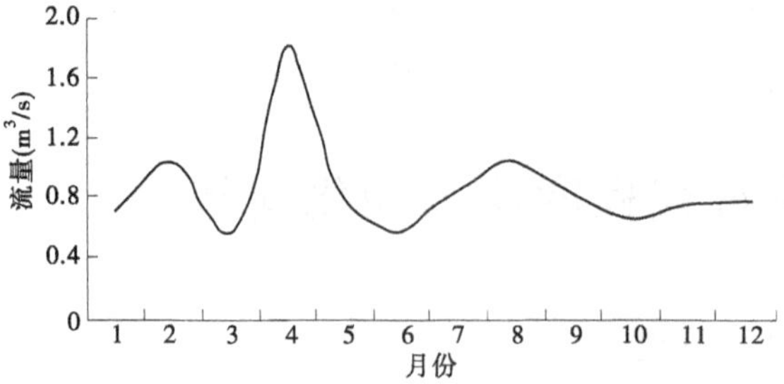

图 1-2 中州渠 1997 年引水量变化曲线

1.4 勘察工作技术路线及工作方法

1.4.1 勘察工作简述

1.4.1.1 水源地勘探类型的确定

偃师市第二水厂纸庄水源地的主要含水层是埋藏在 100 m 以上的浅层孔隙含水层。水源地分布在具有常水头河流(洛河)傍河冲积平原区,故该水源地属孔隙水类傍河型水源地。

第二水厂纸庄水源地浅层含水层组埋藏浅,具二元结构,岩性、厚度比较稳定,补给条件好,以洛河水入渗为主,水质类型简单,主要为 HCO_3^- 型水,故该水源地勘察难易程度属孔隙水类简单型。

1.4.1.2 工作部署原则及重点查明的水文地质问题

为了加快水源地开发建设进度,提高经济效益,本次勘探采用“探采结合,以探促采”的方法,在充分收集前人工作成果的基础上,结合本区水文地质条件,按工作需要布置水文地质测绘、物探、钻探、试验、地下水动态长期观测、井孔高程坐标测量及综合研究工作。

重点查明的水文地质问题有以下几种:

(1)水源地各含水层分布、埋藏条件及水平、垂向渗透能力;

(2)河流补给地下水途径、补给带宽度、河床及岸边地层结构;

(3)洛河水文地质特征及上游水利工程对洛河的影响,洛河不同时期对地下水的补给能力;

(4)水源地运行期间可能产生的环境水文地质问题。

1.4.1.3 水源地勘探范围的确定

根据水源地所在的水文地质单元,按照地下水系统进行地下水资源评价的原则,勘探区南部以洛河为界,测绘范围南部考虑到首阳山电厂水源地,开采扩大至伊河南岸一级阶地后缘;东部考虑开采后与第一水厂水源地的干扰,测绘范围东至市区东侧老城附近;考虑到西部第三水源地(城市建设规划),西部边界划定在南蔡庄附近,测绘范围扩大至偃师市边界附近,按照地下水资源计算的原则,北部边界确定在邙岭脚下(以首阳山断裂为界)。

1.4.1.4 完成的主要工作量

勘探区以往地质、水文地质研究程度较高,积累了大量资料。本次工作在研究以往资料的基础上，布设了水文地质测绘、水文地质物探、水文地质钻探、水文地质试验，地下水动态观测、水质化验等工作。完成的主要工作量见表 1-1。

表 1-1　完成主要工作量一览

<table>
<tr><td rowspan="12">收集资料</td><td colspan="2">偃师市土地利用调查与研究</td><td rowspan="8">水文地质调查</td><td colspan="2">补充测绘面积(km²)</td><td>198</td></tr>
<tr><td colspan="2">偃师市土地利用总体规划</td><td colspan="2">水位统调(点/次)</td><td>223/2</td></tr>
<tr><td colspan="2">偃师市统计年鉴(1997)</td><td colspan="2">开采现状调查(km²)</td><td>198</td></tr>
<tr><td colspan="2">1985 ~ 1998 年气象水文资料</td><td colspan="2">渗水试验(组)</td><td>10</td></tr>
<tr><td colspan="2">中州渠灌资料</td><td rowspan="2">长观</td><td>本次(点/月)</td><td>28/18</td></tr>
<tr><td colspan="2">洛阳市首阳山电厂一、二期水源地勘察报告</td><td>收集(点/月)</td><td>25/24</td></tr>
<tr><td colspan="2">洛阳市偃师县城关供水水文地质调查报告</td><td colspan="2">地表测流(断面/次)</td><td>8/2</td></tr>
<tr><td colspan="2">偃师县农田供水水文地质勘察报告</td><td colspan="2">洛阳铲孔(个)</td><td>32</td></tr>
<tr><td colspan="2">偃师市水资源开发利用规划报告</td><td rowspan="4">水文地质物探</td><td rowspan="2">剖面</td><td>本次(条)</td><td>6</td></tr>
<tr><td colspan="2">偃师市城区地下水资源评价报告</td><td>收集(条)</td><td>1</td></tr>
<tr><td colspan="2">1:20 万洛阳临汝幅综合水文地质普查报告</td><td colspan="2">对称四级测深点(个)</td><td></td></tr>
<tr><td colspan="2">洛河水质监测资料(1998 年)</td><td colspan="2">水文测井(m/眼)</td><td>1 300/9</td></tr>
<tr><td rowspan="6">抽水试验</td><td>简易抽水(组)</td><td>16</td><td rowspan="2">测量</td><td colspan="2">坐标点(个)</td><td>26</td></tr>
<tr><td>单孔抽水(组)</td><td>4</td><td colspan="2">高程点(个)</td><td>26</td></tr>
<tr><td>多孔抽水(组)</td><td>6</td><td rowspan="3">水文地质钻探</td><td rowspan="2">勘探孔</td><td>本次(m/个)</td><td>362/1</td></tr>
<tr><td>两孔干扰抽水(组)</td><td>1</td><td>收集(m/个)</td><td>198 715/114</td></tr>
<tr><td>大型群孔抽水(五孔)</td><td>1</td><td colspan="2">探采结合孔(m/个)</td><td>938/8</td></tr>
<tr><td>收集(组)</td><td>20</td><td rowspan="3">水质分析</td><td colspan="2">污染分析(个)</td><td>25</td></tr>
<tr><td rowspan="2">水质分析</td><td>简分析(个)</td><td>12</td><td colspan="2">细菌分析(个)</td><td>46</td></tr>
<tr><td>全分析(个)</td><td>8</td><td colspan="2">收集(个)</td><td>46</td></tr>
</table>

1.4.2　勘察技术路线与工作方法

偃师市第二水厂纸庄水源地供水水文地质勘察工作组于 1998 年 5 月编写了《勘探设计》，1998 年 6 月开展野外工作，1999 年 6 月底野外工作结束，转入室内资料整理。

1.4.2.1　水文地质测绘

本次测绘采用编测结合的方法，合理布置观测点线，着重查明河床、漫滩、洛河冲积平原的分布及各种沉积物的叠置关系，河流水文特征及河水不同时期与地下水的补给关系。

测绘采用新编 1:1万地形图作野外底图，测绘面积 198 km^2，水文地质统调两次共 223 点，洛阳铲孔 382 个、5 个剖面，流速仪地表水测流（包括污水渠）8 个断面，丰水期、枯水期各一次。在不同的地貌单元进行了双环渗水试验 10 组，机民井简易抽水 16 组，抽水稳定时间 2 ~ 4 h。同时进行了工农业开采现状调查，其中市区逐井调查工作，各项工作均满足勘探设计和规范要求。

为了查明伊河、洛河现状条件下与地下水之间的关系，进行了历时 2 个月的水位、流量观测，观测断面 4 个。

1.4.2.2 水文地质钻探

根据“探采结合，以探促采”的原则，大型抽水试验等主要钻探工程布置在未来的傍河开采地段，按开采初步设计方案确定布孔间距，布设井位，并按开采井技术要求成井。大型抽水试验观测孔尽可能利用资料齐全的机民井，分别布成平行河边线和垂直洛河两个方向的“十”字形剖面，在没有机民井的位置施工观测孔。

勘探深度根据现有资料，浅层含水层钻探揭露深度定为 100 m 左右，中深层含水层定为 350 m。为了取得较大的单井出水量，本次勘探采用了在井内安装桥式滤水管的成井新工艺，取得了良好的效果。本次勘察施工各类钻孔 9 个，总进尺 1 300 m，其中浅层孔 7 个、中深孔 1 个、地质孔 1 个，探采结合孔 8 个，进尺 938 m，占钻探工作量的 78.2%，不同钻孔的各项技术指标均达到规范要求。经甲、乙双方现场共同验收优质孔率在 100%。

1.4.2.3 抽水试验

本次勘探抽水试验共进行了 12 组。其中，单孔稳定流抽水 4 组，稳定时间大于 8 h；多孔非稳定流抽水 6 组，稳定时间大于 48 h；两孔干扰抽水 1 组，抽水历时 96 h；大型群孔抽水试验 1 组，抽水历时半个月。各种抽水试验结束后均进行恢复水位观测，抽水试验工作均按设计和规范要求进行，质量可靠。此外，还收集了 20 组抽水试验成果资料，包括首阳山电厂水源地大型开采抽水试验成果。

1.4.2.4 地下水动态监测

为了查明区内地下水动态变化规律，确定地下水动态类型、洛河水与地下水的水力联系，计算水文地质参数，进行地下水动态趋势预报等，建立了地下水动态观测网，开展了地下水长期监测工作，同时对洛河水也进行了同步观测，共布设长期观测点 28 个；地表水观测点 2 个；收集地下水观测点资料 7 个，地表水观测点资料 1 个，观测频率为 10 日一次；长期观测时间为 1 年零 6 个月；中深层水观测点 1 个，观测历时半年。观测项目按现行规范进行。

1.4.2.5 水质分析

水质分析工作主要由郑州地质工程勘察院实验室承担，外检分析由洛阳市自来水公司水质测试中心承担，此外还收集了偃师市卫生防疫站、洛阳市环境保护局等部门的水质监测资料。各项工作均符合工作纲要和水质分析流程要求。

1.4.2.6 地球物理勘探

水文地质物探工作采用对称四极电测深、激发极化测深等方法进行，测井工作选择了视电阻率梯度、视电阻率电位、天然 γ、自然电位四条曲线三种参数测量。野外工作严格按《城市勘察物探规范》(CJJ 7—85)进行，对部分异常点均进行了野外复测，在全区均匀布置了检查点，占总测点数的 10%，其精度大于规范规定的 5%，全区相对均方差为 0.63% ~1.06%。测井资料采用单井重复测量 20%，结果表明，误差极小，资料可靠，精度较高。

1.4.2.7 坐标高程测量

对本次施工的探采结合孔、长期观测孔、抽水观测孔、地表水监测点等进行了坐标、高程测量，技术要求按现行《城市测量规范》（CJJT 8—2011）和《工程测量规范》（GB 50026—2007）要求执行，质量可靠。

本次工作对区内已有钻孔进行充分收集，共收集钻孔资料 114 个，总进尺 198 715 m，其中近两年施工钻孔 16 个，进尺 3 270.25 m；基本上查明了含水层的分布、地层结构、边界条件。在工作过程中，对所取得资料采用边工作、边整理、边总结的原则，取全取准野外第一手资料，并且把综合研究工作贯穿于勘察工作的始终，避免了综合研究与野外工作脱节的现象，缩短了报告编写周期，保证了报告编写质量。

该研究的创新点有以下几点：

（1）首次研究了水源地所在的盆地区地下水水化学环境演化特征；

（2）综合多种水文地质手段，解释了水源地的边界条件及水文地质问题，提出了适合傍河水源地水文地质勘查的技术方法；

（3）在地下水资源评价方面，采用了从区域到局部（勘查区）、区域（大）模型嵌套局部（小）模型的数值模拟方法，计算了水源地地下水可开采量。

1.5 地表水－地下水相互转换及其联合调度的研究进展

地表水－地下水之间的相互转换是水循环的主要组成部分之一，是水资源评价的主要工作之一。地表水与地下水之间的转换主要包括河流与地下水之间的相互转换以及灌溉水－土壤水－地下水之间的相互转换，尤其是在干旱内陆盆地，由于农业离不开灌溉，灌溉回渗补给是地下水的主要补给来源之一。水资源是一种基础的自然资源，是社会经济发展的基础，要实现社会经济的可持续发展，必须将地表水和地下水联合调度，优化配置水资源，从而实现水资源的可持续利用。本书根据研究课题的需要，对河流－地下水交互作用、灌溉水－土壤水－地下水之间的相互转换和水资源优化配置方面的研究进展进行了评述。

1.5.1 河流－地下水交互作用的研究进展

河流（包括渠系）与地下水通常有着密切的水力联系，河水往往是地下水的主要补给来源或排泄去处。傍河水井开采往往能够获得河流补给的增量或排泄量的减少量，容易形成稳定井流，增大允许开采量。此外，河流的存在还对矿坑突水、基坑降水等存在重要的影响。因此，正确的刻画和处理河流与地下水的补排关系及其交换量对水资源的正确评价具有重要的意义。

河流与地下水交互作用的研究主要有以下几个方面：

（1）傍河水井开采或矿坑降水量的确定；

（2）河流与地下水的污染物交换；

（3）计算灌渠入渗；

（4）计算地下水对河流的补给量（即基流量）；

(5)河流对地下水的补给量。

1.5.1.1 河流－地下水系统的类型划分

从地下水动力学的角度出发,根据河流切割含水层的情况,可以将河流分为完整河和非完整河(陈崇希,1999),前者是指河流完全切穿含水层,地表水和地下水沟通,二者进行水量交换不受任何阻力;后者是指河流与含水层有一定的水力联系,河流未切穿含水层,地表水与地下水水力交换受到渗透阻力,倘若河流是多泥沙河流,河床底部沉积一薄层淤泥,水量交换阻力更大(蒋业放,1994)。含水层有承压含水层和潜水含水层,由于河流大多直接与潜水含水层相联系,因此此处仅以潜水含水层为例对河流－地下水系统进行类型划分。结合河流与地下水位的关系,河流－地下水系统可以分为如图1-3所示的5种情况。其中(a)、(b)为完整河,前者为河流排泄地下水,后者为河流补给地下水,河流与含水层之间为饱和流;(c)、(d)、(e)为非完整河,(c)为河流排泄地下水,(d)为河流补给地下水,河流与含水层之间为饱和流,(e)为河流补给地下水,地下水位低于河床底部,二者之间为非饱和流,随着地下水位的下降,河流对地下水的补给量不再随深度而变化,因此(e)类又可以分为河流补给地下水量随深度变化和不随深度变化两种类型。由于河水和地下水直接联系,因此前4种类型可以称为水力连续型河流,而(e)类河流与地下水没有直接接触,可以称为非连续型河流。

1.5.1.2 河流补给地下水量的计算

目前,常见的确定河(渠)渗漏补给量的方法有水文学法、地下水动力学法和同位素示踪法以及数值模拟法等。

1. 水文学法

水文学法是通过测定河流某段上、下游断面的流量过程来建立该河段上的渗漏量与河床岩性、河流流量以及河水位与地下水位之差等参数之间的关系。此法不仅花费大,工作量大,而且得到的公式都是经验性的。

2. 测量法

近年来,研究地下水、地表水相互作用的方法有很多,Silliman 等(1995)通过测量水体和河床沉积物的温度序列确定通过河床沉积物的流量;Cey 等(1998)讨论了大尺度测量地下水补给河流相对于点测量的优点,结合同位素方法和地球物理技术估算水体之间的交互作用;Lyons 等(1995)利用锶同位素研究一干盐湖泉域的地下水混合及盐水圈划;Criss 等(1996)利用氢氧同位素和地球物理分析方法确定了地下水的补给源,并计算了地下水的运移速率;Yehdegho 等(1997)利用同位素平衡方法研究了疏浚湖与邻近地下水流场的相互作用;Cook 等(2003)利用氡同位素研究了澳大利亚北部地下水向某热带河流的排泄量;Beyerle 等(1999)利用$^3H/^3He$、惰性气体和 CFCs 研究了河流向浅部含水层的入渗规律。

3. 地下水动力学法

地下水动力学法是根据地下水动力学理论来计算河流的渗流量的,目前常用的是基于裘布依(Dupuit)假定的布西涅斯克(Boussinesq)微分方程来求解:

$$\frac{\partial}{\partial x}\left(Kh\frac{\partial h}{\partial x}\right)+W=\mu_d\frac{\partial h}{\partial t} \tag{1-1}$$

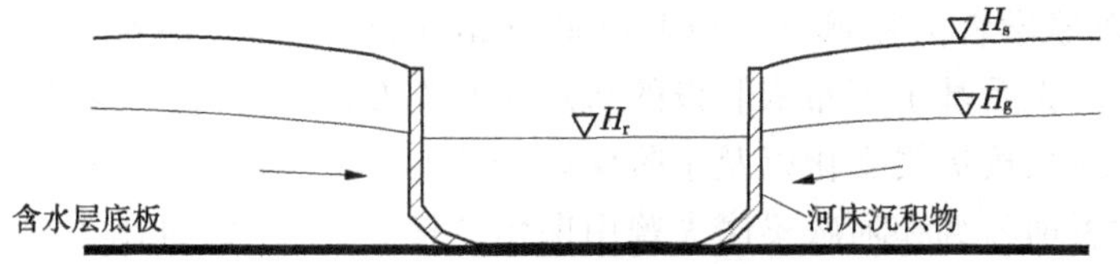

(a)河流排泄地下水(完整河)

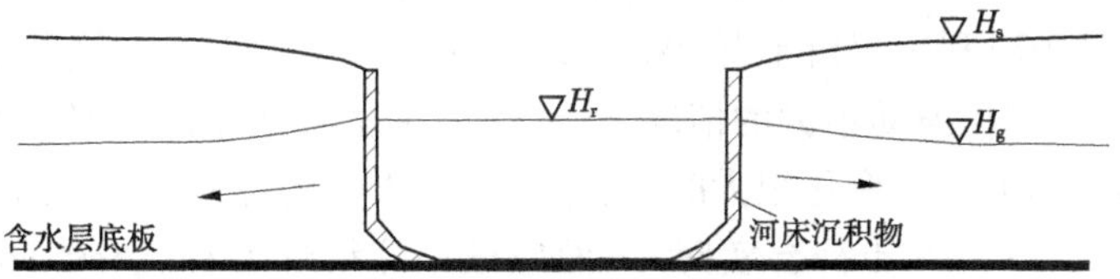

(b)河流补给地下水(完整河)

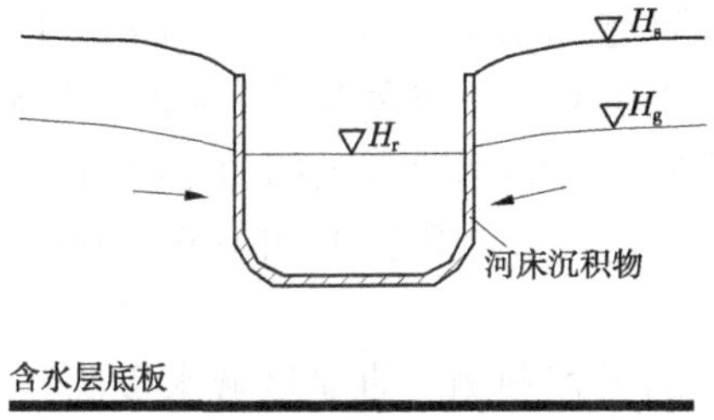

(c)河流排泄地下水(非完整河)

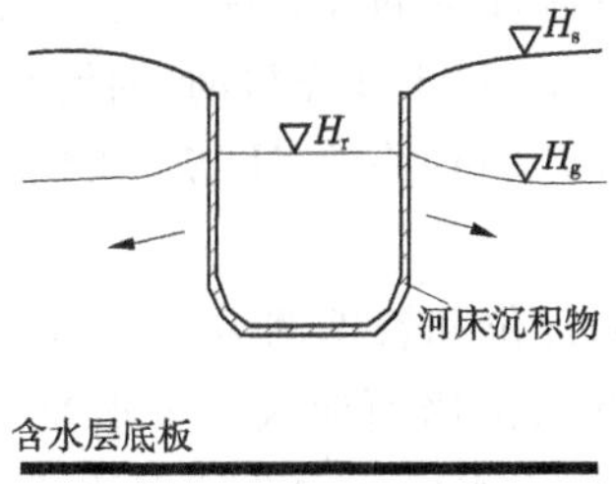

(d)河流补给地下水(非完整河、饱和流)

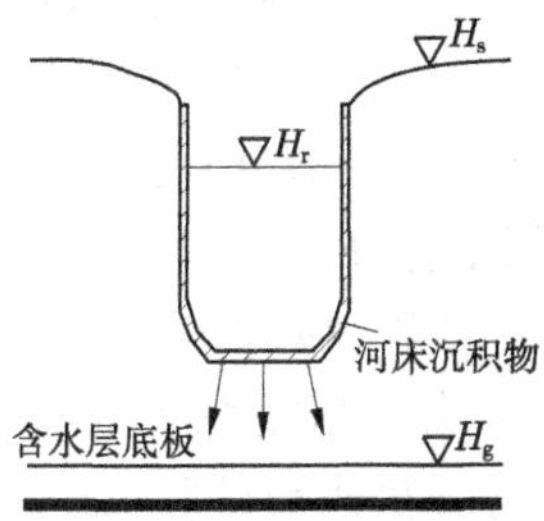

(e)河流补给地下水(非完整河、非饱和流)

图 1-3 河流 - 地下水关系图

在地下水动力学中通常对式(1-1)进行线性化,然后分离变量进行求解(陈崇希,地下水动力学)。苏联学者柯琴娜、威立根、阿威梁诺夫,德国学者傅希海门以及我国学者张蔚榛、李文渊等,先后基于裘布依假设的布西涅斯克方程,讨论了河渠水位突然上升、均匀上升、按正弦变化、按折线变化以及呈阶梯状变化时,一维及二维非稳定顶托渗漏量计算问题。苏联学者柯琴娜和阿威梁诺夫曾用保角变换方法,分别推出了自由渗漏情况下梯形断面河渠的渗漏公式和稳定顶托渗漏情况下的宽浅型河流的渗漏公式。近年来,随着新的数学方法及计算工具的发展,许多学者利用新的理论对布西涅斯克方程进行求解,如 Workman 等(1997)利用解析半群(Analytic Semigroups)的理论对线性布西涅斯克方程进行求解。在河流水位波动不大的情况下,线性布西涅斯克方程的解与地下水位观测值比较符合。但是,当河水位变化很大时,河流附近含水层的导水系数是水头的函数,布西涅斯克线性方程的解就不能符合实际了,而应该用非线性方程。Serrano 等(1998)利用 Adomian 等于 1994 年提出的分离变量的改进方法对非线性布西涅斯克方程进行了求解,计算结果则比较准确。P. G. Grebenyukov (2001)对影响地表水和潜水含水层之间水力联系的因素进行了野外试验研究,指出在河水位变动的情况下,河水与地下水之间的相互作用不能简单地用线性地下水运动方程和含水层介质的弹性储存量来反映,在考虑静水压力和地下水流的水平及垂向分量的基础上,给出了河水波动情况下的静水压力的垂向和水平向传导速率公式及地下水水位计算公式,并获得了比较好的效果。

4. 数值模拟法

地表水与地下水转化量的模拟预测一直是区域水资源评价和管理中的一个棘手问题,尤其是在有人工补给和开采影响的条件下,河流 - 地下水系统中的地表水与地下水转化量计算精度直接影响区域水资源评价的准确性。对于完整河,数值模拟比较简单,可以作为已知水头边界进行刻画。但是,对于非完整河,河流与地下水相互转化的机制比较复杂,转换量的大小,除与河床岩性结构有关外,还与二者的水位差有关,不能直接概化为已知水头边界。

在傍河地区建立地下水资源评价和管理的数学模型,对非完整河的处理一直引起众多专家的关注。J. Bear(1979)在讨论傍河地区地下水数学模型时,把非完整河当作三类边界,该方法不能反映河流补给地下水由压力式向淋滤式转变的全过程,特别是当河流径流量与水位受地下水开采影响较大时,该法不适用。Morel - Seytoux 等早在 20 世纪 70 年代就开始了河流 - 含水层系统的研究,其做法是用系统分析的方法分别建立河流子系统和含水层子系统的状态方程,然后将二者耦合构造河流 - 含水层离散核函数模型,但是该模型无法反映地表水与地下水之间不存在连续浸润面时淋滤补给情形,而且不适用于自然界广泛存在的河床底部有淤泥层的多沙河流。张福生(1991)在分析非完整河地表水与地下水相互作用机理的前提下,提出了非完整河地表水与地下水转换近似计算式。赵耀东(1991)在室内做了傍河水源地诱发补给试验,证明在河水位固定的情况下,地下水开采量增加,不管是粗砂含水层还是中砂含水层,均可出现淋滤补给现象,并且给出了河流补给地下水由压力式向淋滤式转变的判别式。

目前,常见对河流 - 地下水系统模拟的研究主要有以下几种:

蒋业放等(1999)运用动态水量交换机制,将河水模型和二维地下水模型进行耦合,分别用欧拉法和三角网格差分法来求解。Illangasekare T 等(1982)用河流损失函数描述河流与含水层间的水量交换,提出的算法形式烦杂,较难实现。Barlow P. M 等(2000)采用解析分步响应函数和叠加原理研究含水层系统对河流水位及区域补给变化的响应。以往研究更多涉及单层含水层和二维水流情形,多层含水层系统的地表水与地下水转化量模拟预报有待探讨。

(1)MODFLOW 中的河流-地下水渗流模拟。

在 MODFLOW 中的河流模块(McDonald 和 Harbaugh,1996)将河流分段,每一段为一个单元,假设每个河流单元水位在一个计算应力期内是保持不变的,河流与含水层的交换量可以通过下式计算

$$Q_s = \frac{K_b LW}{M}(H_r - h) = C_r(H_r - h) \qquad h > Y_{bot} \tag{1-2}$$

$$Q_s = C_r(H_r - Y_{bot}) \qquad h < Y_{bot} \tag{1-3}$$

式中:Q_s 为长度为 L[L]的河段的渗漏量[L^3T^{-1}],正值表示河流入渗补给地下水,负值表示河流排泄地下水;K_b 为河床沉积物的渗透系数[LT^{-2}];H_r 为河水位[L];h 为地下水位[L],Y_{bot}为河床沉积物的底面高程[L]。

当地下水位低于河床沉积物底面高程时,利用式(1-2)进行计算,此后,随着地下水位的下降,河流的入渗量保持不变。

潘世兵等(2002)提出了类似的方法,他以河流越流系数来计算河流补给地下水的量,并与三维地下水数值模拟模型相耦合,分析了不同河流水位和地下水位组合情况下的计算公式

$$q_i = \begin{cases} \alpha_i(h_i - h_0) & h_0 \geqslant \max(zb_i, h_r), h_i \geqslant h_r \\ -\alpha_i(h_0 - \max(zb_i, h_r)) & h_0 \leqslant \max(zb_i, h_r), h_i \leqslant h_r \\ \alpha_i(h_i - \max(zb_i, h_r)) & h_0 < \max(zb_i, h_r), h_i \geqslant h_r \\ 0 & h_0 < \max(zb_i, h_r), h_i < h_r \end{cases} \tag{1-4}$$

式中:i 为含水层层号;max( )表示取最大值;α 为系数,$\alpha = \frac{kpl}{m}$,k 为河床底积层的渗透系数,p 为河流湿周,l 为河段长度,m 为河床底积层厚度。

(2)Rovey 模型。Rovey 等 1975 年构建了一个饱和三维有限差分地下水模型来模拟包括河流-地下水交互作用的渗流场。他对达西定律进行扩展来计算图 1-3 中(e)类问题。

$$Q_s = C_r(H_r - Y_{bot} - h_a) \qquad h < Y_{bot} \tag{1-5}$$

式中:h_a 为河床沉积层的进气水头值。

(3)Bouwer 模型。Bouwer1969 年利用类似式(1-5)的公式计算了非连续型河流的渗漏量。他利用河下含水层的平均吸力水头来代替式(1-5)中的 h_a,可以用下式来计算最大河流的渗漏量

$$Q_s = C_r(H_r - Y_{bot} - h_{cr}) \tag{1-6}$$

式中:h_{cr}为临界压力水头,可以用下式计算

$$h_{cr} = \int_0^{\varphi_w} \frac{K(\varphi)}{K_s} d\varphi \tag{1-7}$$

式中：$K(\varphi)$ 为含水层非饱和渗透系数[LT^{-1}]；K_s 为含水层饱和渗透系数[LT^{-1}]；φ 为非饱和带的压力水头[L]。

Bouwer(1964)通过室内试验研究发现式(1-6)可以用来计算河流高于毛细带时，地表水体通过下伏弱透水层的最大稳定流流量。式(1-6)中的 h_{cr} 也可以用河床底面到地下水面的距离来代替。因此，Bouwer 法计算的河流渗漏量仅与 h_{cr} 有关，也就是说仅与河下含水层的渗透性有关。

尽管 Bouwer 模型比 Rovey 模型有所改进，但是仍然没有考虑河水位和河川沉积层岩性的作用。

(4) Dillon 和 Liggett 模型。Dillon 和 Liggett(1983)模拟了暂时性非连续型河流与潜水含水层之间的水量交换。他们模拟了负压水头，并称之为"转换水头"，然后代入 Green - Ampt(Green 和 Ampt，1911)模型，来确定河流开始入渗到补给地下水的滞后时间。与前几个模型一样，该模型仍然没有考虑河流水位波动的影响，而且也没有说明如何计算吸力水头。

(5) 水力耦合模型。蒋业放(1999)运用动态水量交换机制，建立了河流 - 含水层水力耦合模型。将河水和地下水视为一个水文系统，该系统包括河流子系统和地下水子系统，两子系统通过水量交换而发生作用，交换量的大小和方式受到水位差、含水介质渗透性以及水流状态的影响。将有限的河流概化成一维流，河流两侧不透水，底部存在弱透水层，河水与地下水可相互转化，忽略河槽调蓄。总的河流 - 地下水系统模型如下：

河流与地下水转化有三种形式：顶托排泄、压力渗漏和淋滤渗漏。水量交换的数学方程为

$$\begin{cases} \dfrac{\partial Q_r}{\partial t} = \sum\limits_j R_j \delta(l - l_j) - EW \\ E = \begin{cases} \min[\gamma(H_r - H)\eta, E_m, q_u] & H < H_r \\ \gamma(H_r - H) & H \geq H_r \end{cases} \\ \dfrac{\partial}{\partial x}\left[k(H - H_d)\dfrac{\partial H}{\partial x}\right] + \dfrac{\partial}{\partial y}\left[k(H - H_d)\dfrac{\partial H}{\partial y}\right] + \varepsilon + f(x,y)E - \\ \sum\limits_i Q_c \delta(x - x_i)\delta(y - y_i) = \mu \dfrac{\partial H}{\partial t} \end{cases} \tag{1-8}$$

式中：Q_r 为河流流量[L^3T^{-1}]；A 为河流过水断面面积[L^2]；t 为时间[T]；E 为河流与含水层水量交换强度[LT^{-1}]，漏为正，泄为负；W 为河水淹没宽度[L]；R 为沿途汇入(正)或引出(负)流量[L^3T^{-1}]，为狄拉克单位脉冲函数；H_r 为河水位[L]；H 为地下水位[L]；η 为反映泥沙对渗漏孔隙淤塞情况的经验系数(其大小由河水浑浊度决定，越混浊越小)；γ 为河床渗漏系数，$\gamma = k_z/m$，k_z 和 m 分别为河床底积层垂向渗透系数[LT^{-1}]和厚度[L]；H_d 为含水层底板标高[L]；k 和 μ 分别为含水层渗透系数[LT^{-1}]和给水度；ε 为除河水与地下水交换外的其他垂向交换量[LT^{-1}]；Q_c 为生产井开采量[L^3T^{-1}]；$f(x,y)$ 为河流识别函数，河流区为 1，非河流区为 0。

(6)MOBFLOW 模型。Osman 和 Bruen(2002)在 Rovey 模型、Bouwer 模型、Dillon 和 Liggett 模型的基础上,对 MODFLOW 模型进行了修正,提出了 MOBFLOW 模型。尽管仍然假设地下水弱透水层中渗流为一维饱和垂向流动,但是最大渗流量不单独依赖于弱透水层,最大吸力水头也不仅依赖于含水层参数,当地下水位埋深较浅时,最大吸力水头为地下水面到河底距离的函数。其特点是确定特定河水位、弱透水层、含水层结构条件下的有限潜水面 H_{shw}。

$$Q_r = \begin{cases} C_r(H_r - h) & h > Y_{bot} \\ C_r(H_r - Y_{bot} + H_{suc}) & H_{shw} < h \leqslant Y_{bot} \\ C_r(H_r - H_{shw}) & h < H_{shw} \end{cases} \tag{1-9}$$

(7)非饱和模型。Osman 和 Bruen(2002)利用非饱和模型 SWMS - 2D 对河床不同岩性组合情况下的河流入渗进行了模拟。

1.6　水资源可持续利用的研究进展

1996 年,联合国教科文组织(UNESCO)国际水文计划工作组将可持续水资源管理定义为"支撑从现在到未来社会及其福利而不破坏它们赖以生存的水文循环及生态系统完整性的水的管理与使用"。

从国内外研究现状来看,20 世纪 90 年代初在国际上开始可持续水资源管理的研究。为了推进国际和国家水资源可持续管理的研究,近十几年来,国际上召开了一系列的专题讨论会,这些会议反映了水资源可持续管理的研究进展。主要有以下几点:

1992 年在爱尔兰召开的"国际水和环境大会:21 世纪的发展和展望"(ICWE),提出了水资源系统及可持续研究问题。

1993 年 7 月,在日本横滨召开的"第六届国际气象大气物理科学和第四届国际水文科学大会联合大会"(IAMAP—IAHS'93),讨论了全球变化对水文水资源影响的问题。

1993 年 10 月,在德国召开的研究不同时空尺度水信息变化的相似性和变异性为目标的"第二届国际实验与网络资料水流情势(Flow Regimes From International Experimental and Network Data,FRIEND)学术大会",研讨了可持续水资源管理的水文学基础及信息资料问题。

1994 年 6 月,在德国 Karlsruhe 由联合国教科文组织(UNESCO)主持和国际水资源协会(IAW)与国际水文科学协会(IAHS)协办的"变化世界中的水资源规划国际学术大会",探讨了可持续水资源管理的 4 个专题:可持续水资源管理的展望,水资源开发中的风险和不确定性,水资源可持续管理的决策支持系统,水资源开发和环境保护的协调。

1995 年在美国召开的第 21 届国际大地测量及地球物理学联合大会(IUGG)期间,国际水文科协水资源系统委员会(ICWRS)举办了"流域尺度可持续水资源系统的模拟和管理"学术讨论会,并以国际水资源系统委员会为核心成立了"可持续水库开发和管理准则(Criteria of Sustainable Reservoir Development and Management)"国际研究组。

1996 年 10 月,在日本京都召开了"国际水资源及环境研究大会:面向 21 世纪新的挑战”。专门讨论了流域尺度可持续水资源系统管理的应用实例，水的利用，水库、监测水质水量和科学的管理方法，水质水量的可持续模拟，风险和不确定性，模型的检验，地理信息系统（GIS）的应用等。

1997 年 4 月，在摩洛哥召开的第 5 届 IAHS 科学大会期间（Science Program Committee for IAHS 5th Scientific Assembly; 5th Scientific Assembly of the International Association of Hydrological Sciences），举办了“不确定性增加下的水资源可持续性管理学术大会”，其中专门讨论了洪水与干旱管理、水资源开发对环境的影响、水文/生态模拟和环境风险评价等。

1998 年 5 月，在中国武汉召开了“国际水资源量与质的可持续管理问题研讨会”。此次大会吸引了国内外许多知名学者和从事水资源研究科技工作者与行政管理者。大会深入探讨了流域水质水量统一管理面临的问题，交流了国际水资源可持续管理新的研究进展与经验。

2001 年 9 月，国际水文科学协会（IAHS）在荷兰召开了“区域水资源管理研讨会”。针对区域尺度水资源管理的许多科学问题进行了研讨，主要包括三大部分内容：过去管理实践中的经验和教训，面对挑战的区域可持续水资源管理，水资源管理的研究方法。焦点问题是关于不同尺度建模方法的发展和水资源管理各种管理模型。

2002 年 9 月，在中国北京召开的“变化环境下的水资源脆弱性国际学术研讨会”。主要围绕五大方面进行讨论和交流：①变化环境下的水文循环；②黄河流域水资源的时空演变态势；③水资源的可再生性；④水资源的脆弱性评价理论和方法；⑤无资料地区水文模拟与预测。

1.7 水资源优化配置的研究进展

水资源优化配置在我国是在水资源出现严重短缺和水污染不断加重这样一个背景下于 20 世纪 90 年代初提出来的（李令跃，2000），并逐步应用到水资源的规划与管理中，目前仍处于发展中。区域水资源优化配置可定义为：一定时期内，在一特定的区域内，以有效、公平和可持续的原则，对有限的、不同形式和质量的水资源，通过工程措施与非工程措施在各用水对象之间进行科学分配。水资源优化配置不仅要适应经济发展和人民生活的需求，还应尽可能地满足人类所依赖的生态环境对水资源的需求，以及未来社会对水资源的基本需求。水资源优化配置是需水管理的核心之一，是区域水资源系统可持续发展的关键，也是可持续发展观在水资源利用上的具体体现（冯耀龙，2003）。

水资源优化配置泛指通过工程措施和非工程措施，改变水资源的天然时空分布；开源与节流并重，兼顾当前利益和长远利益；利用系统科学方法、决策理论和先进的计算机技术，统一调配水资源；注重兴利和除弊的结合，协调好各地区及各用水部门之间的利益与矛盾，尽可能地提高区域整体的用水效率，以促进水资源的可持续开发利用和区域的可持续发展（许新宜等，1997）。亦即“运用系统工程理论方法，建立水资源优化配置模型，以此制订水资源配置方案”。水资源配置研究首先源于 20 世纪 40 年代 Masse 提出的水库优化调度问题。20 世纪 50 年代以后，随着系统分析理论和优化技术的引入以及 60 年代计算机技术的发展,水资源系统模拟模型技术得以迅速研究和应用。

1.7.1 水资源系统模拟技术

20世纪60年代初,美国哈佛大学水规划小组首先采用数学模拟方法解决地表水与地下水的联合运用问题。1972年,Young和Bredhoeft提出了一个模拟模型,此模型由两个模型组成,一个是水文模型,一个是经济模型。1975年,Morel-seytoux引入离散积分核函数及其卷积形式,模拟河流系统、含水层系统对决策变量的响应,并在SouthPlatte地区应用了这种方法。1986年,More-seytoux分别推导了河流系统、含水层系统以及复合系统的离散积分核函数和卷积形式,从而对联合运用系统进行了严格的物理描述,该方法只在物理模型中求解单位脉冲条件下系统的响应,从而使模拟模型与管理模型解耦。针对集中参数系统的河流含水层联合管理问题,1992年Hantush、Jenkins引入了一个开采引起的河流水量损失函数SDF,可以应用迭加原理反映河流对含水层开采的响应。

1982年,袁宏源等研究了河南省引黄人民胜利渠灌区地面水与地下水联合利用最优运行策略。1984年,翁文斌等以北京市大石河流域为对象,进行了地面水和地下水资源的联合模拟计算,并利用微机进行多方案优选和多参数计算。模拟系统包括两个地面水库,一个地下水库,一段河床中的潜流蓄水。1992年,马文正等建立了湖南白沙灌区地面水与地下水联合调度的模拟模型,与线性规划模型相比,该模型在以下三个方面提高了精度:一是水力运动和作物生产函数以及费用函数的数学模型都选用更准确的模式;二是根据原有渠系和水文地质条件将子区分得更小、更合理;三是计算时段以半月为单位,并按29年的历史资料进行模拟运行,这样计算的结果要比用典型年和多年平均资料计算的结果更准确,并能反映多种系统状态的变化。

1.7.2 优化模型

1.7.2.1 **动态规划**

动态规划方法是最优化技术中适用范围最广的基本数学方法之一,它可用于分析系统的多阶段决策过程,以求得整个系统的最优决策方案。对于地表水、地下水联合调度问题而言,由于水库问题具有时间上的季节性、周期性及多阶段的特点,故可采用动态规划模型。

1961年,Buras和Hall首次将动态规划引入到地面水和地下水的联合运用系统中,建立了一个地面水和地下水联合运用模型。同年,Buras又进一步研究建立了一个考虑地表水来水为独立随机变量的动态规划模型。1969年,Herman和Buras所建立的动态规划模型考虑了水质因子。为了克服多种水源联合运用问题的维数障碍,1982年Nocl将联合运用问题表达为离散时间、线性二次控制问题,应用动态系统最优控制理论求解。1993年,Nathant和Bruas在六个流域、两个水库和一条河流组成的复杂水资源系统中,也应用了地表水系统动态分配的优化控制模型。

吴沧浦于1960年首次提出了年调节水库的最优运用DP模型。谭维炎于1963年建立了一个长期调节水电站MDP模型。张勇传于1980年建立了水电站水库有时段径流预报的无折扣模型,并以湖南枯溪水电站为实例进行了分析。施熙灿于1982年提出无水文预报条件下用罚因子法考虑调度图可靠性模型，并对广东枫树坝、新丰江水电站进行了实例计算。1989年，曾赛星、李寿声在对内蒙古河套灌区地表水地下水联合优化调度中，采用动态规划方法确定各种作物的灌水定额及灌水次数。1991年，林学钰等在对河南平顶山地表水与地下水的联合管理研究中，运用动态规划方法对白龟山水库进行了优化调度。1992年，唐德善以黄河中游某灌区为例，运用递阶动态规划法确定水资源量在工业和农业之间的分配比例。

1.7.2.2 线性规划与非线性规划方法

1961年，Castll和Lindebory首次把线性规划引入联合运用系统中，解决了地面水和地下水在两个农业用水户之间的水量分配。1966年，Dracup应用参数线性规划法，确定满足农业用水要求的流域水资源开发计划。20世纪70年代以后，Feinerman和Yaron提出了一个掺混不同程度含盐量的各种灌溉水源联合运用的线性规划模型。1987年，Willis应用线性规划方法求解了一个地表水库与四个地下水含水单元构成的地表水、地下水运行管理问题，地下水运动用基本方程的有限差分式表达，目标为供水费用最小或当供水不足情况下缺水损失最小，同时用SUMT法求解了一个水库与地下水含水层的联合管理问题。

1983年，李寿声等采用美国哈佛大学史密斯教授提出的灌溉模型，并根据我国灌区实际情况，对该模型作了修正，拟定了地表和地下水资源联合运用的线性规划模型。1986年，李寿声等针对江苏徐州地区欢口灌区的实际情况，建立了一个既考虑灌溉排水、降低地下水位的要求，又考虑多种水资源联合调度、联合管理的非线性规划模型，以确定农作物最优种植模式及各种水源的供水比例。1988年，沈佩君等对江苏某灌区的南四湖水、南水北调工程的供水、地下水及灌溉回归水四种水源建立了非线性规划模型，其目标是灌溉工程的年净效益最大。1993年，郭元裕等对湖南白沙灌区地面水与地下水联合调度进行了研究，联合调度的目的是扩大灌溉面积，并通过优化调度确定扩大供水范围的方案。

1.7.3 大系统理论

地表水、地下水系统是复杂的大规模系统，随着近代控制理论与大系统理论的发展，这一方法才广泛应用于地表水、地下水联合运用问题中。1973年，Chaudhry利用空间分解和多级优化技术确定印度河流域一个子系统的联合运用优化设计及运行调度问题。1974年，Yu和Haimes运用大系统分解协调技术研究了地面水和地下水的联合管理运行问题。1977年，Haimes和Dreizin研究了由河流、含水层和下游水库组成的联合运用系统，各子系统操作上级分配的地表水量，并决定地下水开采，目标是本区费用最小，上级协调器协调各区开采的相互影响，同时考虑由管理机构征税用于人工回灌。1980年，Jamshidi应用分解协调技术解决Grande流域开发问题，首先将流域按空间分解为多个子系统，然后将每个子系统按时间分解，构成三级谱系结构；1983年，Bredehoeft将大系统优化理论用于灌溉农业的管理；1992年，Joy将该理论用于加利福尼亚州Mad流域的规划。

1987年，程玉慧等研究了河北省岗南、黄壁庄水库与石津灌区地表水和地下水的多目标最优联合调度问题；同年，茹履绥在进行井渠双灌区扩建规划时，对地表水、地下水大系统进行了按水源和按地域分解的重叠分解技术，对按水源分解的供水系统采用调节计算,而对按地域分解的系统进行逐层优化,将灌溉可用水量作为重叠分解最高协调层的协调变量。1988年,贺北方在河南豫西地区建立了区域可供水资源年优化分配的大系统逐级优化模型。该模型由两个子模型组成:第一个子模型是"区域可供水资源年优化分配与产业结构调整模型",其宗旨是把区域可供水资源在各子区及用水部门进行最优分配,并调整产业结构使之更趋合理;第二个子模型是"区域可供水资源月优化调配模型",它是在第一个模型优化的基础上,寻求各子区内各水源工程向各用水户供水的逐月最优运行过程,并达到供需水的最佳配置。1989年,曾赛星、李寿声等针对内蒙古河套灌区永联试区的具体情况,运用大系统分解-协调方法建立了灌区优化灌溉制度及地表水、地下水联合运用的谱系模型,模型中第一层子系统优化采用动态规划方法确定各种作物的灌溉制度,第二层平衡协调模型,通过线性规划方法确定了各时段地面水引水量、地下水抽水量及最优种植模式,以求达到灌区年净效益最大的目标。1990年,林学钰等在河南平顶山市外方山东段沙河冲积平原上建立了地表水、地下水多目标规划模型,并利用线性加权法进行求解。1993年,刘建民等在京津唐地区建立了水资源大系统供水规划和调度优化三级递阶模型与三层递阶模拟模型,提出了模拟技术和优化技术相结合的求解方法,并对已建水库群和地下水含水层进行了优化调度。1995年3月,朱文彬、周之豪以大系统递阶优化控制理论为基础,将区域内的水资源系统与用水系统作为一个整体进行统一研究。按供水与用水在空间上和时间上的变化特性,将所研究的大规模地表水、地下水联合系统分解为若干个子系统,并分别建立各子系统的优化管理模型,依据各子系统之间的相互关系与整个水资源系统的管理目标,在最高阶上设置总协调级模型,协调各子系统之间的关系,进而实现较满意的优化结果。1995年12月,沙鲁生等应用系统分析中的模拟技术,建立了微山湖、骆马湖水资源多目标系统模拟模型,具有较好的实用价值。1996年4月,石玉波等根据系统响应函数理论,提出了应用于地表水、地下水联合管理问题的广义响应函数概念,将优化模型耦化,从而使复杂的联合管理问题得到简化。

1.7.4 随机优化技术

1974年,Madock提出一种随机用水需求下的河流含水层系统的运行管理问题。1978年,Dudley和Burt考虑了在随机来水条件下的河流含水层系统。1980年,Jimshidi提出了多级随机管理模型,使用了机遇约束方法。1989年,Hantush建立了考虑参数不确定性的机遇约束模型,以描述系统及其输入的不确定性。1995年,Pera、LtaCantiller和Terry在美国阿肯色流域东北部建立了地表水和地下水模拟优化(S/O)模型,目标为流域地下水、地表水总供水量最大,决策变量为各时段、各单元地表水可供水量和地下水可供水量,优化方法采用连续静态优化方法。

1.7.5 其他方法

1969年,C·S·Revell提出了机遇约束和线性规划相结合模型。1973年,Johnsone等把动态规划与模拟技术结合起来,确定地面水与地下水联合系统的地表水库和地下水库的最优容积。同年,Chaudnry利用多层优化技术,确定水库库容、渠道给水能力、抽水容量的最优组合等。1986年,S·A·Sloiman综合了许多优化方法,提出了离散变量空间的优化模型。

近几年来，对策论、存贮论、灰色理论、模糊理论、神经网络、遗传算法以及决策支持系统等方法在地表水、地下水联合运用系统中得到了越来越多的应用。此外，多种优化方法的组合模型也得到了较快的发展，如动态规划与模拟技术相结合、图论方法与线性规划方法相结合、动态规划与线性规划相结合，网络方法与线性方法相结合，以及优化方法与灰色理论、模糊理论相结合等方法。1991 年，黄冠华针对灌区规划与管理的线性规划中存在的若干模糊化问题，提出应用模糊线性规划来解决此类问题，并给出了两个实例进行分析，结果表明，模糊线性规划是解决此类问题的有效方法，其模糊优化解对灌区的规划与管理具有一定的指导意义。同年，颜志俊提出一种地表水、地下水多年联合运用的算法，即在对多年系列逐时段计算水库供水分配和各用水单元地下水埋深动态过程的基础上，通过迭代最终使各用水单元在调节周期初与调节周期末的地下水埋深相等，从而它们的动态过程也收敛，即地下水处于动态平衡状态。1995 年 3 月，薛松贵等在水资源规划研究中，提出了利用网络技术——最小费用最大流方法进行系统模拟，具有明显的优点，并以黄河支流为例，介绍了利用该方法建立流域水资源利用规划模拟模型时遇到的技术问题和解决途径。1995 年 6 月，蔡喜明等将区域水资源规划纳入宏观经济范畴，阐述了基于宏观经济的区域水资源系统的概念，并以此为基础，建立了区域水资源规划多目标集成系统，该系统以宏观经济子模型及其他子模型为基础，并在多目标分析模型中集系统要素为一体，形成系统的总控模型。1995 年 10 月，延耀兴等将系统工程中的限界搜索法运用到水资源系统多目标决策中，较好地解决了决策中的模糊决策问题。1995 年，Rao Venmuri 对适于多峰搜索的基于排挤的小生境遗传算法（MNCGA）进行了研究，利用峰值与决策变量不同集合之间的效用关系，扩展遗传算法（GA）在多目标规划中的应用，并将其用于含水层污染的治理。MNCGA 主要用于优化地下水的最优开采量，通过偏微分方程所描述的水流来模拟地下水的动态变化，模拟结果构成 GA 的输入。1998 年，Wang M 研究遗传算法（GA）和模拟退火（SA）在地下水资源优化管理中的应用，考虑地下水最优开采量随水流状态而变化的特性，建立了地下水多阶段模拟优化混合模型。

1.7.6 发展趋势

几十年来，系统分析理论在地表水与地下水联合调度中的研究与应用已有了很大的进展，取得了不少有价值的成果，这些成果不仅在提高流域（或区域）经济效益和社会效益方面发挥了作用，而且在理论上也有不少创新。如计算模型由单一的优化模型发展为几种方法的组合模型；计算问题由单目标发展为多目标，特别是大系统优化理论的应用，使复杂的地表水与地下水联合调度问题变得较为简单，求解也较为方便。但上述模型各有其适用范围和适用条件，动态规划模型在应用上常受到数学维数的限制，需要借助其他方法如逐步优化 POA 法来进行降维处理；非线性规划模型往往需要转化为线性规划模型来进行处理，但线性模型在对实际系统的模拟上存在一定的误差。另外，随着研究问题的深入，常规数学规划方法的局限性也越来越明显，主要表现在以下四个方面：

（1）难以反映复杂系统的真实情况。由于现实系统包含的因素多，边界条件及因果关系复杂，有些指标可以量化，而有些指标是难以量化或者是不能量化的，这样在用数学规划方法进行计算时,从研究角度考虑肯定会作一些简单化处理,计算结果不可避免地会同实际系统存在一定的误差。

(2)难以充分利用专家的丰富知识和经验。常规数学规划方法在建模和求解过程中,虽也有形或无形中利用了已有的知识和经验,但这种反映仅限于特定研究领域的特定情况,因而它无法反映整个规划过程中决策者的主观偏好,另外,无论已有的数学规划研究成果多么完美,一旦离开了专家的指导,也无法发挥它的应有作用,这也不利于研究成果的使用和推广。

(3)缺乏学习功能。学习功能是指系统通过自己输出与正确输出结果之间的比较、修正和调整,去掉不合理的部分,补充新知识的自我反馈、自我校正功能。数学规划模型是将知识固化在模型与程序中,虽然也能进行局部的校验,但这种知识的描述方式不可能完成对知识的吐故纳新的工作。

(4)缺乏评估功能。常规的数学模型由于建模者与使用者往往是分开的,模型的精度究竟如何,研制者明白,而使用者并不清楚,因而也影响了模型的应用。

鉴于此,今后应采用人工智能技术、决策支持系统、专家系统、灰色模糊系统等计算机技术,弥补上述不足,只有这样才能从根本上提高农业水资源的管理水平,充分发挥已有的系统分析成果和专家的知识和经验,调动使用者的积极性和能动性,使科研成果真正转化为生产力,也唯有如此,才能使水资源系统科学研究取得更大的进展。

同时,随着人口的增长和经济的发展,以及人类物质文化生活水平的提高,人类社会对水的需求日益增长,可用淡水资源严重不足,这已成为困扰世界经济和社会发展的重要因素之一,并带来一系列的生态环境问题。一方面,随着水资源开发程度的加剧,各行业用水量大幅度增加,以致没有足够的环境水量稀释和挟带污水;另一方面,地下水资源的超量开采,也增加了污水的入侵,造成或加剧了对地下水的破坏;另外,大量未经处理的污水直接用于灌溉农田,也造成了环境的严重污染。鉴于此,开展水资源与生态系统研究已引起各国政府和学者的关注,而且随着时间的推移,水环境问题会愈来愈突出,但目前水资源模型的研究仅局限于水量管理模型和水质管理模型两个方面,而从区域水环境角度对水资源进行研究,这方面的研究工作还不够深入,因此多种水源联合管理的研究应该将水量模型和水质模型耦合成一个整体,以区域水环境生态效益最优为目标,只有这样,才能使水资源的管理工作更好地反映客观实际情况,才能使水资源得以持续、高效的利用,从而为国民经济的高速、均衡、协调发展奠定基础。

第2章 地下水形成的自然条件

2.1 气象水文

2.1.1 气象

勘探区气候属北温带大陆性季风气候，气候因素变异大，春季干旱、多风，夏季炎热、多雨，秋季天气晴朗，冬季寒冷干燥。据偃师市气象局资料，多年平均气温 14.2 ℃，多年平均降水量 524.1 mm，降水多集中在 7～9 月，占年降水量的 50% 左右（见图 2-1），多年平均蒸发量 1 451.7 mm。

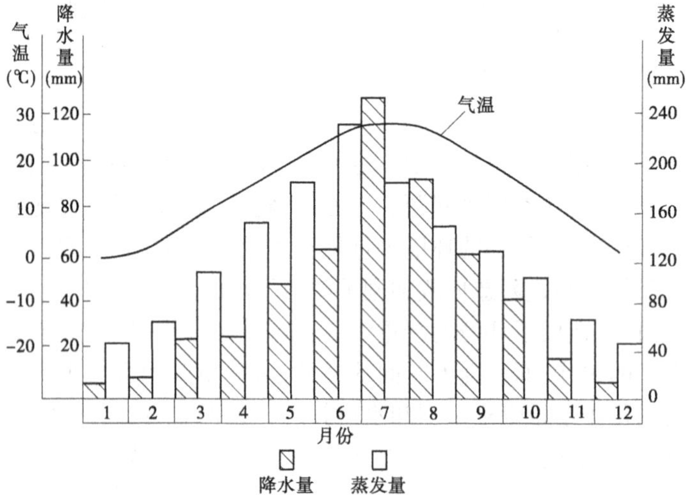

图 2-1 偃师市多年平均气象要素（1980～1995 年）

2.1.2 水文

洛河发源于陕西省洛南县，流经洛南、卢氏、洛宁、宜阳、洛阳、偃师等县市，在偃师市杨村附近与伊河汇合。河流全长 398 km，流域面积 12 037 km^2。在洛河干流洛宁县的故县河流于 1991 年建成以防洪为主，结合灌溉、供水、发电等综合利用的大型水库——故县水库。洛河从勘探区南部边界自西向东流过，长约 13 km，属黄河水系。据 1971～1998 年白马寺水文站资料：多年平均流量为 45.04 m^3/s，最大洪峰流量为 5 380 m^3/s，最枯流量为 0.80 m^3/s，年平均最大流量为 120.00 m^3/s（1984 年），年平均最小流量为 13.63 m^3/s（1995 年），多年平均输沙量为 1 985.5 t，多年平均含沙量为 8.4 kg/m^3（见图 2-2）。

据洛河白马寺水文站 1985～1998 年水位资料统计，多年平均水位为 118.47 m，河水

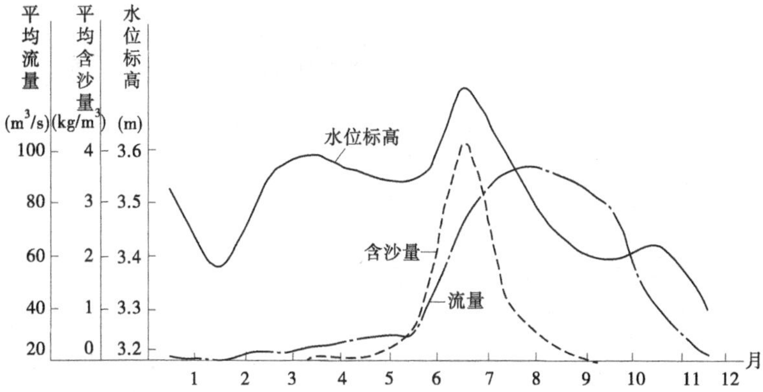

图 2-2　洛河白马寺站多年月平均水文要素变化

位由于受上游气象要素周期变化和水库运行方式的影响，水位变化比较显著，由洛河多年水文要素变化曲线图（见图 2-2）可以看出，连续出现 1 年的高水位期后，即出现 1.5 ~ 2.5 年的低水位期或偏低水位期，每年的 10 月至翌年的 7 月一般为低水位期，7 ~ 9 月为高水位期。

2.2　洛河河床特征及冲淤特点

2.2.1　洛河河床特征

洛河流入偃师市境内已进入中游河段（洛宁县长水—偃师市杨村为中游），两侧为土质阶地，河床宽浅，呈现"U"字形，河道主流摆动无定，沙滩棋布，汊流纵横，河道宽度 500 ~ 1 000 m。河床岩性为细砂、粉细砂、粉砂（上游洛阳市李家楼距本区不足 10 km，河床可见砂卵石）。

2.2.2　洛河冲淤特点

洛河河床淤积比较严重，据洛河白马寺水文站资料，多年平均含沙量为 8.4 kg/m³。对 1965 ~ 1979 年实测断面比较可知，14 年内河床淤高 0.55 m，年平均淤高 0.039 3 m。另据《伊洛河志》，河床在 50 年内抬高了 4 m 左右。其冲淤特点表现为涨水时主槽冲刷，滩地淤积，而落水时则相反。

洛河河道在历史上不像黄河那样，有多处变迁，出现跨流域性的大改道。洛河河道在古时偏南，逐年北移。现夹河滩的涝洼渠即为昔日的洛河河床。近几十年来，加强了对洛河河道的治理，在洛河两岸修建了堤防工程和护滩工程，使河道逐渐变为规顺的单一河道，河床基本已保持稳定。

总之，河道基本稳定，河床虽逐年因落淤而提高，但由于河床沉积物为粉细砂、细砂及粉砂等，不会影响和改变河水对地下水的补给（见图 2-3）。

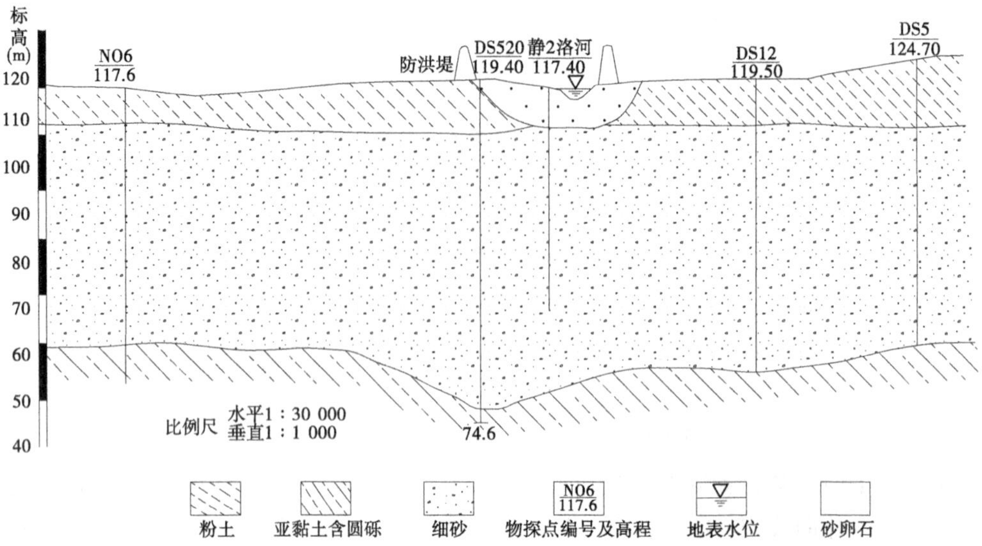

图 2-3 洛河地质剖面图

2.3 地形地貌条件

区内地形北高南低，西高东低，北部邙山，沟壑纵横，最高点虎头山高程为 301.4 m，南部为洛河冲积平原，地势平坦，海拔 113～135.1 m，相对高差达 170 余米。

区内地貌依其成因、物质组成和形态特征可分为流水地貌和黄土地貌两大类。本次地貌系统分类是按地矿部《区域地质矿产调查工作图式图例》1∶50 000 规定进行，其中流水地貌又分为侵蚀的和堆积的两种(见图 2-4)。其特征现分述如下。

2.3.1 流水地貌(Ⅰ)

(1)侵蚀的流水地貌(I_1)。位于工作区北部，岩性由古生界二叠系、三叠系、砂岩、泥岩等组成。区内地形起伏大，沟谷切割严重，山峰大致呈东西向排列，由东向西依次降低，海拔 200～300 m。

(2)堆积的流水地貌(I_2)。分布在洛河与邙岭之间，地势宽阔平坦，略向下游倾斜，坡降 2‰～5‰，地面高程 113～135.1 m。发育有一、二级阶地，二级阶地零星出露于邙岭山前。地面岩性：一级阶地区为中细砂、粉细砂、亚砂土、亚黏土。二级阶地区为亚黏土、亚砂土等，二级阶地高出一级阶地 10 m 左右。河漫滩区为粉细砂、细砂、亚砂土等。

2.3.2 黄土地貌(Ⅱ)

黄土地貌分布在区内北侧邙岭。地表岩性为上更新统风成黄土，标高 150～200 m，区内冲沟比较发育，切割深度大于 15 m，沟壁陡立，主冲沟与支冲沟多呈直角相交，漏斗、陷穴、黄土柱、黄土崩塌、黄土滑坡等微地貌及不良地质现象发育。

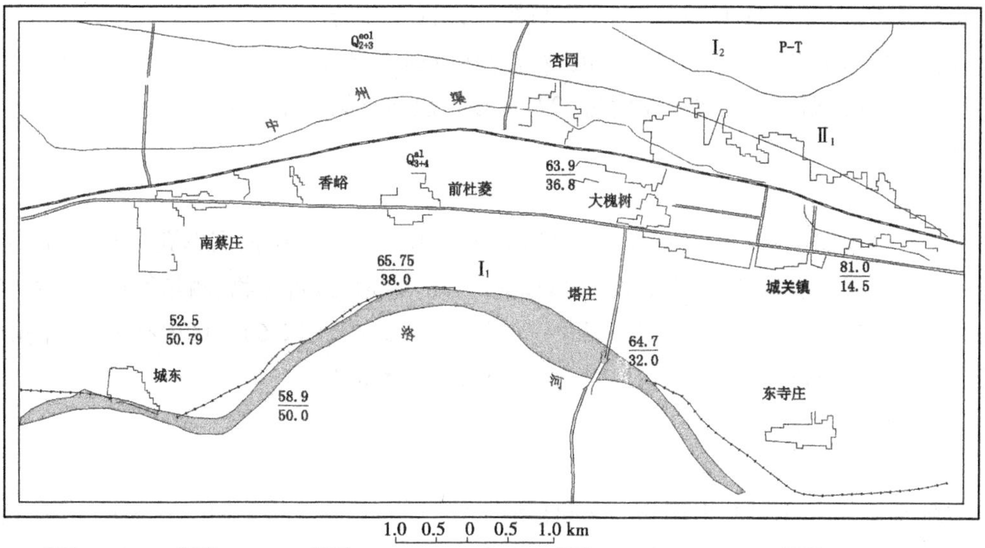

I_1 冲积平原区 II_1 黄土丘陵区 I_2 砂岩、砾岩、泥岩丘陵区 Q_{3+4}^{al} 上更新统全新统冲积层 Q_{2+3}^{eol} 中上更新统风积黄土

$\frac{64.7}{32.0}$ 上为 Q_{3+4}^{al} 底板标高，下为浅层含水层厚度 P-T 二叠、三叠系 Ⅰ流水地貌　Ⅱ黄土地貌

图 2-4　勘探区地质地貌简图

2.4　地层与主要地质构造

2.4.1　地层

本区属华北地层区。工作区地表大部分被第四系覆盖。仅在北侧邙岭区有二叠系、三叠系出露。

2.4.1.1　前第四系

二叠系(P):零星出露于邙岭,岩性主要为紫红色粉砂岩、石英砂岩、砂质页岩;灰白色、黄绿色、黄褐色中粗粒长石石英砂岩(平顶山砂岩)夹砂质页岩、页岩夹厚层状长石石英砂岩、薄层粉砂岩、细砂岩及紫红色斑泥岩,炭质页岩。地层厚度 524 ~ 1 391 m。

三叠系(T_2):下部为浅黄、黄褐色、暗紫红色、黄绿色石英砂岩、长石石英砂岩、粉砂岩、砂质页岩、页岩,上部为紫红色钙质粉砂岩、砂质页岩、灰白色细砂岩,肉红色厚层状石英长石砂岩。地层总厚度 598 m。

下第三系(E):区内未见出露,从区域资料看为一套黑灰色半胶结状砾岩,灰、粉红色砂岩、浅棕红色斑状泥岩组成的河湖相地层。据洛 1 孔资料,地层厚度 2 165 m。

上第三系(N):地表分布在北侧邙岭牛庄北沟。从区域上和钻孔资料看:其下部为青灰、黄褐等杂色砂砾岩、砾岩,棕黄、棕红色砂岩、粉砂岩夹砂质黏土岩和薄层泥灰岩;中部为棕红、橙黄、浅灰绿色砂质黏土岩,灰白、灰红色泥灰岩夹棕黄色泥质砂岩,粉砂岩和透镜状砂砾岩；上部为棕红色砂质黏土岩与棕红、褐黄色砂岩、泥质砂岩夹灰白色泥灰岩及砂砾岩。总的来看，为砾岩、砂砾岩或砂岩与砂质黏土岩、砂质钙质黏土岩或泥灰岩大致呈不等厚互层，据洛1孔揭露厚度为527 m，该地层与下第三系或前新生界地层呈不整合接触。

2.4.1.2　第四系

工作区第四系地层发育齐全，厚度达200余米。本次工作依据钻孔资料，第四系岩性、岩相、地层组合特征，结合邻区（相同地貌单元）古地磁、古生物、测年等资料。采用区域对比的方法，进行第四系地层成因时代划分（见图2-5及图2-6）。区内有湖积、冲积、冲洪积、风积等多种成因的第四系地层，现由老到新分述如下。

1. 河流堆积平原区

1）下更新统（Q_1^{al-l}）

地表无出露，据钻孔揭露为一河湖相地层，岩性为棕褐色、浅黄色、黄绿色、灰绿色砂质黏土、黏土、泥质粉砂，灰白色砂卵石及泥质砾石层，局部尚夹有泥灰岩。根据其粒度在垂直方向的变化特征，本套地层可划分为上、下两段：

上段为一套以细粒为主的沉积物，多为棕褐色、棕红色、浅黄色砂质黏土，泥沙夹薄层粉细砂和透镜状砂卵石层，厚70～100 m不等。

下段为一套以粗粒为主的沉积物，多为灰白、灰黄色卵砾石层夹中细砂层及砂质黏土薄层，厚40～80 m，砂层具清晰的水平层理和交错层理。

2）中更新统（Q_2^{al-l}）

区内中更新统冲湖积层埋藏在上更新统、全新统地层之下。据钻孔资料，该地层为一套棕红、黄褐色黏土、亚黏土含钙质结核，夹泥砾或亚砂土、砂透镜体厚20～50 m，不整合于下更新统地层之上。据邻区洛阳潘寨LK6孔测年资料，其顶部（埋深110 m）绝对年龄为57万年，表明中更新统上部在河谷区已被侵蚀。

3）上更新统（Q_3^{al}）

上更新统（Q_3^{al}）分布在洛河二级阶地区，具二元结构，上部为灰黄、棕黄色含钙质结核的黄土状亚黏土，下部为5～20 m厚的砂卵石层或砂卵石层夹砂、亚黏土薄层，卵石由石英砂岩、火成岩及石英岩组成，分选、磨圆均较好，砾径一般为5～10 cm。在一级阶地及河漫滩区，上更新统冲积层被埋藏于全新统之下，且与全新统不易区分，组成一层40～70 m厚夹亚砂土、黏土薄层的砂卵石层，该层富水性好，是当地地下水主要开采层。

4）全新统（Q_4^{al}）

全新统（Q_4^{al}）分布在洛河一级阶地区及河漫滩区，一级阶地上部为黄褐色亚砂土，河漫滩区多为粉细砂、中细砂夹黑色淤泥质亚黏土；下部为砂卵石层夹淤泥质亚黏土。总厚15～30 m。

2. 黄土丘陵区

本区缺失下更新统地层，中上更新统黄土直接覆盖于基岩之上。现分述如下：

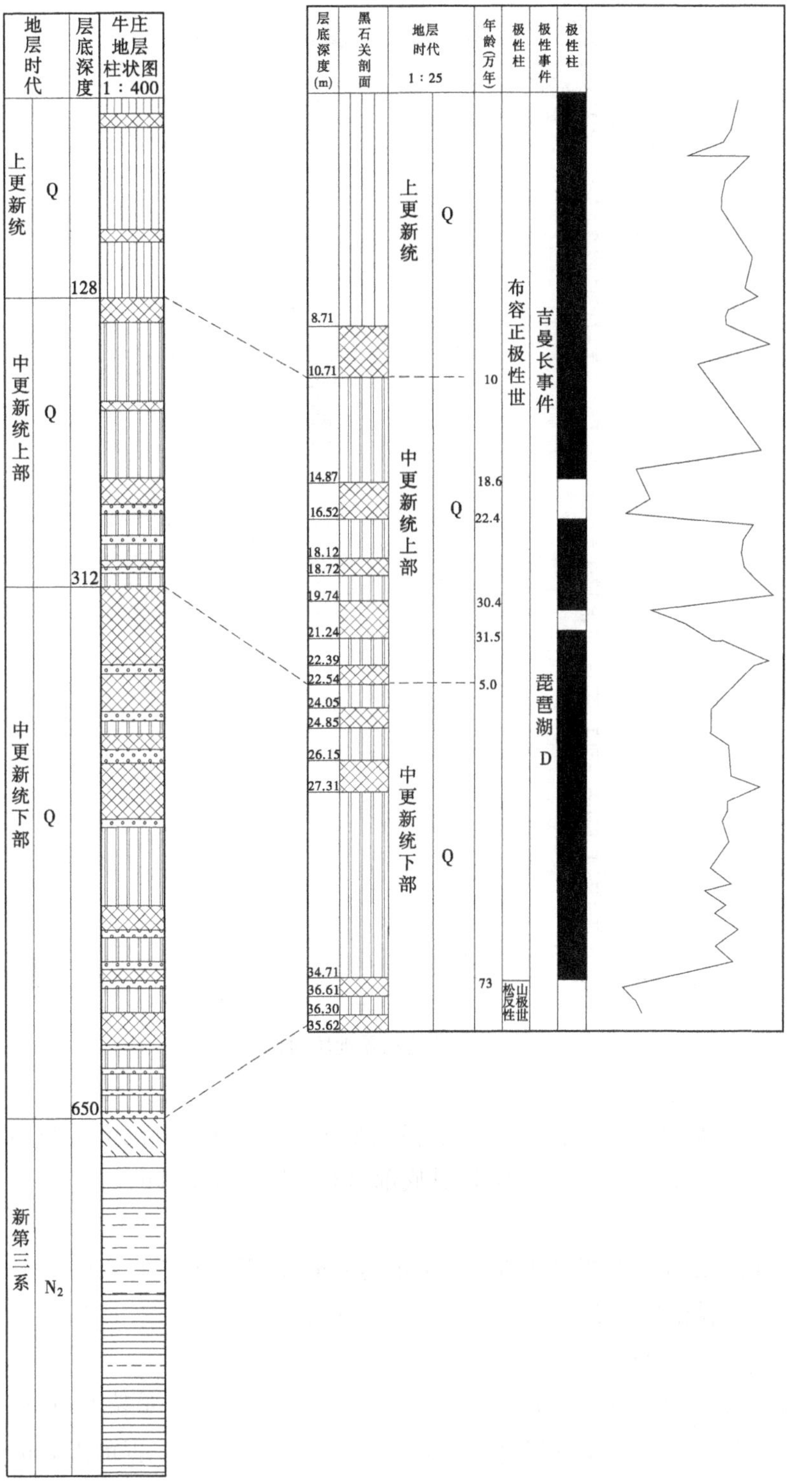

图 2-5　地层时代柱状对比

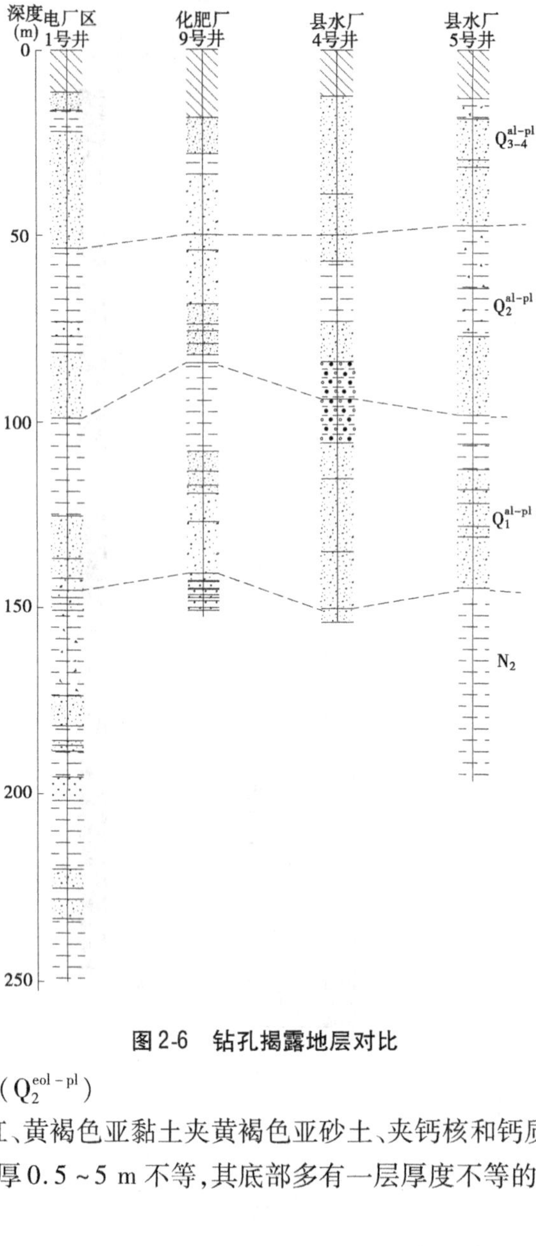

图 2-6　钻孔揭露地层对比

1）中更新统黄土（Q_2^{eol-pl}）

岩性为棕红、褐红、黄褐色亚黏土夹黄褐色亚砂土、夹钙核和钙质结核层，古土壤层发育，多者可达十二层，厚 0.5 ~ 5 m 不等，其底部多有一层厚度不等的钙质结核与下伏地层呈不整合接触。

据前人资料，该层中产蜗牛化石及草本植物 Randia（茜草科鸡爪勒属）、Crucifcvae（十字花科）等，其底界相当于布容正极性世下限约 73 万年（见图 2-5 及图 2-7）。

2）上更新统黄土（Q_3^{eol}）

上更新统黄土（Q_3^{eol}）主要分部在区内邙岭区，岩性为灰黄色亚黏土、亚砂土，含少量钙核，可见 1 ~ 2 层古土壤，呈红褐色。具大孔隙，垂直节理发育。据前人分析资料知，一般孢粉和微体古生物化石很少，仅蜗牛化石较多（见图 2-7）。

2.4.2　构造

2.4.2.1　区域地质构造背景

前已述及，工作区位于洛阳盆地东部，洛阳盆地系中生代末期生成的北东向断陷盆地。控制其发育的构造主要是东西向、北东向和北西向三组断裂。城内断裂构造在地表露布不明显，呈隐伏状（见图 2-8）。

从区域上看，东西向构造形成时间最早，规模大，断裂切割深，且最近仍有活动，南为嵩山背斜，北部有首阳山断裂（邙山山前断裂）呈东西向展布，该断层对新生代地层及水文地质条件具明显控制作用。首阳山断裂为一走向东西、断面南倾的高角度正断层，垂直断距约 2 000 m，倾角大于 70°北盘上升，主要由二叠系砂页岩组成，地层向北倾斜，上覆 Q_{2+3}^{eol} 黄土，南盘下降，沉积有数百米厚的第四系松散层，主要为河湖相沉积物。该断裂为一条活动断裂，邙岭与其以南平原地貌，反差明显，断层两侧这种特异的地貌证明断裂挽近期活动较强。从区域水文地质资料看，沿此断裂在北化寺沟有温泉出露。温泉的形成与断裂的发育有关（见图 2-9）。

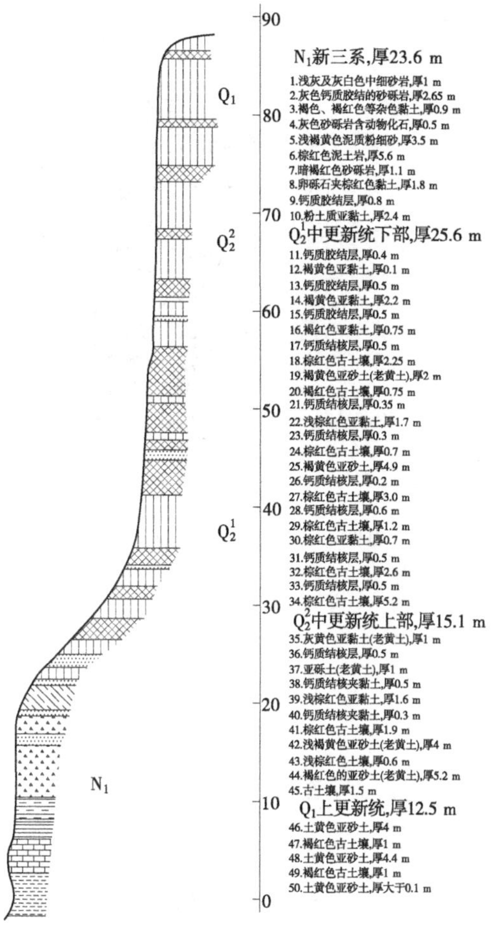

图 2-7　邙岭乡牛庄小北沟实测地质剖面图

2.4.2.2　新构造运动

前述各构造体系的生成、发育和复合为新构造运动奠定了基础，新生代以来构造运动以差异性、间歇性升降运动为其基本特征，这些差异性、间歇性升降正是一些大型断裂继续活动的结果。

新生代以来，北部邙岭区长期持续抬升遭受流水侵蚀，形成基岩丘陵地貌景观，赋存有基岩裂隙水。盆地区长期相对下降，接受沉积，形成河谷平原地貌景观，为孔隙水富集提供了良好的储存空间。

从沉积物的岩性、岩相、厚度、地形地貌分析，具多旋沉积特征，显示出升降运动的差异性，早更新世盆地地区以沉降为主，在新晚第三纪河湖相沉积的基础上普遍沉积厚 80 ~ 180 m 的河湖相地层；中更新世开始缓慢上升。凹陷继续接受河湖相沉积。与此同时，在北部邙岭地带接受了风成堆积，并夹有数层古土壤，表现为升降运动中伴有相对稳定的时期，体现了抬升中具有间歇性。到中更新世末期，洛河（包括伊河）在东部切开邙岭形成河流。晚更新世，邙岭区继续抬升，同时又加积了风成黄土，河谷区沉积了粗颗粒相的冲积层，组成洛河一、二级阶地，这表现为升降运动的间歇性。全新世以来，本区大面积抬升，脱离沉积环境，在洛河河谷接受冲积落淤，厚 15 ~ 30 m。

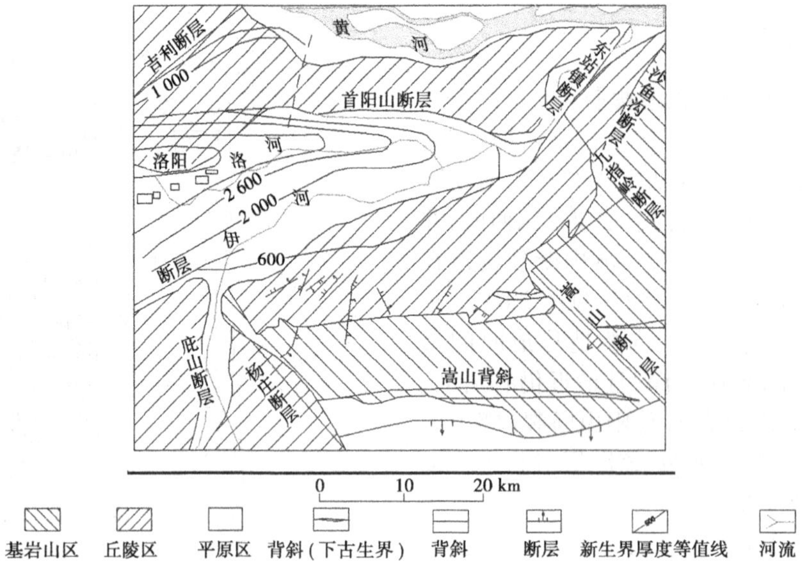

图 2-8　区域地质构造图

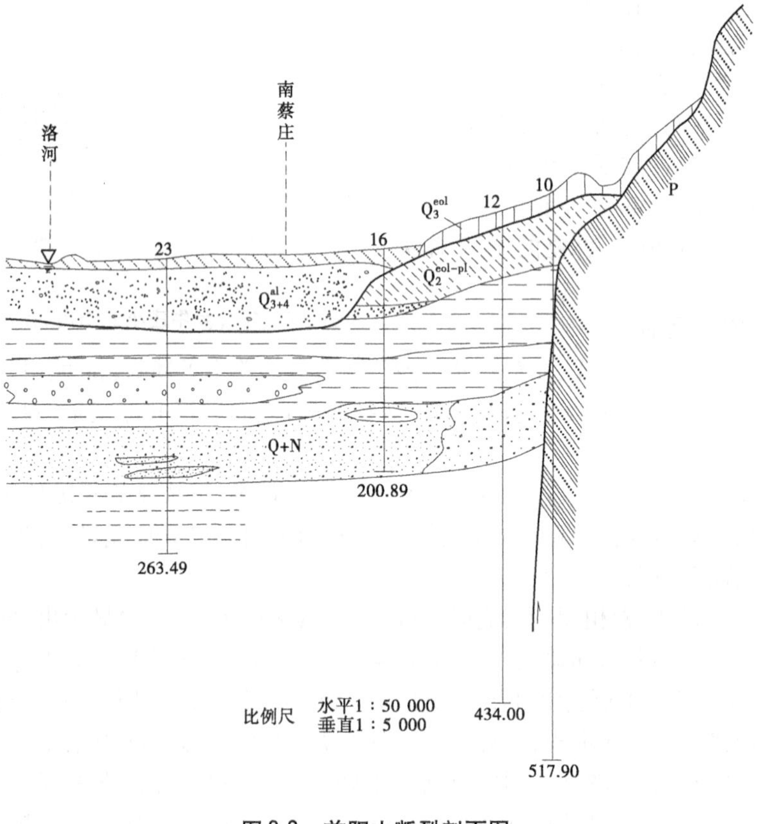

图 2-9　首阳山断裂剖面图

第3章　区域水文地质条件

洛阳盆地是一个较完整的水文地质单元,水文地质研究程度很高。周边由山地、黄土丘陵组成,山前有冲积倾斜平原,中部为伊洛河冲积平原。伊洛河冲积平原区含水层组以第四系粗粒相砂卵石为主,且具多层结构,厚度较大,构成了巨大的地下水库,见图3-1。因此,纸庄水源地区域水文地质调查以收编为主,有针对性地进行踏勘和调查,范围为整个盆地。

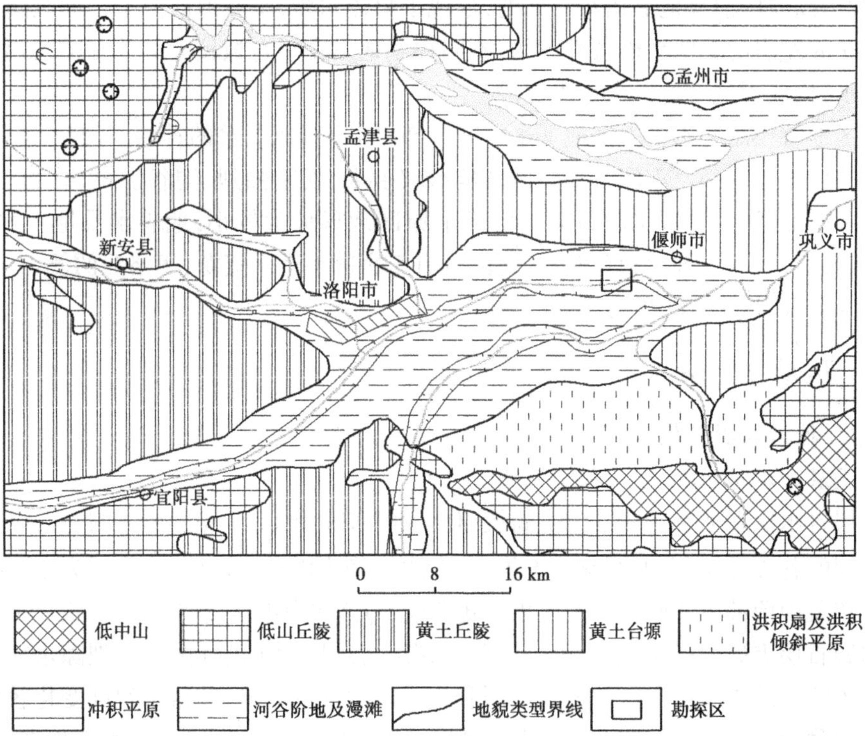

图3-1　地貌图

洛阳盆地广泛分布第四纪松散地层,除赋存有松散岩石类孔隙水外,还有碳酸盐岩裂隙溶洞水及碎屑岩类裂隙水,根据埋藏条件,松散岩类孔隙水又可划分为浅层水和中层深水。浅层水主要分布在平原区,而中深层水全区均有分布。地下水富水性自西向东为弱—强—弱,以伊洛河谷一带最富,目前地下水开采主要有:洛阳市区及郊区年开采量31 261.75万m^3、偃师市年开采量17 963.22万m^3、河间地块偃师段首点水源开采量8万m^3/d,广大平原区的农业灌溉以井灌为主、渠灌为辅,伊动渠灌区位于伊河南岸,灌溉面积4.4万亩,年灌溉用水量2 200万m^3,中州渠灌区位于洛河北岸,偃师市境内灌溉面积5 220亩,年灌溉用水量100万m^3,现状条件下伊洛河河谷平原区地下水的补给主要有河流侧渗、降水入渗、灌溉回渗及渠系渗漏补给等,排泄以人工开采、河流排泄、蒸发排泄为主,该区补给充足,含水层厚度较大,地下水存储资源量巨大,地下水的调节能力较强,有较大的开采能力。

3.1 地下水的赋存条件与主要含水层的分布规律

3.1.1 地下水的赋存条件与分布规律

洛阳盆地位于嵩山隆起北侧,太华隆起东端,北邻邙山,为一北东向断陷盆地,构造运动奠定了盆地地质地貌及水文地质的基本格局,由于垂直运动的差异,山前地区高差较大,在黄土高原的前缘地形相对较低处,形成了自流水带,平原地区由于长期沉降,堆积了厚达 200 m 左右的第四系松散堆积物,不同程度地发育了空隙较大的砂砾层,赋存着丰富的孔隙水,构成了盆地地下水富水层段。

本区地貌控制了不同类型地下水空间分布,同时对地下水的补给、径流、排泄条件起着重要的作用。北部及西部黄土高原区地形坡度大,切割强烈,沟谷发育,有利于地下水的径流和排泄,浅层地下水较贫乏。中部平原区地形坡度较小,地表水及地下水径流缓慢,不利排泄,有利于补给和存储,故该区具有丰富的地下水资源,伊洛河两侧由于伊洛河的侧渗补给,浅层水资源极为丰富。

3.1.2 区域含水层特征

3.1.2.1 松散岩类孔隙水

1. 浅层含水层组(潜水-微承压水)

浅层含水层在河谷平原区由全新统(Q_4)和上更新统(Q_3)冲积形成的一套以粗为主、粗细相间的各类砂层、砂卵石和粉土组成,含水类型为以砂、砂砾石含水层为主的孔隙水;黄土丘陵及山前冲洪积倾斜平原区由上更新统(Q_3)和中更新统(Q_2)黄土状亚黏土、砂砾石层或卵石层夹砂组成,含水类型为以黄土裂隙含水层为主的孔隙——裂隙水或以砂、砂卵石为主的孔隙水。由于所处地貌不同和含水层岩性的差异,其富水程度变化较大。

根据盆地内已有的钻孔及机民井抽水试验资料,盆地内浅层水富水性按统一降深 5 m 换算涌水量进行划分。

1)水量极丰富区

水量极丰富区分布在洛阳盆地中部,关林至位屯以下的伊洛河河间地块、洛河北岸傍河地带及伊河南诸葛北至高崖一带。含水层以砂卵石为主,漫滩区水位埋深 2 ~ 10 m,一级阶地区水位埋深(洛河北岸)10 ~ 15 m,含水层厚度一般为 30.5 ~ 50 m,单井出水量大于 5 000 m^3/d,最大可达 10 000 m^3/d 以上,如 91#孔,孔深 76.9 m,降深 2.17 m,涌水量达 6 276.0 m^3/d,渗透系数 80 ~ 140 m/d。

2)水量丰富区

该区在涧西谷水及陇海铁路以南的市区直到巩义的洛河北岸,以及洛河南岸一级阶地巩义伊洛河河谷区。一级阶地含水层以砂卵砾石层为主，厚8～30 m，水位埋深3～15 m，洛河二级阶地及涧河三级阶地区以砂卵石及透镜体为主，厚度一般为10～20 m，局部地段厚30余m，单井涌水量达1 000～5 000 m^3/d，渗透系数涧河河谷区为45～70 m/d，洛河北岸一级阶地区为30～80 m/d。

3）水量中等区

涧河河谷谷水以西、洛河河谷辛店以西含水层以砂卵石和砂为主，厚度小于5 m，单井涌水量达100～1 000 m^3/d。

盆地南部山前倾斜平原区，含水层以砂及泥质砂砾石为主，一般厚10～15 m，最薄处为8.8 m，水位埋深16～30 m，单井涌水量达100～1 000 m^3/d。

4）水量贫乏区

洛阳市小秦岭区、龙门西山区、涧河北黄土丘陵区、首阳山断裂以北及偃师南部黄土丘陵区，含水层以含泥质砂石及砂砾石为主，厚度小于15 m，水位埋深20～100 m，单井涌水量小于100 m^3/d。

2. 中深层含水层组（承压水）

中深层水系指埋藏在第一稳定隔水层之下至350 m深度内的地下水，区内均有分布。根据已有抽水资料，按统一降深15 m推算涌水量，其富水性可划分为以下类型：

1）山前倾斜平原区

（1）水量丰富区。分布在诸葛—顾县—史家湾—芝田北山口一带，水层岩性以下更新统卵石、砂为主，200 m内有3～8层含水层，厚30～60 m，降深15 m，出水量为1 000～3 000 m^3/d，水位埋深60～90 m。

（2）水量中等区（单井涌水量小于1 000 m^3/d）。位于洛阳盆地南部油赵西—府店—巩义赵城以北—堤东一带，含水层岩性为中细砂、卵砾石、半胶结砾石等，厚10～20 m，水位埋深一般为60～80 m，最深处可达100 m，单井涌水量小于1 000 m^3/d。

2）河谷平原区

洛阳盆地中深层地下水较丰富，单井涌水量1 000～5 000 m^3/d，含水层岩性以粗粒相砂卵石为主，含水层厚60～100 m，水位埋深9～15 m。目前工农业用水以开采浅水层为主，中深层地下水几乎没有开发。

洛阳市区及回郭镇一带，含水层岩性为砂、砂卵石，含水层埋深70～100 m，350 m范围内厚20～80 m，水位埋深8～40 m。

3）黄土丘陵区

（1）水量丰富区。分布在孟津麻屯、朝阳、送庄及磁涧乡以南一带，含水层以下更新统卵石、砂为主，350 m范围内有3～8层，厚30～60 m，单井涌水量1 000～3 000 m^3/d，水位埋深60～90 m。

（2）水量中等区。分布在新安县五头乡孟津常袋以西，洛阳市小秦岭区，含水层岩性多为半胶结砂砾岩、粉细砂岩或含砾石的松散砂砾石层，厚30～80 m，单井涌水量小于1 000 m^3/d。

3.1.2.2 碳酸盐岩裂隙溶洞水

该类型水分布于新安县李村乡东 1 000 m,偃师市南部山区,赋存于寒武系、奥陶系及石炭系灰岩之中,常见泉流量多大于 1 L/s,地下径流模数为 3 ~6 L/(s · km^2),富水程度中等—贫乏,龙门泉群及佛光马刨泉即属此类。

3.1.2.3 碎屑岩类孔隙裂隙水

该类型水分布在新安县北,邙山东段及巩义南部的基岩山区,赋存于二叠系、三叠系砂岩、泥岩、页岩之中,常见泉流量小于 1 L/s,地下径流模数小于 3 L/(s · km^2),属贫乏、极贫乏区,在构造部位可成井,如豫西第一井涌水量达 250 m^3/h。

3.2 地下水的补给、径流和排泄条件

3.2.1 地下水的补给条件

3.2.1.1 浅层水的补给条件

洛阳盆地区浅水层以大气降水、河流侧渗、河流侧漏补给为主,其次为水库渗漏、渠系渗漏、灌溉回渗等。洛阳盆地水文地质情况见图 3-2。从盆地区地下水流场图可以看出,洛河张庄桥至安乐桥河段,河流两侧分布数个集中供水水源地,地下水与河水完全脱开,河流以垂直渗漏补给的方式补给地下水;安乐桥至偃师河段,洛河以侧渗补给两岸地下水;伊河从龙门以下河水侧渗补给地下水。

区内分布有东一干渠、伊东渠、中州渠等灌区,干渠未作防渗处理,在干渠过水期间,渠水渗漏补给地下水,据水利部门调查资料,伊东渠过水时,两侧地下水位可抬升 2 m 左右。

据河南省水文地质二队工作成果,盆地内河谷平原区浅层地下水总补给量为 47 130. 98 m^3/a。

3.2.1.2 中深层水的补给条件

盆地区中深层地下水的补给来源主要为侧向径流补给。盆地周围山区不同期次、不同性质的断裂比较发育,山区地下水通过一系列导水断层补给本区中深层地下水。此外,根据河南省水文地质二队资料,沿洛河北岸和李屯—关林等北东向隐伏断层位屯—花园北西向隐伏断层,下更新统—第三系承压含水层与中、上更新统含水量接触,致使两者之间水力联系密切,区内中深层地下水径流强度为 13. 45 万 m^3/(a · km^2)。

3.2.2 地下水的径流和排泄条件

3.2.2.1 地下水的径流条件

区内浅层地下水径流以水平径流为主,局部受导水断层及人为因素影响,存在垂直方向上的运动。总的流向是由四周向盆地中心,在河谷平原区汇合后由西向东流,与地形坡降一致。水位坡度随地貌部位、构造条件及开采条件不同而变化。如在洛阳市区、张庄洛南水源地、偃师市区,受人工开采影响,已形成开采降落漏斗或地下水低槽带。偃师市区复合

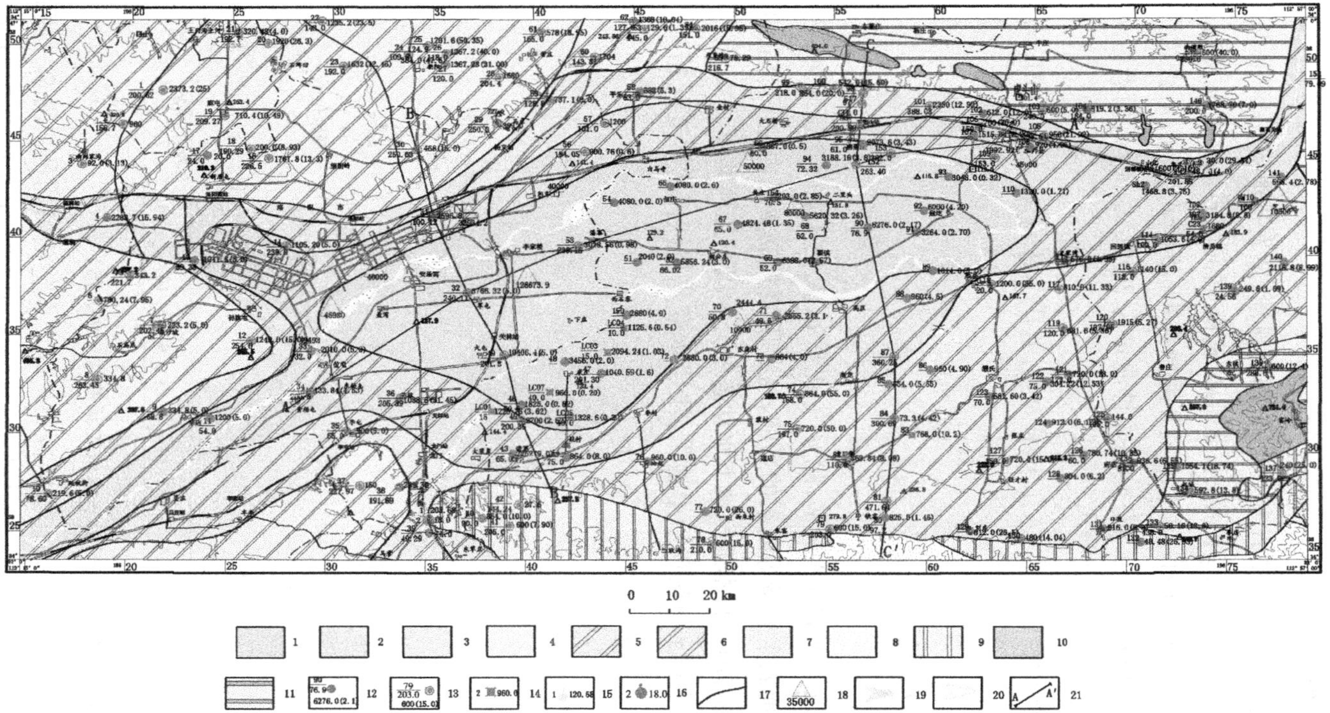

1. 浅层地下水单井涌水量 >3 000 m³/d;2. 浅层地下水单井涌水量 1 000 ~ 3 000 m³/d;3. 浅层地下水单井涌水量 100 ~ 1 000 m³/d;
4. 浅层地下水单井涌水量 <100 m³/d;5. 中深层地下水单井涌水量 1 000 ~ 3 000 m³/d;6. 中深层地下水单井涌水量 100 ~ 1 000 m³/d;
7. 岩溶裂缝水泉流量 >1.0 L/s;8. 岩溶裂缝水泉流量 <1.0 L/s;9. 覆盖型、埋藏型岩溶裂缝水;10. 裸露型碎屑岩类孔隙裂隙水泉流量 <1.0 L/s;
11. 覆盖型碎屑岩类孔隙裂缝水;12. 浅层钻孔左分子为编号,分母为孔深(m),右为涌水量(降深);13. 中深层孔左分子为编号,分母为孔深(m),右为涌水量(降深);
14. 民井左为编号,右为涌水量(降深);15. 上升泉左为编号,右为涌水量(降深);16. 温泉左为编号,右为泉流量;17. 水文地质界线;18. 已建水源地及开采量(m³/d);
19. 浅层地下水流向;20. 中深层地下水流向;21. 水文地质剖面线及编号

图 3-2　洛阳盆地水文地质

降落漏斗(108 m 水位线),东西长 8.5 km,南北宽 3.01 m,中心水位 93.65 m(1998 年 9 月),地下水流向为由四周向漏斗中心。

中深层地下水流向总体为自西向东,由四周向盆地中心径流。

3.2.2.2　地下水的排泄条件

盆地区浅层地下水的排泄方式主要有人工开采、河流排泄、蒸发排泄等,涧河河谷内、洛河河谷内、洛河位屯以上及伊河南岸均为河水排泄地下水,据河南省水文二队资料,河谷平原区年总排泄量为 49 882.89 万 m^3,其中人工开采量为 43 754.54 万 m^3/a,占总排泄量的 87.7%;河流排泄量为 4 667.35 万 m^3/a,蒸发排泄量为 2 061 万 m^3/a,两者占总排泄量的 13.3%。

中深层地下水排泄以侧向径流排泄、人工开采为主,其中人工开采量为 3 861.60 万 m^3/a。

3.3　地下水的动态特征

本区影响浅层地下水位动态的因素较多,除受气象水文、人工开采因素影响外,还受地形地貌、水文地质条件、地表水灌溉等因素的影响,这些因素控制着区内地下水位的变化,根据影响动态变化的主要因素将本地区地下水动态划分为以下几种类型。

(1)气象水文型:主要分布于伊洛河沿岸地带,浅层水变化与河流水位变化相关,亦受气象变化的影响,如图 3-3 所示。

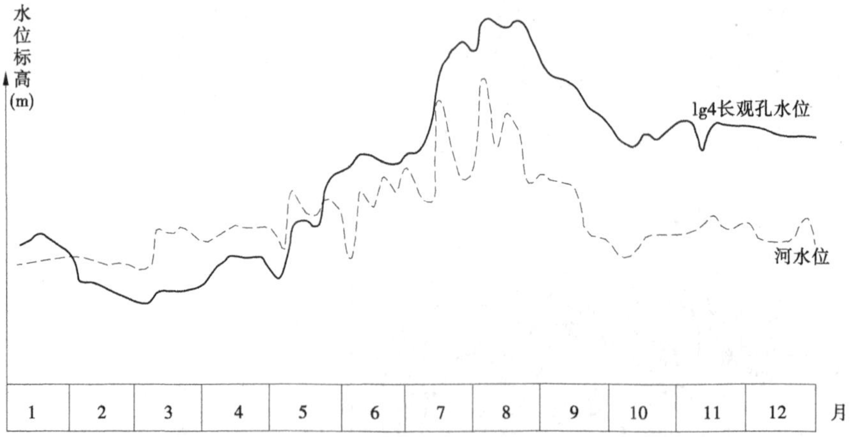

图 3-3　洛河水位与潜水水位关系曲线(1998 年)

(2)降水入渗—径流—开采型:分布在山前倾斜平原区及伊洛河间地块潘寨—西石罢以上地区,浅层地下水位埋深大于 5 m,动态变化,受降水入渗、人工开采影响,每年枯水期水位下降,丰水期水位抬升,年变幅为 1.38 ~7.68 m(见图 3-4)。

(3)降水入渗—径流—蒸发—开采型:分布在河间地块潘寨—西石罢以东,地下水位

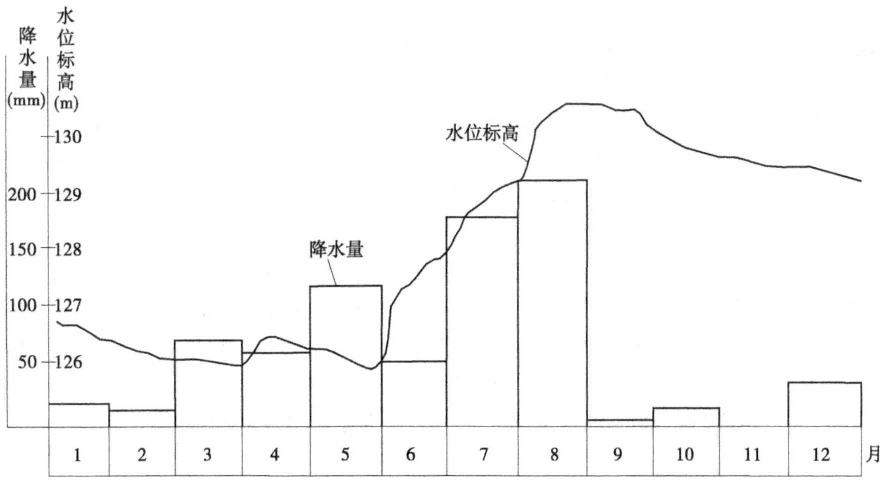

图 3-4　洛阳军屯长观孔地下水位动态曲线(1998 年)

埋深小于 3.4 m,平均水位埋深 2.69 m。补给以降水入渗、径流补给为主,排泄以蒸发、开采为主(见图 3-5)。

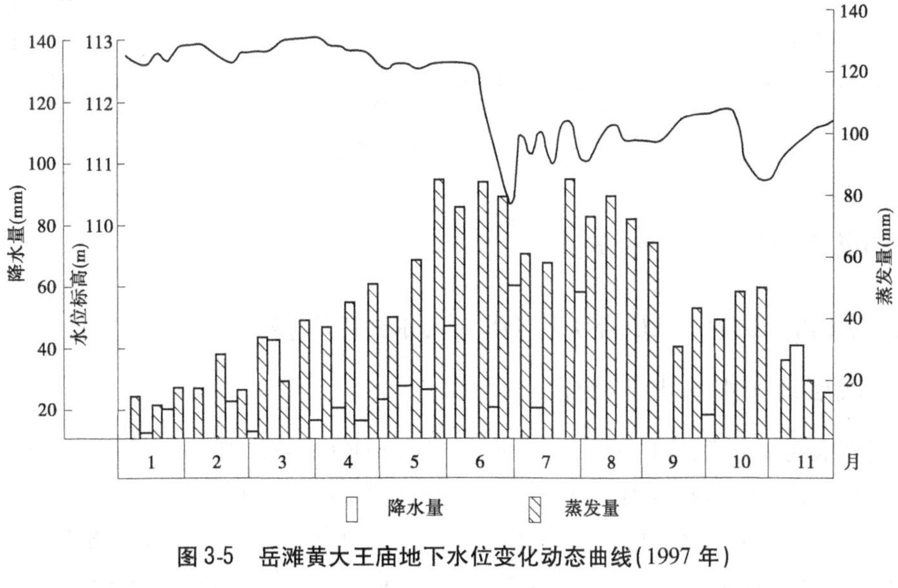

图 3-5　岳滩黄大王庙地下水位变化动态曲线(1997 年)

(4)降水入渗—开采型:分布在区内城内工矿集中供水水源地开采区,地下水位埋深 10 ~ 30 m,主要受人工开采影响(见图 3-6)。

(5)径流—开采型:是区内中深层地下水的主要动态类型,前已述及,中深层地下水以径流为主,排泄以人工开采为主(见图 3-7)。

除上述动态类型外,还有降水入渗—径流—灌溉型(伊东灌区)、回灌—开采型(洛阳市区棉纺厂一带等)。

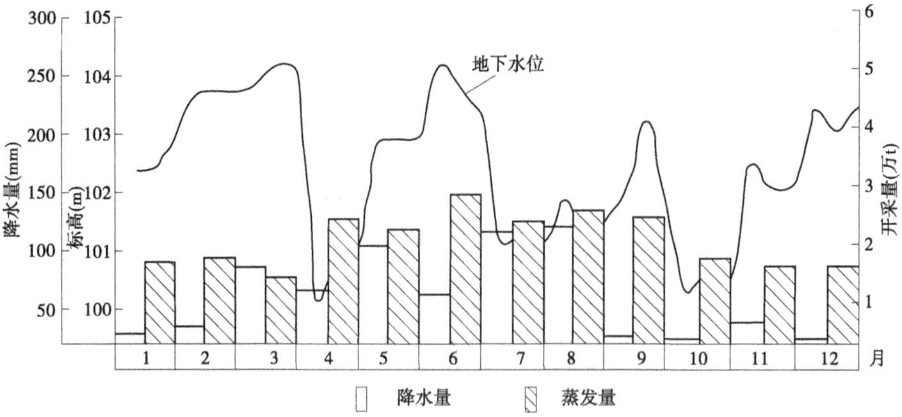

图 3-6　偃师摩托车南井地下水位变化动态曲线(1998 年)

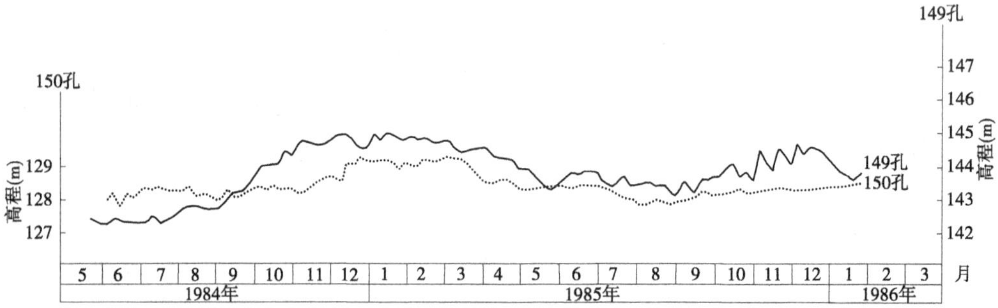

图 3-7　承压含水系统动态曲线

3.4　地下水的化学特征

地下水化学成分除受地层岩性影响外,还与水交替条件好坏及人为因素有关。

3.4.1　浅层地下水水化学特征

采用舒卡列夫分类,区内地下水水化学特征为 $HCO_3 - Ca$、$HCO_3 - Ca \cdot Mg$、$HCO_3 - Ca \cdot Na \cdot Mg$ 及 $HCO_3 - Ca \cdot Mg \cdot Na$ 等几种类型,其分布见图 3-8。

本区浅层地下水水化学特征具有明显的规律性,如伊河北岸阶地区从洛阳市到偃师市,水化学类型由 $HCO_3 - Ca$ 变化到 $HCO_3 - Ca \cdot Mg$,再变化到 $HCO_3 - Ca \cdot Mg \cdot Na$,傍伊洛河地带地下水枯、丰期矿化度由 0.2 g/L 到 0.7 g/L,这反映了地下水在流动过程中与截止间的作用以溶滤作用为主。

洛阳市及郊区和偃师市区,由于受人工因素影响,地下水已局部污染,水化学类型复杂,目前已有 $HCO_3 \cdot SO_4$ 型水及 $HCO_3 \cdot Cl$ 型水,局部矿化度大于 1.0 g/L,已有总硬度、NA_4^+、NO_3^-、NO_2^-、Cr^{6+} 等超现行生活饮用水国家标准点分布,所有这些均与污染途径有关。

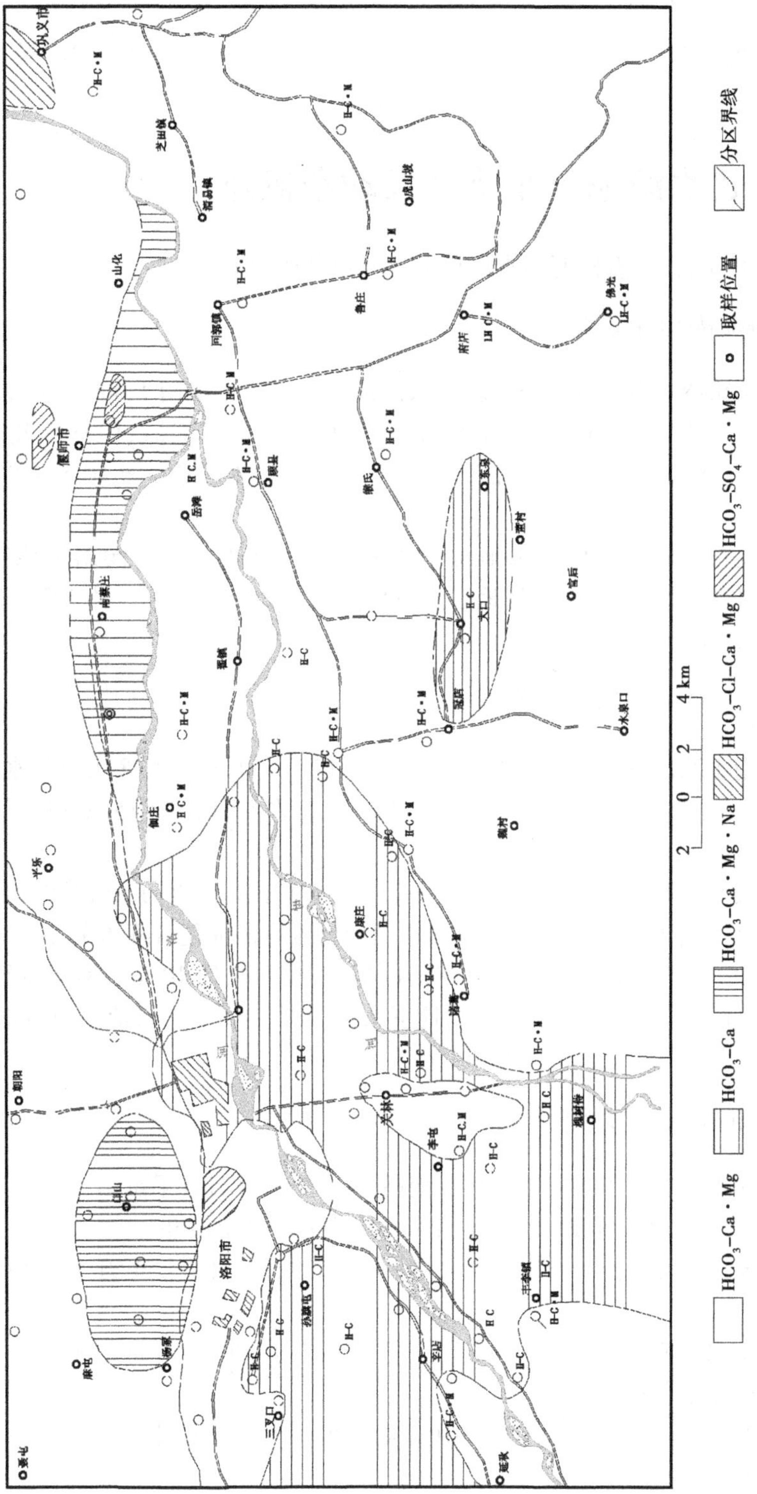

图 3-8　洛阳盆地地下水水化学类型分布图

3.4.2 中深层地下水化学特征

盆地内地下水的化学特征为 HCO_3 - Ca · Mg、HCO_3 - Ca · Na · Mg 及 HCO_3 - Ca · Mg · Na 三种类型，矿化度为0.25 ~0.5 g/L。

3.5 已建水源地分布及开发动态概述

现状条件下，该区有傍河型水源地 13 个，现分述如下。

3.5.1 伊河南岸水源地

（1）偃师市中友电力有限公司庞村水源地位于伊河大堤南 1 000 m 左右的伊河一级阶地区，日开采量 10 000 m^3，开采井深度小于 60 m，开采井 6 眼，1993 年建成投产后，虽区内地下水位有所下降，区域水位降深小于 2 m，但对工农业生产供水条件没有多大影响。

（2）巩义市二电厂芝田水源地位于伊河大堤南 2 000 m 前倾斜平原区，日开采量 10 000 m^3，开采井沿邬罗河布设，地下水位埋深 12 ~21.63 m，生产井 7 眼，建成后对工农业用水条件没有多大影响。

3.5.2 伊洛河河间地块水源地

（1）洛南水源地位于洛河南焦屯古城一带，1976 年日开采量 8 万 m^3，水位埋深 3 ~5 m，现在日开采量增加到 15.8 万 m^3，水位埋深 10 m 左右，据多年动态资料，在枯水期已形成以水源地为中心的复合开采降落漏斗。

（2）李楼水源地位于李楼乡南军屯一带，设计日开采量 20 万 m^3（1985 年），现在日开采量 16.86 万 m^3，地下水位埋深 5 ~10 m，目前还没有形成复合降落漏斗。

（3）首阳山电厂水源地位于伊洛河河间地块，东西长约 10 km，南北宽约 4 km，开采井沿伊洛河布设，日开采量为 8 万 m^3，地下水位埋深 3 ~5 m。目前还没有形成复合的开采降落漏斗，水位与开采前相比下降 1 m 左右。

3.5.3 洛河北岸水源地

（1）张庄水源地位于张庄桥以北—南昌路一带，设计日开采量为 3.2 万 m^3，现在日开采量为 4.9 万 m^3，现已形成以水源地开采井为中心的降落漏斗。

（2）王府庄水源地位于洛阳市涧西区涧河旁，设计日开采量 1 万 m^3，现状日开采量为 1.18 万 m^3。

（3）后李水源地位于洛阳市热电厂—中州渠以南一带，设计日开采量为 1 万 m^3，因水质受到污染，现已停采。

（4）临涧水源地位于涧河以东—中州渠以西一带，设计日开采量 4.5 万 m^3，现日开采量 4.69 万 m^3。

（5）下池水源地位于中州渠以东—安乐桥一带，设计日开采量 3.7 万 m^3，现日开采量为4万 m³。

(6)五里堡水源地位于洛阳市东车站以东东花坛一带,设计日开采量2.8万 m³,现状日开采量3.39万 m³。

(7)洛阳市东郊水源地位于孙村一带,生产井9眼,日开采量为4万 m³。于1998年年底建成。

(8)偃师市第一水厂水源地位于蔡家口—塔庄一带,生产井6眼,日开采量1.0~1.5万 m³,地下水位埋深小于10 m,1994年全部投产后,对工农业用水条件影响不大,目前已处于市区复合开采降落漏斗的边缘地带。

以上所述,除芝田水源地和王府庄水源地外,其余均为傍伊河、洛河水源地,这其中除东郊水源地投产时间较短外,其他水源地均有多年的开采资料,这些水源地靠袭夺河水补给,开采后对区内工农业生产用水条件没有造成大的影响,为本地区经济发展提供了可靠的水源保证。

3.6　洛河水与岸边地带地下水的关系

3.6.1　开采条件下洛河水与地下水补给机理分析

根据张庄、临涧、洛南水源地开采历史和开采资料,采用电网络模拟研究洛河产生垂直入渗的原因及发展过程。首先,模拟1976年以前,洛南水源地还没有建设,只有张庄、临涧水源地投产的情况,模拟结果见图3-9,图3-9表明洛河还未产生垂直入渗,河床下的水位与河底没有“脱开”。1976年以后,洛南水源地有10眼井投产,其日开采能力为8万 m³,这一阶段的模拟结果见图3-10,表明洛河水源地部分投产后,洛河对地下水的补给就开始以垂直入渗的形式出现,地下水位与河水完全“脱开”,1979年后,洛南水源地27眼

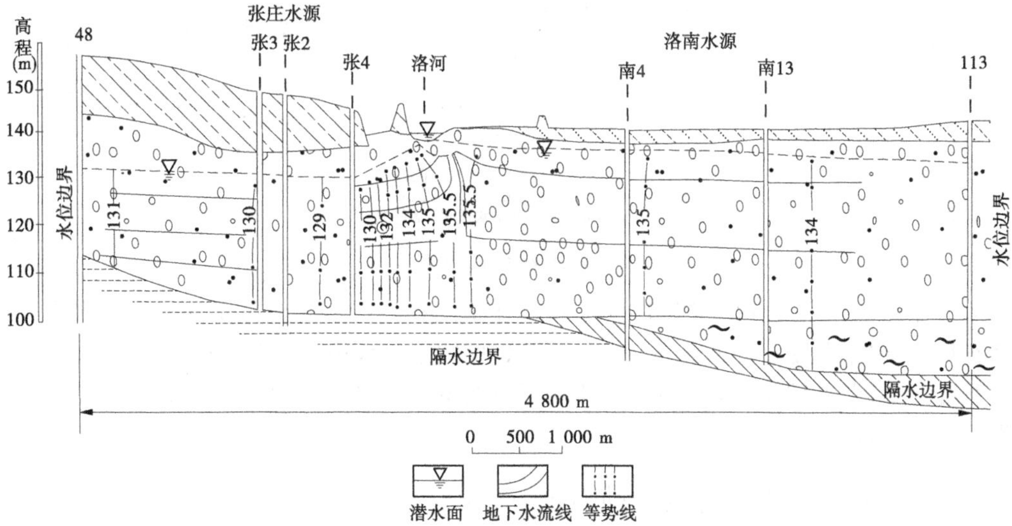

图3-9　洛河水与地下水的关系(一)

井全部投产，最大日开采量 17 万 m^3，这时的模拟结果见图 3-11，表明河床下丘状“分水岭”的顶部水位比全部投产前低，多年来地下水的动态检测资料也证实了这一点。

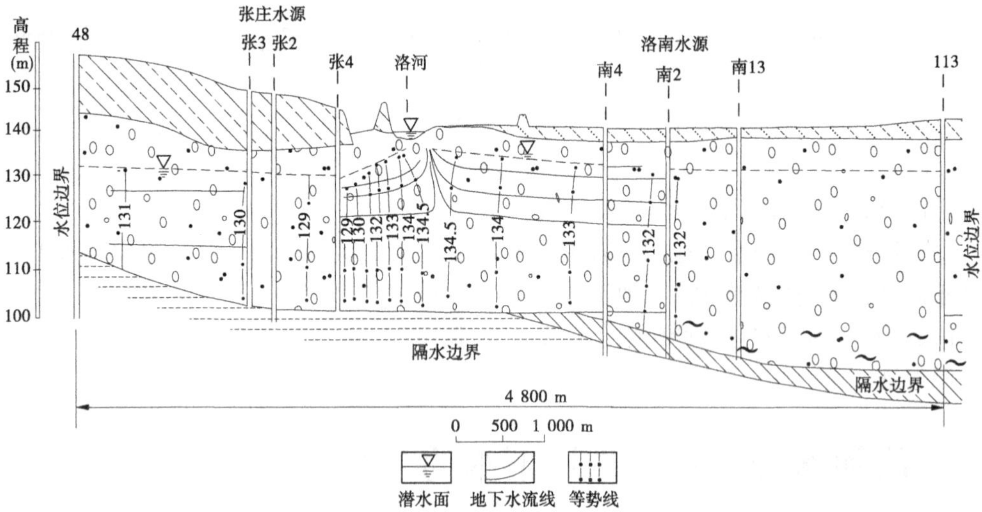

图 3-10　洛河水与地下水的关系(二)

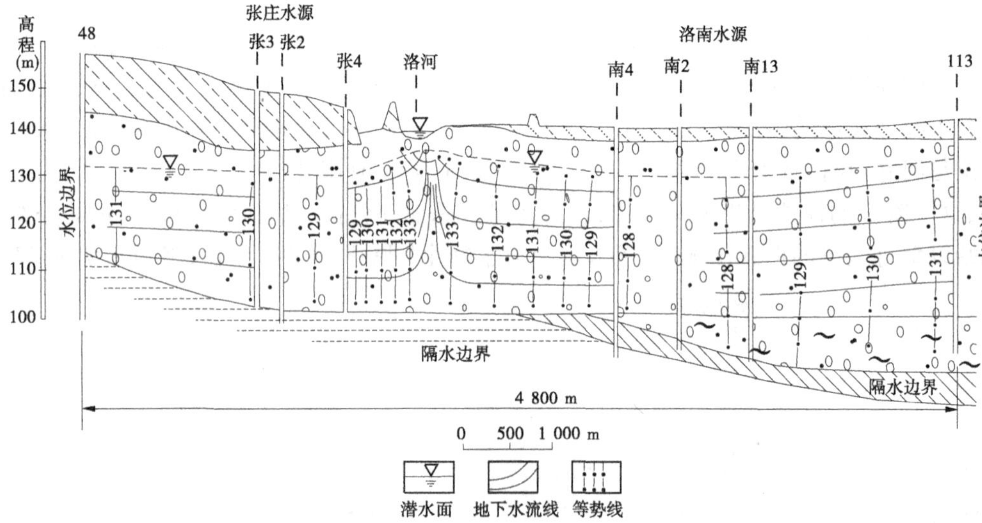

图 3-11　洛河水与地下水的关系(三)

另外，洛阳兴隆石料厂 1998 年 3 ~4 月在张庄和洛南水源地范围的洛河漫滩中开挖砂石料，开挖深度最大达 8 余 m，未见地下水，挖坑距河水边沿不到 20 m，由此可见，洛河在北段，以垂直渗漏方式补给的地下水是不争的事实，这为本次地下水资源计算提供了可靠的水文地质依据。

3.6.2　首阳电厂水源地开采前后地下水的动态变化特征

首电水源地 1979 ~1981 年进行勘探，1988 年一期工程建成投入使用，共凿井 15 眼；

二期工程于 1993 年建成，共凿井 15 眼，目前水源地日开采量约 8 万 m^3。水源地投产后开采区内地下水动态资料（见图 3-12）表明，区内地下水下降幅度约 1 m，地下水流场与投产前相比没有大的变化，对区内工农业生产没有大的影响。1997 ~ 1998 年首电又对其水源地进行勘探评价，允许日开采量为 21.6 万 m^3（包括一、二期开采量）。

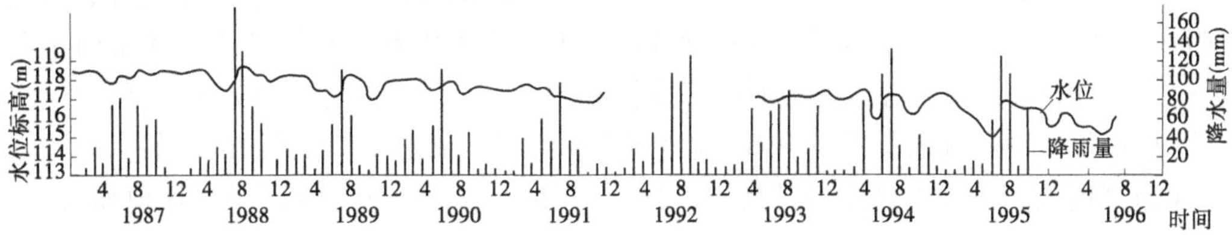

图 3-12　偃师市翟镇田北村北杨庄路口井（首电水源地开采区）

3.6.3　洛阳盆地河谷区浅层地下水资源开采潜力分析

据河南省水文地质二队资料，盆地内河谷平原区现状条件下多年平均均衡结果为负均衡，补给量小于排泄量，这与区域地下水位多年来一直处于下降趋势，年均降幅 0.24 m 左右相一致。但是，在开采条件下，地下水的补给与排泄将发生变化，会直接影响地下水资源量。如傍河开采可诱发河水补给地下水。洛阳盆地内河谷平原区地下水在开采条件下允许开采量为 60 761.8 万 m^3/a，可见就整个盆地而言，现状条件下允许开采量还具有扩大开采潜力。

3.7　盆地区地下水同位素特征

3.7.1　同位素测年技术及应用

自然界天然水中，存在着 1 000 多种同位素，用于水循环研究的同位素主要是 D(^2H)、T (^3H)、^{18}O 和 ^{14}C，其中 D 和 ^{18}O 是稳定同位素，T 和 ^{14}C 属于放射性同位素，其半衰期分别是 12.43 年、5 730 年。在自然界中，稳定同位素组成的变化很微小，用同位素丰度和同位素比值不能明显地显示出这种微小的差别，所以一般用 δ 值来表示元素的同位素含量。δ 值是指样品中两种稳定同位素的比值相对于国际标准平均海水（Standard Mean Ocean Water, SMOW）同位素比值的千分差值（单位为‰），即

$$\delta = \frac{R_{样品} - R_{标准}}{R_{标准}} \times 1\ 000‰$$

式中，R 为同位素比值，是一种元素的稀有的与富含的同位素丰度之比，如 $R(D) = D/H$，$R(^{18}O) = {}^{18}O/{}^{16}O$。$\delta$ 值能反映出样品同位素组成相对于标准样品的变化方向和程度，如 δ 值为负值，表明样品较标准富含轻同位素；反之，表明样品较标准富含重同位素。水中氚的同位素组成则以氚单位（TU，Tritium Unit）表示。

有许多天然过程可造成天然水中同位素化合物的差异，其中最重要的是蒸发和凝结。在蒸发过程中，轻的水分子 $H_2{}^{16}O$ 比包含有一个重同位素的分子（即 $HD^{16}O$ 或 $H_2{}^{18}O$）更

为活跃一些，因此从洋面蒸发的水蒸气比海水中的^{18}O少1.2‰~1.5‰，氘少8‰~12‰。这些大气中的水汽经受连续的冷却并凝结成云和雨，较为不活跃的重分子首先凝结，所余下的水汽中的D和^{18}O会越来越少，结果来自同一初始水汽团的连续降水中的重同位素会更少。水在蒸发和冷凝时，组成水分子的氢和氧的同位素丰度将产生这些小的变化，这种现象被称为同位素分馏作用。自然界中的化学反应、不可逆反应、蒸发作用、扩散作用、吸附作用、生物化学反应都能引起同位素分馏。大气降水中氘、^{18}O同位素的含量由于同位素分馏的影响，主要受降水形成时的温度控制，降水氘、氧空间分布有如下特征：

(1)纬度效应。随着纬度的升高(温度降低)，氘、^{18}O的同位素含量变低(轻)。

(2)高度效应。随着高度的升高，氘、^{18}O的同位素含量变低(轻)。就^{18}O值而言，每升高100 m就会变化-0.2‰~-0.6‰。据此可以详细地掌握地下水补给源地理位置的高程情况。

(3)大陆效应。从海岸向内陆方向，氘、^{18}O同位素含量变低(轻)。

(4)季节效应。在夏季，氘、^{18}O同位素含量高(重)；而在冬季，氘、^{18}O同位素含量低(轻)。

(5)量效应。降水量变大时，氘、^{18}O同位素含量变低(轻)。

大气降水D与^{18}O之间存在着直线相关关系，Yurtsever and Gat(1980)根据IAEA的114个台站1953~1978年积累的资料，用最小二乘法进行线性拟合得到了全球降水线(Meteoric Water Line，简写为MWL)方程

$$\delta D = 8.2\delta^{18}O + 10.8$$

D与^{18}O间的直线关系在整个地球范围内均适用，但由于不同地区所形成降水的蒸发、凝结条件各不相同，因此在不同地区大气降水线的斜率和截距会有差异。

氚(T或^3H)是氢的放射性同位素，半衰期12.26年，在水中以HTO形式存在，氚的浓度常用氚单位(TU)表示(1 TU相当于10^{18}个氢原子中含一个氚原子)，即$T/H = 10^{-18}$。一般认为用它可测定60年以内的水年龄，对于矿井水的定性或半定性研究效果良好。循环水中氚的起源有天然和人工两类，前者是宇宙射线与上部大气层反应的结果，产率很低，北半球可达5~10 TU；后者是1952年以来大规模热核试验导致大量人造氚进入大气的结果，北半球氚含量1963年达到高峰，其值为数千氚单位，超过天然氚浓度几个数量级，1963年后，因大气热核试验减少，氚浓度也随之降低，目前基本衰减至热核试验之前的水平。用氚估算地下水年龄，通常是根据地下水是否受到了核爆氚的标记，将地下水的形成时间分为核试验前与核试验后两个阶段。由于天然情况下大气降水的氚浓度为10 TU，1953年以前降雨入渗形成的地下水到本次取样时间，按照衰变原理其氚浓度应小于0.7 TU。因此，若样品的氚浓度小于此值，则其年龄一般认为大于54年，若地下水氚浓度大于0.7 TU，则认为其年龄小于54年，即为核爆试验之后形成的。据国际原子能委员会同位素小组的划分方法，当氚含量<3 TU时，地下水可能是1954年以前的水；当氚含量为3~20 TU时，地下水可能是1954~1961年补给的水；当氚含量>20 TU时，地下水是最近形成的。

日本木村重彦的浓度划分法为：氚含量<1 TU时，为1954年以前渗入补给的古水

(停滞水);氚含量>2 TU时,为1954年后入渗补给的新水(循环水);氚含量为$n \times 10^0$ TU时,为混合水(停滞水与$n \times 10^0 \sim n \times 10^2$ TU循环水的混合);氚含量为$n \times 10^1$ TU时,为近期降水或混合水(停滞水与$n \times 10^2$ TU循环水的混合);氚含量为$n \times 10^2$ TU时,一般为降雨(现代水)补给的新水。

自然界中所有参加碳交换的物质都含有^{14}C。如果某一含碳物质一旦停止与外界发生交换,例如生物死亡或水中^{14}C以碳酸钙形式沉淀以后,与大气及水中的二氧化碳不再发生交换,那么有机体和碳酸盐中^{14}C将得不到新的补充,原始的放射性^{14}C就开始按照衰变规律而减少,衰变公式为

$$A_{样} = A_0 e^{-\lambda t}$$

式中:A_0为处于交换循环中的^{14}C放射性比度或称现代碳放射性比度;$A_{样}$为停止交换t年后样品中碳的放射性比度;t为含碳物质消亡后"距今"的年代,即被检测样品的年龄;λ为^{14}C的衰变常数,$\lambda = \frac{\ln 2}{T_{\frac{1}{2}}} = \frac{0.693}{5\ 568}$。

样品的^{14}C年龄计算公式为

$$t = 8\ 035 \frac{A_0}{A_{样}}$$

水的同位素成分可视作水的"指纹"或"DNA",被广泛应用于解决或帮助解决各类水资源和水环境问题,诸如判断地下水的成因,"四水"(降水、土壤水、地表水、地下水)相互转化,地下水系统的封闭程度及水交替强度,各类水体的污染程度及污染源问题,水气相互作用与水岩相互作用问题等。

3.7.2　地下水氟利昂及形成年龄

氟利昂(CFC)是人工合成的氯氟烃化合物,一般是由氟化氢与氯代烷烃在催化剂作用下发生化学反应制备的。20世纪30年代CFC被大量制造并被作为制冷剂,其中,CFC-11(CCl3F)和CFC-12(CCl2F2)从30~40年代开始制造并释放到大气圈和水圈;CFC-13(C2Cl3F3)是60年代开始生产并向大气释放的。大气圈和水圈中三种CFC的含量随着时间的增加都呈增加趋势,但增值各不相同。因为不同时期大气降水补给地下水中三个CFC的含量比值是不同的,所以检测到三种CFC浓度的比值可以确定出地下水的年龄。例如,如果CFC-13未被测出,表明地下水年龄相对较老,起码是70年代早期补给的地下水;如果三种CFC均未测出,表明地下水至少是20世纪40年代以前补给的。如果三种CFC的比值与原始降水中CFC的比值不能对应,一般表明存在不同年龄地下水的混合。

3.7.3　地下水形成分析

本次工作委托中国地质科学院矿产资源研究所、中国地震局地质研究所、中国科学院地质与地球物理研究所测量了地下水同位素含量,此外还收集了河南理工大学潘国营教授(2011年)有关区内17个地下水同位素(^2H、^{18}O)、15个地下水(^3H和^{14}C)、10个水样的氟利昂含量,测试结果见表3-1和表3-2。

表 3-1　地下水稳定同位素测定结果汇总

编号	取样位置	地下水类型	δD (‰)	$\delta^{18}O$ (‰)	^{3}H (TU)	现代碳百分数 (%)	^{14}C 年龄 (ka)
Y1	偃师地热井		-81	-12.6			
Y2	营房口		-78	-12.0		16.83 ±0.45	14.32 ±0.22
Y3	十家沟		-75	-11.4			
Y4	自来水厂		-66	-10.7			14.61 ±0.20
Y5	洛河水		-63	-10.2			
Y6	岳滩村		-61	-10.0			
Y7	伊河水		-73	-11.4			
Y8	佛光泉水		-69	-11.3			
Y9	安滩村		-74	-11.6			
S1	巩义涉村	岩溶水	-66.9	-9.07	16.91	82.62 ±1.42	1.58 ±0.15
S4	偃师府店乡参店	岩溶水	-62.9	-8.56	9.30	106.61 ±1.77	现代碳
S6	偃师刘庄	岩溶水	-63.0	-7.87	3.34	86.91 ±1.55	1.16 ±0.15
S9	偃师大口乡寨湾	岩溶水	-71.8	-8.68	<2.00	78.82 ±1.52	1.97 ±0.16
Y4	洛阳魏湾	岩溶水	-69.4	-8.82	<2.00	74.49 ±1.41	2.43 ±0.16
Y20	偃师李村乡段沟	岩溶水	-68.2	-8.49	<2.00	78.87 ±1.30	1.96 ±0.14
Y29	龙门煤矿生活井	岩溶水	-68.0	-8.82	<2.00	77.79 ±1.29	2.08 ±0.14
Q1	龙门西山勘探孔	岩溶水	-68.5	-8.85	7.00	65.76 ±1.22	3.46 ±0.16
B1	龙门石窟锣鼓泉	岩溶水	-61.9	-8.96			
B2	龙门石窟珍珠泉	岩溶水	-62.2	-8.98			
S2	巩义西村	孔隙水	-69.9	-8.76	55.50	85.81 ±1.56	1.26 ±0.15
S3	巩义鲁庄	孔隙水	-69.1	-8.54	5.86	71.84 ±1.37	2.74 ±0.16
S5	偃师府店	孔隙水	-64.0	-7.78	10.27	88.54 ±1.53	1.01 ±0.15
S7	偃师缑氏	孔隙水	-71.3	-9.05	5.00	76.49 ±1.44	2.22 ±0.16
S8	偃师顾县任庄	孔隙水	-76.6	-9.66	<2.00	57.02 ±1.13	4.64 ±0.17
S10	偃师寇店水厂	孔隙水	-71.7	-8.78	<2.00	66.60 ±1.29	3.36 ±0.16
Y3	常村煤矿生活井	孔隙水	-71.7	-8.67	2.03	76.41 ±1.34	2.22 ±0.15
	洛阳白马寺	浅层孔隙水			27.87	87.547 ±0.59	1.07 ±0.05
	偃师三水厂	中深层水			7.23	20.63 ±0.28	12.68 ±0.11
	山化寺沟	地热水			20.59	48.93 ±0.43	5.70 ±0.07
	偃师杏园	地热水				16.92 ±0.30	14.27 ±0.15

表 3-2 偃龙矿区地下水氟利昂浓度及测年结果

样号	取样位置	类型	CFC - 11 (pmol/L)	CFC - 12 (pmol/L)	CFC - 113 (pmol/L)	表观年龄 (a)
Y14	偃师诸葛镇杨沟	岩溶水	5.32	1.57	0.26	30
Y5	洛阳龙门部队	岩溶水	2.25	0.96	0.16	36
Y18	偃师李村乡老井沟	岩溶水	4.01	2.1	0.32	24
Y1	洛阳粮库热水井	岩溶水	2.91	0.51	0.07	42
Y28	洛阳东山宾馆	岩溶水	1.96	0.89	0.16	37
S1	巩义涉村	岩溶水	3.34	1.51	0.23	30
S4	偃师府店乡参店	岩溶水	4.4	2.3	0.41	22
S9	偃师大口乡翟湾	岩溶水	C	3.03	0.22	24
S2	巩义西村	孔隙水	2.11	1.71	0.18	28
S5	偃师府店	孔隙水	C	2.15	0.32	23

3.7.3.1 地下水补给条件分析

大气降水中的 δD 与 δO 之间呈线性相关,将降水方程以 δD ~ δO 平面图表示出来,称为雨水线。图 3-13 是偃龙矿区大气降水及地下水同位素样 δD 与 δO 关系散点图,通过分析可以总结出以下几点规律:

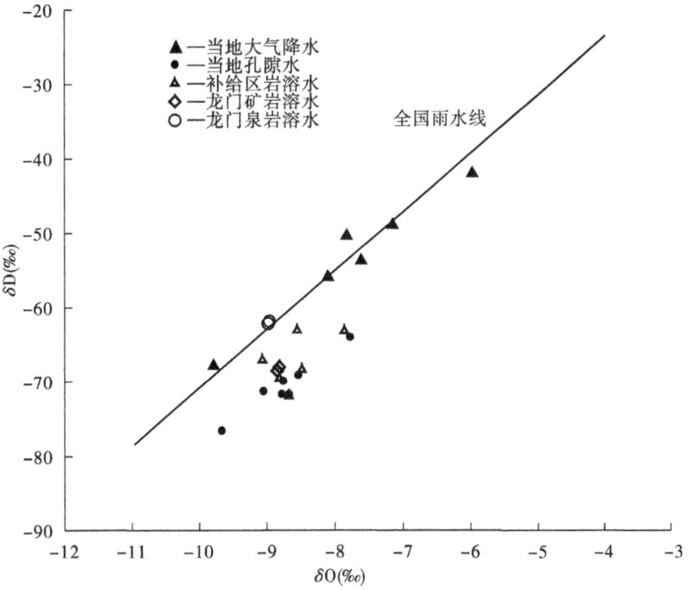

图 3-13 偃龙矿区地下水和降水 δD 与 δO 关系散点图

(1) 当地(洛阳、偃师及巩义)大气降水的 δD、δO 散点落在全国雨水线上,说明偃龙矿区大气降水中 δD 与 δO 关系符合全国雨水线方程。

（2）龙门泉两个水样的 δD、δO 散点落在全国雨水线上，说明龙门泉水主要是当地大气降水所补给的。

（3）孔隙水和岩溶水的 δD、δO 散点落在全国雨水线的下方，在数值上均低于大气降水。一般说来，海拔越高，降水的 δD 和 δO 值就越小。根据全国降水资料统计，海拔每升高 100 m，降水中的 δO 值下降 -0.2‰～-0.6‰。15 个孔隙水和岩溶水水样 δD 平均值为 -68.86‰，δO 平均值为 -8.69‰，而 6 个大气降水水样的 δD 平均值为 -52.87‰，δO 平均值为 -7.74‰。这说明岩溶水补给区在基岩山区，且岩溶水和孔隙水有一定的水力联系。

3.7.3.2　地下水形成年龄分析

所检测 15 个地下水的氚含量为 2～55 TU，其数值为 $n \times 10^0 \sim n \times 10^1$ TU，地下水是在 1954～1961 年之后形成的。10 个地下水样的 CFC 测年结果也说明地下水是最近 20～30 年形成的。从地下水 C^{14} 测年结果来看，水中的碳以现代碳为主，现代碳含量为 70%～100%，也说明地下水是现代大气降水所补给的。根据岩溶水及孔隙水水文地质条件分析，地下水形成年龄不可能达到千年甚至几千年。

第 4 章　水文地质勘查技术方法

4.1　勘查区含水层组的空间分布与富水性

根据地下水埋藏条件和水力性质，区内地下水含水层组可分为浅层含水层组（潜水 - 微承压水）和中深层含水层组（承压水）。

4.1.1　浅层含水层组（潜水 - 微承压水）

浅层含水层组是本区的主要含水层组，是本次勘探评价的目的层，也是区内当前工农业的主要开发层。勘探区范围内，含水层底板埋深一般在 60 ~ 90 m，在此之上无稳定的隔水层，含水层主要由上更系统、全新统砂卵石、中细砂、粗砂砾石、中组砂组成，水位埋深 5 ~ 8 m，水位标高 108 ~ 112 m，含水层厚度一般为 30.5 ~ 44.0 m，最厚处达 50.78 m。自东向西，自北向南，含水层厚度由薄变厚，含水层颗粒由粗变细，如偃师市摩托车长供水井含水层仅有 6.9 m，自来水公司 4#孔 38.0 m，南蔡庄村南设 56#孔达 50.78 m。

根据勘探孔抽水试验资料及机民井抽水试验资料，本区浅层含水层富水性按统降 5 m 换算用水量可划分 4 个等级，分述如下：

（1）羊二庄、南蔡庄以南、前纸庄以西至洛河以北地带，单井涌水量大于 5 000 m^3/d，为强富水区，如宋湾新村 207 国道公路，东机井抽水降深 0.37 m 实际出水量 42.86 m^3/h，换算统降 5 m 涌水量为 8 915.3 m^3/d；和村村东 100 m 机井抽水降深 0.58 m，实际出水量 30.6 m^3/h，换算统降 5 m 涌水量为 6 331.0 m^3/d。

（2）羊二庄—南蔡庄—市区一带，单井涌水量为 1 000 ~ 5 000 m^3/d，为富水区，如首阳山镇羊二庄西北机井抽水降深 2.46 m，实际出水量为 50.25 m^3/h，统降 5 m 涌水量 2 127.28 m^3/d；自来水公司 4#孔抽水降深 5.54 m，实际出水量 169.10 m^3/h，统降 5 m 涌水量 3 923.14 m^3/d。

（3）中州渠以北、首阳山断裂以南富水性较差，单井涌水量为 100 ~ 1 000 m^3/d，如首阳山镇寨厚南民井抽水降深 3.22 m，实际出水量 26.7 m^3/h，统降 5 m 涌水量为 968.8 m^3/d，偃师市铸造厂供水井抽水试验换算 5 m 统降涌水量仅为 119.25 m^3/d。

（4）首阳山断裂以北浅层含水层组为 Q_{2+3}^{epi}，黄土孔隙裂隙含水层组，富水性极差，为贫水区，单井涌水量小于 100 m^3/d。

4.1.2　中深层含水层组（承压水）

本次勘察仅对中深层地下水作初步评价。根据本次勘探，区内已有钻孔及地面物探资料统计，在 100 ~ 350 m 内，揭露到的含水层为 7 ~ 8 层，累计厚度达 113.6 m，含水层由中更新统、下更新统、上新三系砂卵石、中粗砂、中细砂组成，水位埋深 7 ~ 10 m，水位标高

105 ~ 109 m;中深层含水层大致可分为 2 ~ 3 个含水层段,第一含水层顶端,底板埋深 108.19 ~ 154.0 m,厚 7 ~ 48 m,岩层为砂、砂卵石夹薄层粉质黏土;第二含水层顶端、底板埋深为 154 ~ 270 m,厚 325.6 ~ 358.0 m,岩性为砂、砂砾石夹粉土等。

据现有中深井抽水试验资料,区内中深层水换算 15 m 统降涌水量,近山前地带一般小于 3 000 m^3/d,远离山前勘探区为 3 000 ~ 5 000 m^3/d,如本次 K2 孔孔深 238 m,抽水降深 14.1 m,实际出水量为 4 787 m^3/d;首阳山刑沟村南钻孔孔深 208 m,抽水降深 7.0 m,实际出水量为 36.0 m^3,统降 15 m 涌水量 851.43 m^3/d;城关镇吓田寨钻孔孔深 388.03 m,抽水降深 12.92 m,实际出水量 97.9 m^3/h,统降 15 m 涌水量 2 728.8 m^3/d;444 部队钻孔孔深 418.67 m,抽水降深 21.92 m,实际出水量 950.40 m^3/d,即近山前地带富水性差,远离山前地带富水性逐渐变好。

区内中深层含水层与浅层含水层有一定稳定的黏土、粉质黏土相隔,其厚度可达 50 余 m,中深层水位埋深在邙岭山前一带为 45 ~ 76.2 m,最深可达 120 m,在勘探区内中深层水位埋深 7 ~ 10 m,而浅层水位埋深在山前地带 20 m 左右,勘探区 5 ~ 8 m。显而易见,中深层承压水与浅层微承压水水力联系不密切。

4.2 浅层地下水的补给、径流、排泄条件及动态特征

4.2.1 浅层地下水的补给条件

天然条件下(现状)浅层地下水的补给主要有降水入渗、灌溉回渗、侧向径流、渠系渗透、洛河侧渗等。

由于浅层地下水埋藏较浅,饱气带岩性以粉土、粉砂、粉细砂为主,所以在天然条件下,大气降水入渗补给强度较大,降水入渗系数达 0.3 ~ 0.32。从区内浅层地下水动态观测资料可以看出,随着降水入渗补给的增多,浅层地下水位抬高,现状条件下,浅层地下水还有农田灌溉回渗补给、中州渠系渗漏补给、西部区外侧向径流补给、洛河补给等。

在开采条件下,可激发洛河对浅层地下水的补给,补给更为明显,据首电水源地的开采资料,水源地现状开采量为 8 万 m^3/d,开采井均沿河布设,目前尚没有形成地下水降落漏斗,地下水流场与水源地开采前相比基本未变(据偃师市水资源开发利用规划报告)。由此可见,浅层地下水与洛河水联系较为密切。

4.2.2 浅层地下水的径流条件

浅层地下水流向基本上是由西、西北向东南径流,这和地形基本上一致,水力坡度为 1‰ ~ 5‰,局部受人工开采影响已形成开采降落漏斗,地下水流向由周围向漏斗中心径流,如 1998 年偃师市城区已形成以化肥厂为中心的降落漏斗,漏斗中心水位标高 96.0 m 左右,面积约 1.5 km^2(见图 4-1),至 1998 年城区降落漏斗面积已达 25.6 km^2(108 m 水位线),中心水位 93.65 m,并呈逐年增大趋势。

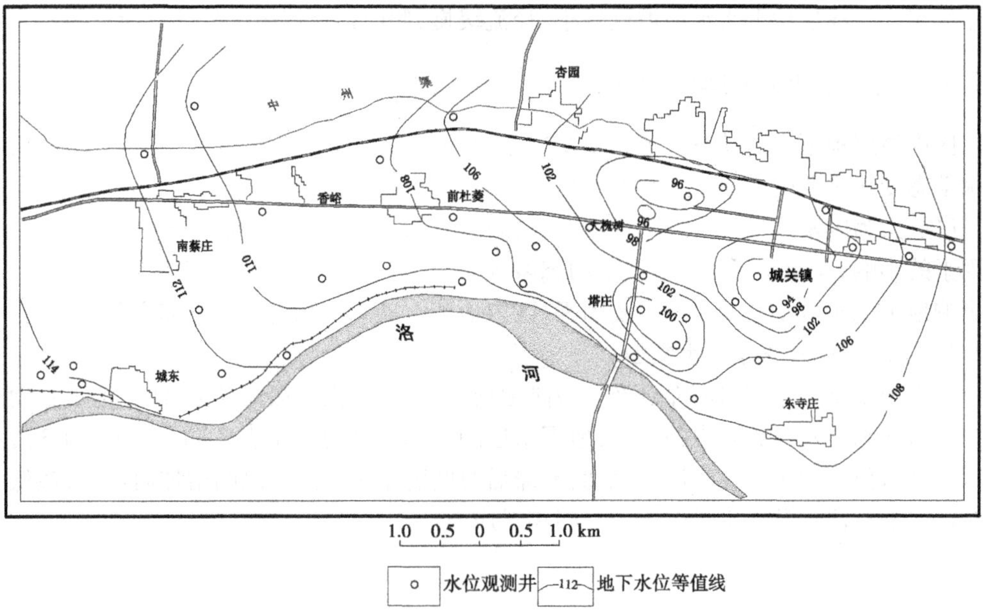

图4-1　洛河北岸地下水流场(1998年9月)

4.2.3　浅层地下水的排泄条件

浅层地下水以人工开采为主,侧向径流次之。区内乡镇企业、农业及城市供水井密度较大,机井密度大于10眼/km^2,浅层地下水是区内工农业生产、生活的主要开采源,开采量达4 929.69万m^3/a,且偃师城区地下水开采量从1990年以来呈逐年增大趋势(见图4-2),

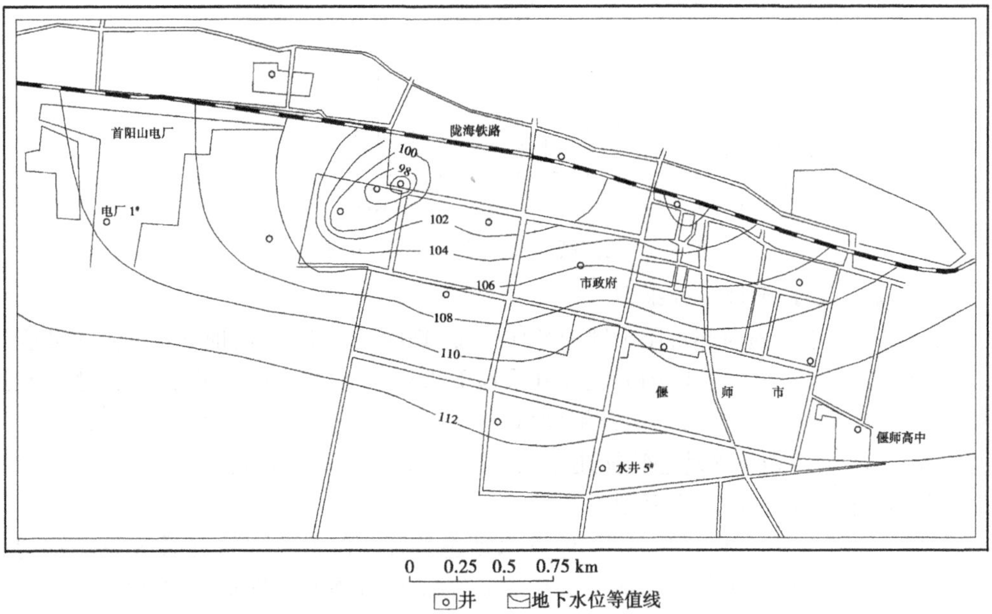

图4-2　城区地下水位等值线图(1989年)

工作区东部及浅层地下水水力坡度较小，径流缓慢，侧向径流流出区外的排泄量较小。

4.2.4 浅层地下水的动态特征

区内浅层地下水的动态特征主要受气象、水文、人为因素的制约，在洛河沿岸地带，地下水动态变化主要受洛河水文要素变化的影响，随着距河距离的增加，其影响程度逐渐减弱，气象、人为因素逐渐转化为主导因素。如在市区地下水动态特征主要受气象、人工开采因素的影响，在勘探区西部地下水动态特征主要受气象、灌溉、开采等因素的控制。根据影响地下水水位动态变化的主要因素，区内地下水动态变化可划分为如下几种类型。

4.2.4.1 水文型及气象－水文型

该类型主要分布在洛河滩区及一级阶地前缘地带，区内一般无开采，浅层地下水动态主要受洛河水文及气象要素的影响，地下水位的升降与洛河水位涨落同步（见图4-3），地下水最高水位一般出现在洛河洪水期，其滞后时间随距洛河的距离的增加而增大，最低水位与洛河最枯流量及降水量较少的时间相对应。

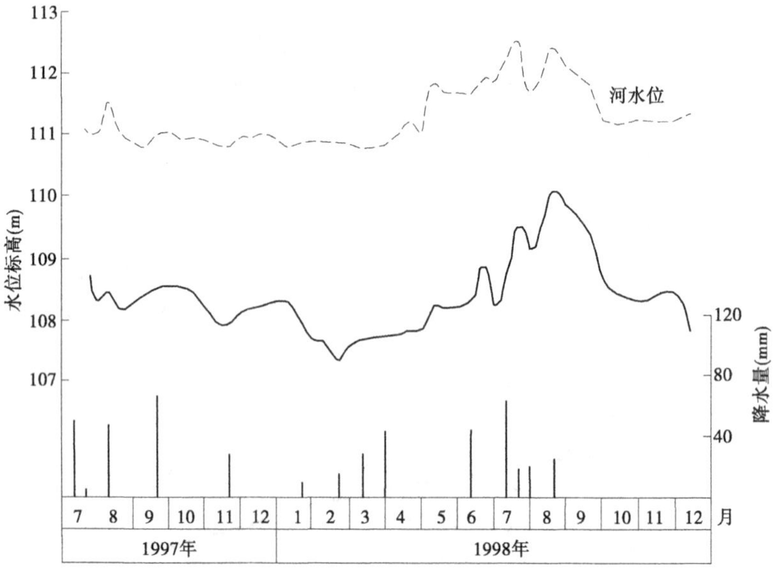

图4-3 塔庄桥头民井地下水位变化曲线

4.2.4.2 降水入渗、灌溉－开采型

该类型分布于区内西部首阳山镇南蔡庄一带，现状条件下，浅层地下水动态主要受气象、灌溉和人工开采的影响，区内灌溉除开采地下水外，还引用中州渠灌溉，灌溉季节利用渠水灌溉的地区地下水位上升，上升幅度可达0.5 m左右（访问），区内工农业供水以开采地下水为主，所以地下水动态特征还受人工开采的影响（见图4-4）。

4.2.4.3 降水入渗、径流－开采型

该类型分布于市区，现状条件下，地下水动态特征与降水、径流、开采等因素密切相关。目前城区已形成一个复合的地下水开采降落漏斗，地下水由四周向漏斗中心径流，影响地下水动态变化规律的主要因素是人为因素，与开采规律相对应，地下水变幅3 m左右（如图4-5所示）。

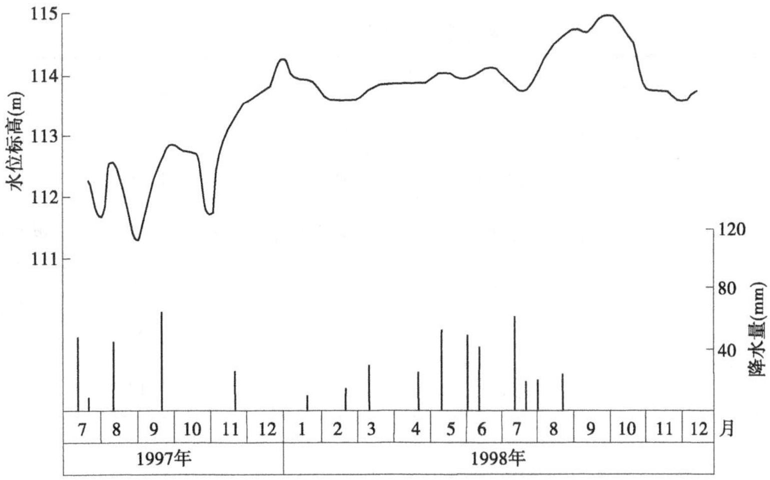

图4-4 207桥头民井地下水位变化曲线

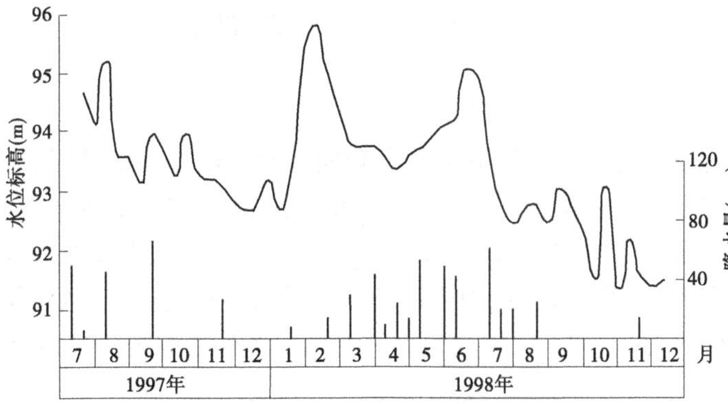

图4-5 化肥厂北侧地下水位变化曲线

区内浅层地下水的多年动态变化规律与气象、人为等因素关系密切。从区内多年来的地下水动态变化曲线可以看出，浅层地下水动态多年变化规律与气象变化周期相吻合，丰水年地下水位上升，枯水年地下水位下降，变幅为1~2 m，但由于多年来区内地下水的开采量逐年增大，地下水位表现为逐年下降，尤其是1989年以来，地下水位下降幅度较大，下降幅度为0.38~1.25 m。

在市区已形成地下水开采漏斗，漏斗面积逐年增大，漏斗中心水位逐年下降，其动态变化特征与城区开采量大小密切相关。

4.2.5 洛河水对地下水的补给强度

现状条件下，对浅层地下水流场特征进行分析，为了解洛河水对地下水的补给强度，在洛河上下游布设了2个测流断面，进行水位、流量观测，并对两断面间的排（进）水口同时进行了流量观测，其成果见表4-1，从表4-1可以看出，洛河水对地下水的补给强度大于

960.32 $m^3/(d \cdot km)$。

表 4-1 洛河测流成果

时间(年-月-日)	断面流量(m^3/s)		断面间入水口流量(m^3/s)	入渗量(m^3/s)	备注
	白马寺	310 桥			
1999-02-01	16.4	12.45	0.30	4.25	断面间距 15 km 入渗量均值 1.382 m^3/s
1999-02-10	14.4	13.09	0.30	1.61	
1999-02-18	6.6	6.15	0.14	0.59	
1999-02-21	5.2	5.0	0.14	0.34	
1999-02-28	5.2	5.22	0.14	0.12	

4.3 中深层地下水补给、径流、排泄条件及动态特征

区内中深层地下水开发利用程度及研究程度较低,仅作概略分析。

4.3.1 中深层地下水的补给条件

区内中深层地下水在天然条件下主要靠侧向径流补给。前已述及,区内浅层地下水和中深层地下水之间有一稳定的隔水层,二者水力联系不密切,其补给源较远,以侧向径流补给为主。从区域水文地质资料分析,整个洛阳盆地中深层水连通性较好,分布稳定,尤其是勘探区的上游(补给区)通过构造等条件与浅水层相连通,导致浅层水直接补给中深层水。因此,区内中深层地下水主要是靠来自西部境外的侧向径流补给。

4.3.2 中深层地下水的径流条件

从区域水文地质资料来看,中深层地下水总体流向为自西向东,局部受开采影响,中深层地下水流向发生改变。在开采条件下,由于勘探区南侧及西侧上游中深层含水层连续性好,厚度较大,地下水流向将由西部、南部向区内径流。

4.3.3 中深层地下水的排泄条件

从区域水文地质条件来看,中深层地下水的排泄以人工开采和径流排泄为主,区内中深层地下水人工开采量较小,且多为混合开采,目前主要以径流排泄为主。

4.3.4 中深层地下水的动态特征

中深层地下水位动态变化与降水补给有关,但反应迟缓。从区域动态资料来看,水位在每年 9 月至翌年 3 月维持高峰,4 月开始下降,至 6 ~ 8 月达低峰值,年变幅 2 ~ 3 m,其变化周期与降水周期相比,水位上升期较雨季滞后 2 ~ 3 个月,水位下降期较非雨季滞后 5 个月左右,另外从多年动态资料来看,地下水位丰水年高于枯水年。这些动态资料表

明,中深层地下水系统因上覆有较厚的隔水层,难以接受大气降水的直接补给,而是通过接纳来自距离较远的补给区的地下水径流,间接接受大气降水补给,故水位变化周期滞后于降水周期,时间较长。由 K2 孔地下水位变化特征来看(见图 4-6),与本区降水关系不密切,其变化主要与开采变化相关。

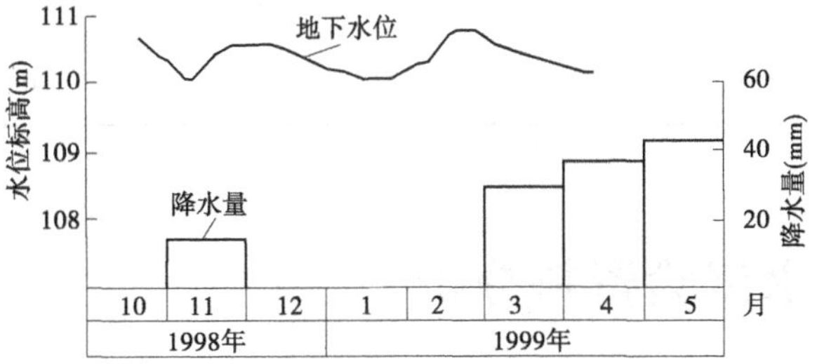

图 4-6　中深层地下水位动态曲线

4.4　干扰抽水试验概述

干扰抽水试验位于勘探区东部,洛河大堤北侧塔庄、蔡家口一带,干扰井间距 396 km,布设观测孔点 15 个,控制面积 4 km^2,其目的任务如下:

通过两个主孔的干扰抽水试验,确定水位降深与涌水量的关系、井间干扰程度;为选择最佳布井方案提供水文地质依据;了解干扰试验条件下地下水流场变化趋势。

抽水分为如下三个阶段:

第一阶段:自 1997 年 9 月 30 日 9 时开动 5#孔水泵,单井出水量为 140.0 m^3/h,按非稳定流进行观测,抽水至 10 月 1 日 15 时 50 分。

第二阶段:在 5#孔不停泵的情况下,开动 4#孔水泵,出水量为 169.1 m^3/h,抽水至 10 月 2 日 14 时 40 分,两孔水位均达稳定状态。

第三阶段:抽水同时停泵,观测恢复水位至 1997 年 10 月 3 日 18 时 10 分,整个抽水过程历时 4 d。

(1)井间干扰分析。确定井间干扰系数是干扰抽水的主要目的之一。因采用定流量抽水,故井间干扰表现为降深削减。

利用下式计算降深干扰系数:

$$a_{ij} = S_j/S_i$$

式中:a_{ij}为 i 孔抽水对 j 观测孔的降深干扰系数;S_j 为 i 孔抽水 j 观测孔的降深,m;S_i 为抽水主井 i 的降深,m。

5#孔出水降深 10.47 m,4#孔观测水位降深 0.16 m,两井同时抽水,4#孔抽水降深 5.54 m,5#孔降深又增加了 0.16 m,计算得干扰系数为 2.9%。

(2)参数计算。根据本次抽水资料,分别用配线法、水位恢复法等不同方法进行了参数计算,其计算结果见表 4-2。

表 4-2　水文地质参数计算结果

孔号方法	配线法	直线图解法		水位恢复法	
	$T(m^2/d)$	$K(m/d)$	$T(m^2/d)$	$K(m/d)$	$T(m^2/d)$
自来水 4#	1 670.78	43.42	1 650.00	44.40	1 688.00
自来水 5#	1 162.56	33.87	1 060.00	48.27	1 511.00

4.5　群孔抽水试验资料分析

4.5.1　群孔抽水试验概述

群孔抽水试验是偃师市第二水厂纸庄水源地供水水文地质勘探工作的主体工作之一。试验场位于勘探区首阳山镇后纸庄城关镇杜楼附近,依据《偃师市第二水厂纸庄水源地群孔抽水试验设计》、《供水水文地质勘察规范》(GB 127—88)的有关要求,本次试验的目的任务如下:

(1)通过 5 个孔的抽水,确定地下水位降深与总涌水量的关系,预测设计降深条件下的涌水量或设定开采定额下的水位降深。

(2)了解开采条件下的地下水流场特征,进一步查明洛河水对地下水的补给机制以及为评价水源地开采后对工农业用水条件的影响程度提供必要依据。

(3)验证初步设计布井方案的合理性,为布井方岸的修改调整提供依据。

(4)求取准确的水文地质参数,为地下水资源计算和评价提供参数依据。

(5)了解浅层水与中深层水之间的关系。

(6)了解抽水条件下的水质特征,特别是洛河水质对地下水水质的影响。

群孔抽水试验工程布置见图 4-7,K1、K3、K4、K5、K7 为抽水试验孔,孔径 550 mm,孔深 100 m,管径 325 mm,均为探采结合孔,成井结构基本相同,抽水试验观测孔 35 个,其中地表水水位观测点 1 个,洛河南岸地下水观测点 2 个,观测抽水期间河水位和南岸地下水的变化情况,观测线东西长 3.0 km、南北长 3.5 km,控制面积 10.5 km^2。中深层地下水观测点 1 个,了解浅层水与中深层水之间的水力联系(见表 4-3)。

群孔抽水试验于 1999 年 5 月 17 日上午 9 时整开泵,5 月 28 日上午 9 时停泵,恢复水位观测至 6 月 1 日 12 时,抽水历时 11 d,恢复水位观测 4 d,在抽水过程中,因打雷造成停电一次,但停电时间短,且开泵后水位很快达到停泵前的水位,故对整个试验而言,影响不大。

群孔抽水总出水量 779.8 m^3/h,抽水孔最小降深 3.39 m,最大降深 22.91 m,见表 4-4。

群孔抽水试验按非稳定流抽水试验观测要求进行,水位观测频率按 0.5、1、1.5、2、2.5、3、3.5、4、5、6、7、8、10、12、15、20、25、30、40、50、60、70、90、105、120 min 观测,以后每隔 30 min 进行观测,抽水井水位、水温、流量,观测孔水位,地表水体水位,洛河南岸地下水位、气温,同步观测;恢复水位频率与抽水时相同,抽水的同时对中深层水位进行了

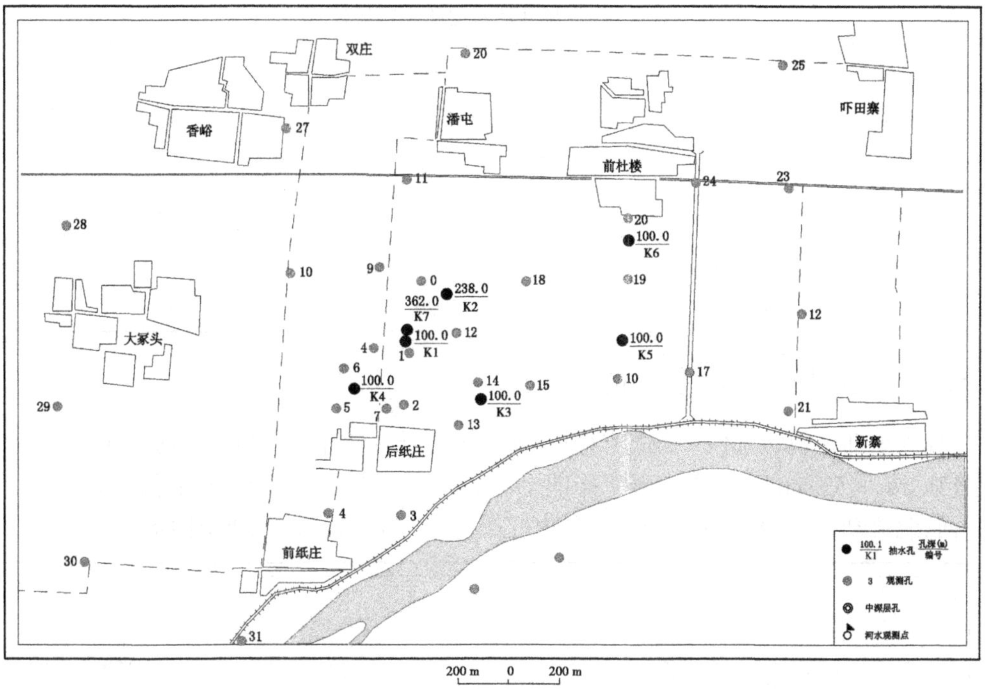

图 4-7　群孔抽水试验工程布置

观测。

抽水结束后，取水样进行了污染分析、细菌分析。抽水过程中及时整理原始资料，绘制各种图件，如 $s \sim t$ 曲线、$\lg s \sim \lg t$ 曲线、不同时期流场图等，调查收集了抽水期间工农业开采量以及抽水期间的水文气象资料，群孔抽水出水直接并入城市供水网。

表 4-3　群孔抽水试验钻孔一览

编号	位置	钻孔性质	孔径/管径(mm)	孔深(m)	备注
K1	二水厂院内	探采结合孔	550/325	100	5 孔成井结构相同，为本次群孔抽水试验的抽水孔
K3	纸庄东北	探采结合孔	550/325	100	
K4	纸庄西北	探采结合孔	550/325	100	
K5	杜楼西南	探采结合孔	550/325	100	
K7	杜楼西南	探采结合孔	550/325	100	
K2	二水厂院内	中深孔	550/325、450、219	238	稳定流抽水孔本次为观测孔
K1－1	二水厂院内	中深孔	550/325、450、219	368	
K6	二水厂院东	探采结合孔	550/325	100	群孔抽水试验的观测孔
K8	纸庄东堤北	探采结合孔	550/325	100	

表 4-4　群孔抽水试验资料统计

孔号	K1	K3	K4	K5	K7
出水量(m^3/h)	185.5	162.3	164.0	142.0	126.0
降深(m)	22.91	13.05	11.94	11.88	3.39
静水位埋深(m)	7.27	6.96	6.56	8.48	9.09
水温(℃)	18	18	18	18	18
停测后恢复水位埋深(m)	7.25	6.56	6.36	7.47	8.09

4.5.2　群孔抽水试验流场分析

抽水前即在现状条件下，试验区地下水流向基本上为自南向北、自西向东流动，水力坡度 0.6‰～3‰，由于受人工开采影响，局部如 K1 孔附近地下水位相对较高，地下水向东、西、北流动，这主要是由区域上人工开采造成的，初始流场原图见图 4-8。

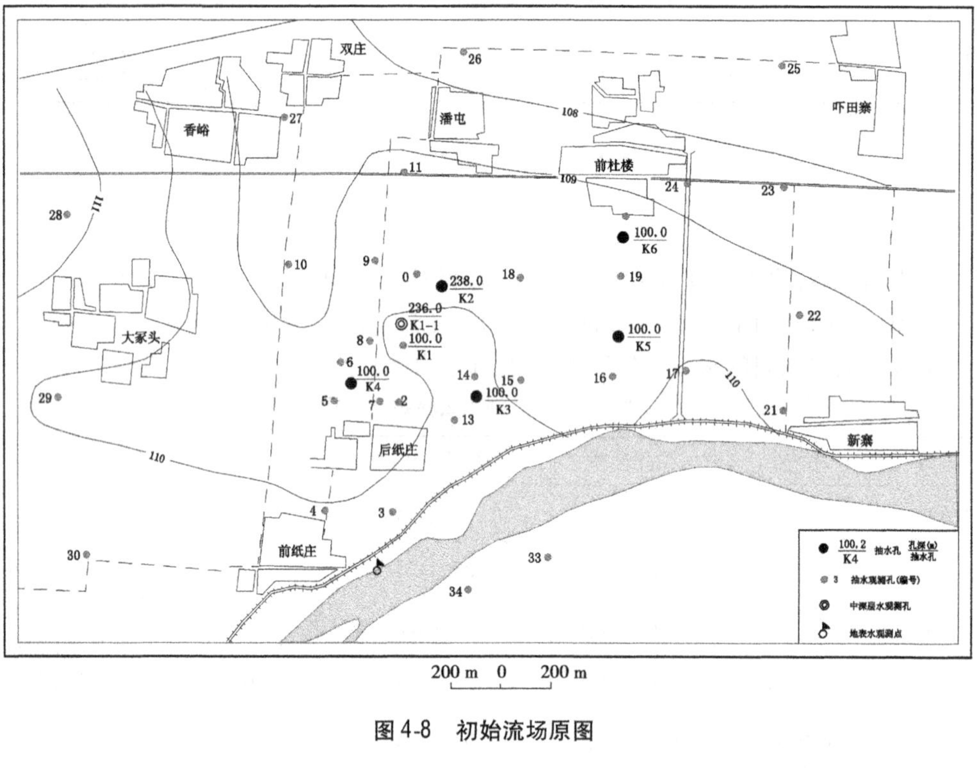

图 4-8　初始流场原图

图 4-9 为本次群孔抽水试验后期流场图，该图表明群抽流场稳定后，所形成的降落漏斗是以主孔为中心的各自独立的点状偏心椭圆形漏斗，单个漏斗的长轴基本上与河流垂直，没有形成统一的复合开采降落漏斗。各抽水孔漏斗完全独立，群孔抽水稳定后的区域流场特征与群孔抽水前区域流场特征基本相似。

降落漏斗在垂直河流方向（基本上是沿地下水流向）上具有不对称性，表明南侧受洛河水补给影响范围较小。

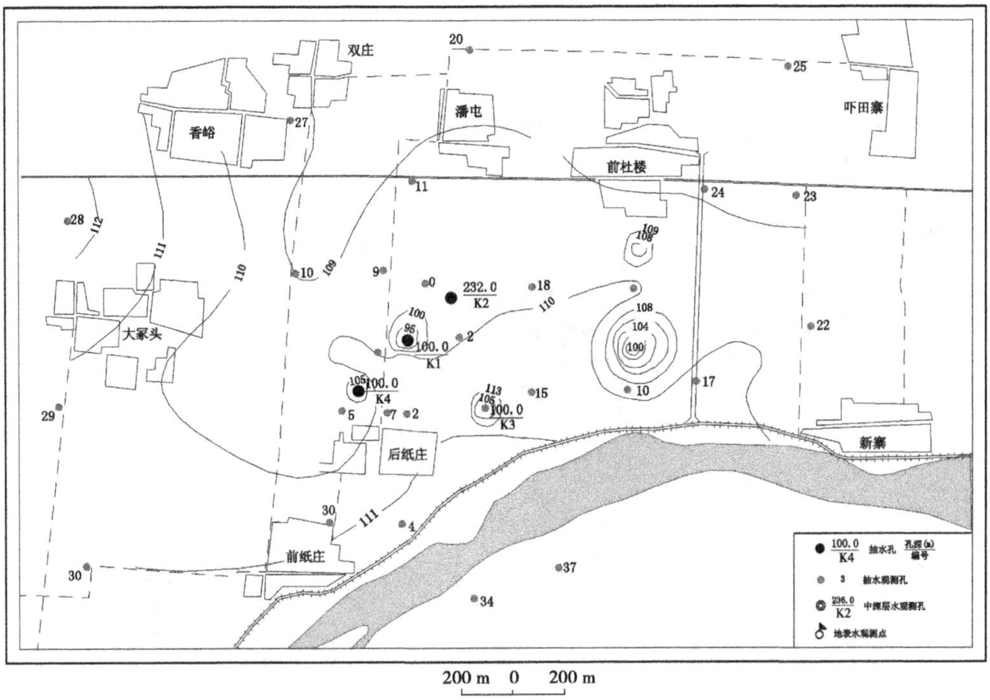

图 4-9　群孔抽水试验停泵前流场图

近河抽水孔降落漏斗半径小于远河抽水孔降落漏斗半径，如 K3 孔抽水漏斗半径小于 K1 孔抽水漏斗半径，本次群抽各抽水孔的半径不超过 250 m。

抽水停止后，初期地下水位快速恢复，恢复 1 h 抽水降落漏斗已被填平(见图 4-10)。恢复 24 h 后，地下水流场特征与抽水前地下水流特征完全相似(见图 4-11)，地下水位高出抽水前 1 m 左右，这是由抽水期间降水补给地下水及农业开采减少所致。

在短时间内，地下水位得以恢复，表明了洛河水对地下水的补给作用较强，河水与地下水联系密切。

4.5.3　水文地质参数计算

根据群孔抽水试验地下水观测资料，各抽水孔之间基本不存在相互干扰，故可利用各抽水孔及求观测孔资料单独求参，又据各抽水孔及观测孔的 $\lg s \sim \lg t$ 曲线及试验区水文地质结构，符合浅水区含水层(底板无越流)曲线类型，故选用浅水含水层地下水流动模型计算水文地质参数。

本次采用了配线法、直接图解法、恢复水位法等进行了参数计算，所得结果见表 4-5 ~ 表 4-7。

4.5.4　群孔抽水试验资料分析

4.5.4.1　**流场分析**

本次群孔抽水孔 5 眼总出水量 779.8 m^3/h，从图 4-12($s \sim t$ 曲线)中可以看出，在抽

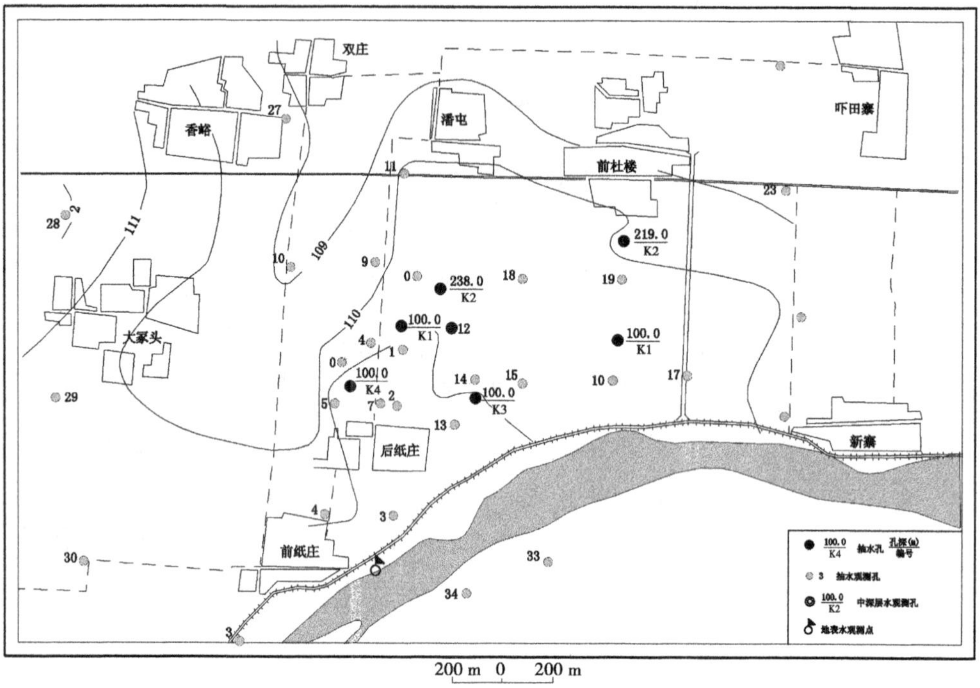

图 4-10　水位恢复 24 h 等水位线图

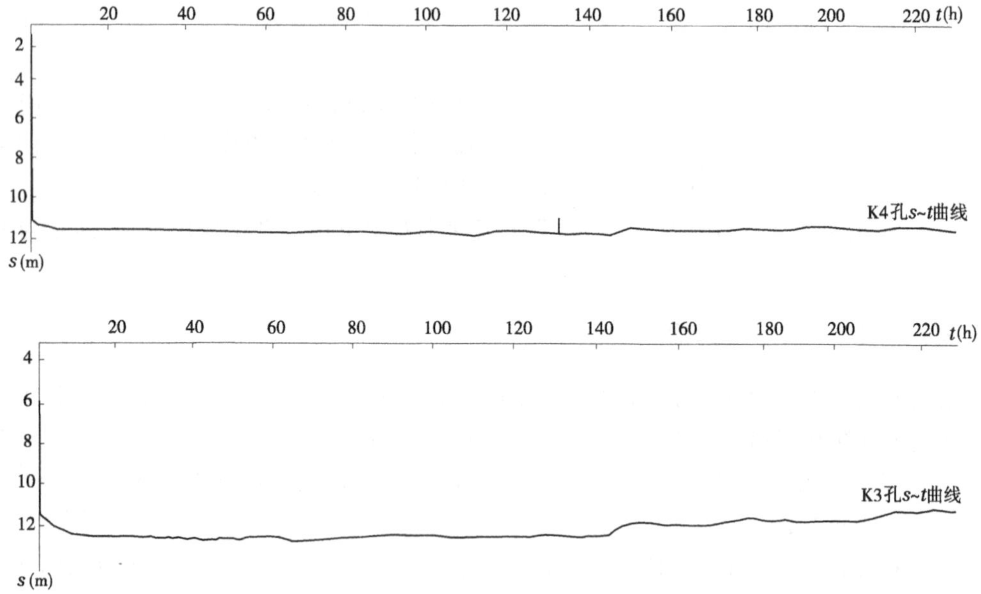

图 4-11　群孔抽水降深历时曲线

水很短时间内，抽水孔水位已接近稳定水位，抽水至 24 h 以后，各抽水孔水位已达稳定，抽水末期各抽水孔形成的单独降落漏斗已处于稳定状态，不再向外扩展，没有形成复合降落漏斗，这表明地下水有充足的补给来源，单独降落漏斗的不对称性、近河半径小、远河半径大表明了洛河水对地下水有很强的补给作用。

表 4-5　配线法求参要素及水文地质参数一览

孔号	Q (m³/h)	A 配组线点				水文地质参数		Y 配组线点				水文地质参数		
		R_w (u,s)	1US	s	t	T	K	R_w (μ,y)	$1\mu y$	s	t	T	K	μ
14	162.3	1	1	0.3	17	1 033.2	27.2	1	1	0.31	260	999.9	26.31	0.124
05	164.0	1	1	0.3	32	1 033.2	26.1	1	1	0.31	260	1 010.4	25.3	0.097

表 4-6　直线图解法求参一览

孔号	Q(m³/h)	Δh_2	T(m²/d)	K(m/d)
K3	162.3	69.91	774.8	20.39
K4	164.0	45.19	1 267.2	31.68
14#	162.3	28.2	2 376.1	50.55
5#	164.0	31.7	1 084.6	45.1

表 4-7　恢复水位法求参数结果一览

孔号	Q(m³/h)	Δh_2	T(m²/d)	K(m/d)
K3	162.3	41.08	1 320.1	34.7
K4	164.0	44.33	1 293.1	32.3
K1	182.0	63.08	839.9	22.6

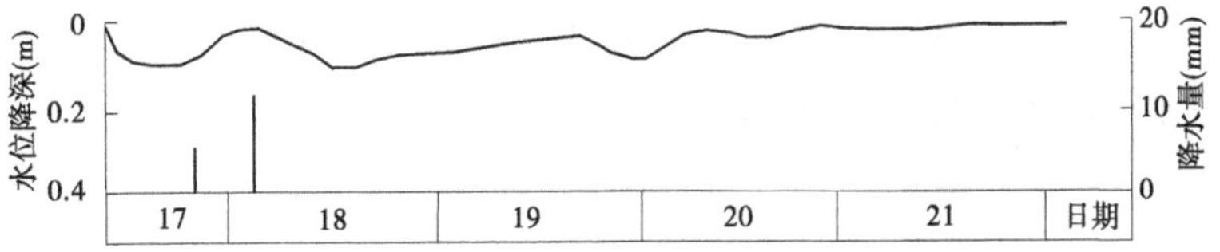

图 4-12　14# 观测孔 $s \sim t$ 曲线

4.5.4.2　洛河南岸地下水变化特征

与群孔抽水试验孔隔河相望的观测孔水位则完全不受抽水试验孔水位升降的影响，特别是抽水孔开、停时，不影响对岸观测孔的水位；从对岸 2 个观测孔资料来看，其水位变化只受降水、洛河水变化影响，从抽水开始到抽水结束完全处于上升状态，与抽水变化不同步。

4.5.4.3　大气降雨对地下水的补给作用

群孔抽水期间，5 月 17 日下午、18 日、22 日、23 日有 4 次降雨过程，尤其是 5 月 17 日至5月18日、22日的降水，历时长、降水量大，对地下水有明显的补给作用，抽水观测孔降水数小时后均上升，至18日8时上升达到峰值，据此计算的降水入渗系数平均为0.365(见图4-12)。

4.5.4.4 洛河水与地下水的关系分析

现状条件下，洛河水位高于地下水位，洛河侧渗补给地下水，地下水变化受洛河水位及区域农业开采条件控制。

群孔抽水时间对洛河水位及岸边地下水位进行了同步观测，根据观测资料分析，抽水初期水位下降到稳定后，由于其距河近，水位变化与洛河水变化同步(见图4-13)。抽水期间，由于煤气工程施工拦截抬高了洛河水位，观测水位同时上升了12 cm，这充分表明了地下水与洛河水关系密切，动态类型属降雨－水文型，地下水直接接受洛河水补给。

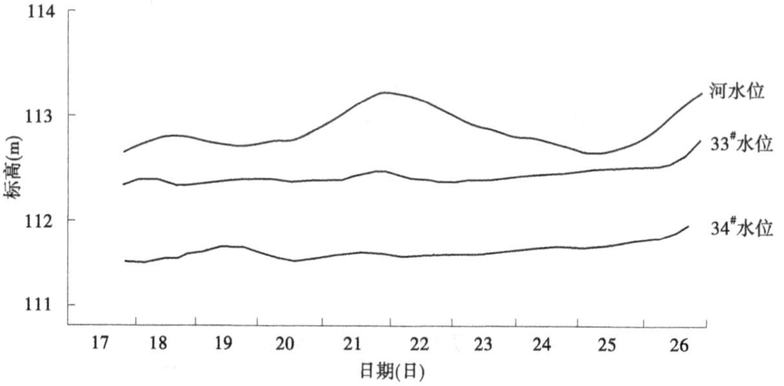

图4-13　洛河南岸地下水和河水关系曲线

4.5.4.5 浅层地下水与中深层地下水关系分析

群孔抽水期间对中深层地下水位进行了观测，观测资料表明，其水位变化完全不受浅层抽水试验的影响，浅层水与中深层水之间基本无水力联系。

4.5.4.6 地下水水质特征

群孔抽水试验结束后，采取水样进行了污染和细菌学指标分析，分析结果完全符合现行生活饮用水水质标准的要求，值得注意的是，洛河水是勘探区地下水的主要补给源，洛河水已达 V_3 类地面水水质标准，污染严重，现状属有机污染型，在开采期间应特别注意对洛河水和地下水的水质监测，随时掌握水质动态变化特征。

第 5 章　地下水资源量计算和评价

地下水资源量计算和评价的重点是埋深 100 m 以上的浅层含水层组,对中深层地下水进行初步评价。本次评价的原则是:在技术经济条件许可的条件下,最大限度地争取洛河补给量,且不导致环境水文地质问题发生,同时兼顾目前区内形成的开采现状,对市区范围内浅层地下水可采资源量进行计算。

5.1　计算参数的确定

参与地下水资源量计算的水文地质参数主要有重力给水度(μ)、含水层渗透系数(K)、降水入渗系数(α)、灌溉回渗系数(β)及渠道渗漏系数等。现对各计算参数的计算和选取分述如下。

5.1.1　浅层水文地质参数的确定

5.1.1.1　重力给水度(μ)

重力给水度是评价地下水系统储存能力及计算大气降水入渗系数的重要参数。利用本次勘探孔抽水试验资料,采用配线法来计算水位变动带重力给水度值见表 5-1。

表 5-1　抽水试验计算给水度成果

位置	抽水方法	水位变动带岩性	μ 值	取求方法
K1 孔	非稳定流	砂卵石	0. 136	配线法
K3 孔	非稳定流	砂卵石	0. 125	配线法
水厂 4#孔	非稳定流	砂卵石	0. 143	配线法
水厂 5#孔	非稳定流	砂卵石	0. 161	配线法
香峪	非稳定流	砂卵石	0. 152	配线法
许庄西	非稳定流	砂卵石	0. 147	配线法

采用流线上一维均衡法,利用 207 桥头 3#、5#、8#三个长观孔资料,选取 1997 年 7 月 20 日至 8 月 10 日(无降雨),根据卡明斯基原理进行均衡分析,求取 μ 值为 0. 041。

此外,前人在此方面曾取得不少成果。首阳山电厂水源地水文地质勘察报告中,根据降水后地下水位上升值反算出 μ 值,亚黏土的 μ 值为 0. 047 ~0. 052,实验室试验结果亚黏土的 μ 值为 0. 025 ~0. 086,砂卵石的 μ 值为 0. 121 ~0. 028。洛阳市市区地下水资源评价研究报告采用一维均衡法和长观孔组均衡法分别计算了白马寺洛河阶地地区亚黏土 - 粉土的 μ 值为 0. 031 ~0. 045,砂卵石的 μ 值为 0. 151。

根据上述各种方法求得的 μ 值,进行综合分析选取不同岩性的给水度值列于表 5-2。

表 5-2 不同岩性的给水度值选用

水位变动带岩性	粉质黏土	粉土	砂卵石
给水度(μ)	0.045	0.05	0.15

5.1.1.2 含水层渗透系数(K)

本次勘察布设了1组干扰抽水试验,1组群孔抽水试验,10组单孔稳定流抽水试验,14组机民井抽水试验。利用干扰抽水、多孔及单孔抽水试验资料采用不同方法,K、T(导水系数)值计算成果见表5-3。

表 5-3 渗透系数、导水系数计算成果

位置	配线法		直线图解法		水位恢复法	
	K(m/d)	T(m²/d)	K(m/d)	T(m²/d)	K(m/d)	T(m²/d)
K1孔	40.30	1 893.94	44.35	2 084.45	43.05	2 023.35
K2孔	37.46	2 659.97	40.30	2 861.17	36.21	2 570.90
K3孔			28.05	1 879.78	20.80	1 392.40
K4孔			28.91	1 182.40	24.93	1 019.60
和东村			88.42		91.47	
水厂4#		1 670.78	43.42	1 650.00	44.40	1 688.00
水厂5#		1 162.56	33.87	1 060.00	48.27	1 511.00
香峪村东		2 192.26	44.22	2 245.40		
摩托车厂			10.87	331.54		
电机厂			25.94	878.33	22.48	878.33
乳品厂			10.38	351.47	9.98	337.92
许庄西	42.04	1 050.57		1 058.88		

非完整井流计算公式为

$$Q = \frac{2\pi KLS_w}{\ln(1.32L/r_w)}$$

式中:Q为抽水量,m³/d;K为渗透系数,m/d;S_w为井壁降深,m;r_w为过滤器半径,m;L为过滤长度,m。

根据简易机民井抽水试验资料,利用非完整井流公式计算出的K值列于表5-4。

此外,首阳山电厂水源地位于洛河南岸,水文地质条件与本区相似,该水源地勘探时曾进行过9组多孔抽水试验、3组单孔抽水试验、4组机民井抽水试验、2组干扰抽水试验,并采用了多种方法进行渗透系数计算,得出46个K值,近洛河地带一般为75~134.96 m/d,见表5-5。

表 5-4　机民井抽水渗透系数计算

位置	L(m)	r_w(m)	Q(m^3/d)	S_w(m)	K(m/d)
古城村西北	20.0	0.205	1 100.64	1.23	33.20
前杜楼 301 南	23.0	0.200	1 254.24	1.50	29.08
羊二庄西北	28.0	0.250	1 206.00	2.46	13.29
槐庙林场	10.0	0.350	436.00	2.98	8.26
水厂 3#	30.0	0.125	3 000.00	27.10	3.38
水厂 6#	30.0	0.125	3 000.00	7.30	12.55
牡丹纸厂 1#	26.5	0.125	2 786.40	6.78	7.57
化肥厂院内	30.0	0.125	1 288.80	5.08	7.75
后庄河堤南	10.0	0.350	739.20	4.32	8.93
坟庄北	20.0	0.175	1 464.00	6.64	8.80
和村东	20.0	0.175	724.80	0.58	49.88

表 5-5　首电水源地渗透系数计算成果统计

试验孔号	位置	含水层时代	稳定流		非稳定流	
			选择公式	K(m/d)	选择公式	K(m/d)
首电 1#	近洛河	Q_{3+4}	主截距法	91.23	配线法	
首电 2#	近洛河	Q_{3+4}	主截距法	106.12	配线法	
首电傍 1#	近洛河	Q_{3+4}	主截距法	75.37	配线法	75.63
首电傍 2#	近洛河	Q_{3+4}	主截距法	91.94	配线法	96.02
首电傍 4#	近洛河	Q_{3+4}	傍河公式	90.83	直线图解法	88.22
首电 6#	近洛河	Q_{3+4}	维里金公式	114.96	直线图解法	126.14
首电 6# -1	近洛河	Q_{3+4}	维里金公式	64.07	直线图解法	76.29

依据上述不同方法求取的 K 值，由于含水层各向异性及厚度的变化，不同地段参数差异较大，主要根据本次工作实测值，选取浅层含水层渗透系数 K 值为 25.94 ~ 69.15 m/d。

5.1.1.3　降水入渗系数(α)

首阳山电厂水源地在勘测过程中利用两个观测孔进行了 6 次野外试验，根据每次降水后地下水位升高值计算降水入渗系数 α 值，结果见表 5-6。

本次工作根据区内地下水动态资料、降水量以及不同区域水位变动带岩性的重力给水度等资料，利用式(5-1)计算降水入渗系数。

$$\alpha = \frac{\mu \Delta H}{P_{次}}$$

式中：α 为降水入渗系数；μ 为水位变动带岩性的给水度，m/d；ΔH 为次降水引起的浅层地下水位升幅，m；$P_{次}$ 为次降水量，m。

表 5-6 首电水源地降水入渗系数成果

孔号	时间	地下水位升幅(m)	降水量(m)	α 值
观 1	1979 年 4 月 1 ~ 25 日	0.16	0.036 3	0.20
观 2	1979 年 4 月 1 ~ 25 日	0.21	0.036 3	0.31
观 1	1979 年 5 月 1 日至 6 月 30 日	1.22	0.142 0	0.45
观 2	1979 年 6 月 1 日至 7 月 30 日	1.69	0.231 0	0.38
观 1	1979 年 7 月 1 ~ 30 日	0.98	0.117 0	0.43
观 1	1979 年 9 月 1 ~ 30 日	0.50	0.073 0	0.35

根据式(5-1)选择基本上不受河水和开采影响的长观孔资料计算出降水入渗系数列于表 5-7。参考以上成果,降水入渗系数Ⅰ区为 0.16,Ⅱ区为 0.32,Ⅲ区为 0.32,Ⅳ区为 0.35,Ⅴ区为 0.32。

表 5-7 降水入渗系数计算成果

位置	水位变动带岩性	给水度	降水量(mm)	水位升幅(mm)	α	时间	备注
后庄堤向	亚砂土	0.05	74.1	0.53	0.357 6	1998 年 7 月 30 日至 8 月 10 日	
老城南关	亚砂土	0.05	74.1	0.49	0.330 6	1998 年 7 月 30 日至 8 月 10 日	
许庄西	亚砂土	0.05	100.1	0.47	0.234 8	1998 年 7 月 30 日至 8 月 20 日	
塔庄	亚砂土	0.05	100.1	0.97	0.484 5	1998 年 7 月 30 日至 8 月 20 日	
偃化口南	亚砂土	0.05	100.1	0.49	0.310 0	1998 年 7 月 30 日至 8 月 20 日	
羊二庄西	亚砂土	0.05	127.3	0.60	0.247 0	1998 年 7 月 30 日至 8 月 30 日	
207 桥头	亚砂土	0.05	74.1	0.42	0.283 4	1998 年 7 月 30 日至 8 月 10 日	
宋湾	亚砂土	0.05	74.1	0.39	0.263 0	1998 年 7 月 30 日至 8 月 10 日	
高庄	亚砂土	0.05	454.0	3.12	0.340 0	1995 年 1 月 1 日至 12 月 31 日	收集
大冢头	亚砂土	0.05	454.0	3.52	0.380 0	1995 年 1 月 1 日至 12 月 31 日	收集

5.1.1.4 渠系入渗系数

区内灌渠主要有中州渠,根据《孟津县农田供水水文地质勘察报告》用维尔可夫公式求得单位长度的渗漏量为 1 810 $m^3/(km \cdot d)$。

5.1.1.5 灌溉回渗系数(β)

灌溉回渗系数是指田间灌溉水渗漏补给地下水水量与田间灌水量的比值。首阳山电厂水源地勘测时,曾在区内做过灌溉回渗系数的实测工作,结果表明,当地下水位埋深为 1.2 ~ 1.5 m 时,回渗系数为 0.26 ~ 0.32,基本与河南省水文地质三队和武汉水利水电学院 1983 年在禹县宋楼灌溉试验场进行灌溉试验所获得的规律相吻合(引自《白沙灌区水资源评价报告》)(见图 5-1)。参考上述成果,依据本区地下水位埋深条件回渗系数 β 取值为:洛河北岸及伊河岸为 0.05;夹河滩旱田为 0.15,水田为 0.30。

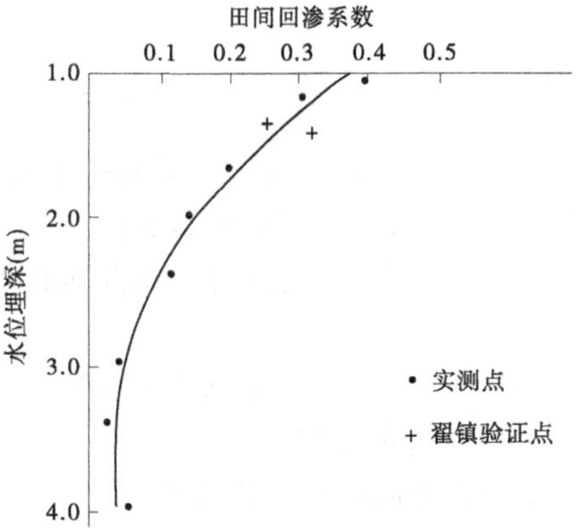

图 5-1　水位埋深—回渗系数关系图

5.1.1.6　**潜水蒸发系数(C)**

区内夹河滩与伊河漫滩区地下水埋藏较浅,一般小于 4.0 m,存在蒸发排泄,潜水蒸发系数 C 采用柯达夫经验公式计算

$$C = (1 - H/H_0)^n$$

式中:C 为潜水蒸发系数;H 为地下水位埋深,m;H_0 为蒸发极限埋深,m;n 为指数(取值 1.7)。

结合区内历年蒸发量及地下水长观资料,综合确定采用的蒸发系数 C 值见表 5-8($H>4$ m时蒸发量极小,C 视为零)。

表 5-8　蒸发系数 C 值计算结果

典型年份	丰水年($P=25\%$)	平水年($P=50\%$)	枯水年($P=75\%$)	特枯年($P=95\%$)
蒸发系数(C)	0.077	0.067	0.043	0.035

综上所述,本次工作所求出的参数与所收集的其他单位求取的参数比较接近,基本上反映了本区水文地质参数特征,可作为水资源计算的依据。

5.1.2　中深层水文地质参数的确定

勘探区内中深层水的水文地质研究程度较低,本次工作布设了 1 个地质孔(350.0 m)、一个中深层探采结合孔(238 m),依据本次勘探成果,中深层含水层组主要由中更新统冲洪积、河湖相泥质砂砾石层和下更新统、第三系的河湖相地层组成,中深层探采结合孔(K2)抽水试验计算成果:渗透系数 K 为 28.65 m/d,导水系数 T 为 2 573.43 m^2/d,弹性给水度为 7.96×10^{-4}。水文地质条件相似的邻区,K 值为 4.8 ~ 74.5 m/d,T 值为 17 ~ 1 241.6 m^2/d,弹性给水度为 $1.65\times10^{-4} \sim 7.4\times10^{-4}$。

5.2　用有限单元法评价浅层地下水资源量

5.2.1　水文地质概念模型

评价区西起石桥—龙虎滩—牛王庙，东至偃师老城—中官底，南起伊河二级阶地前缘，北至首阳山断裂。评价区内水文地质模型概化如下：

（1）区内浅层含水层组之间无稳定隔水层存在，故将其概化为具有同一水力联系的潜水含水层。

（2）含水层下部无越流。评价区内含水层底板标高 40.3 ~ 100.7 m，其下 Q_2 的厚层黏土，厚达 50 余米，层位稳定，隔水性能良好。

（3）评价区内含水层为非均质各向同性潜水含水层。对于含水层的非均质性，通过对主要水文地质参数（K、μ）在水平和垂直方向上取平均值的办法，将其概化为 5 个均质区（见图 5-2），即 7 个参数区。各区参数初值见表 5-9。

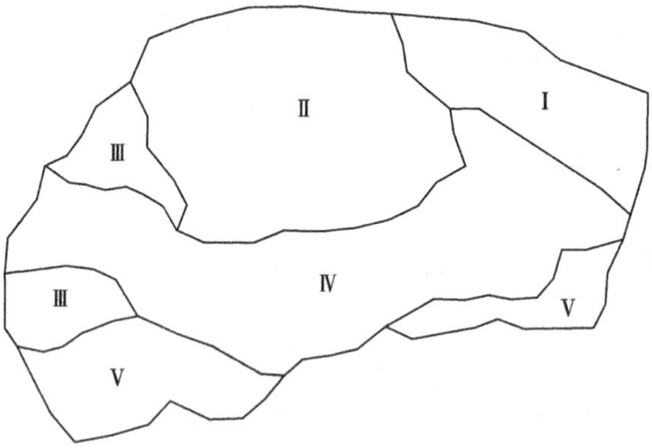

图 5-2　参数分区

表 5-9　参数初值

参数区	K(m/d)	μ	参数区	K(m/d)	μ
Ⅰ	30.0	0.15	Ⅳ	65.0	0.17
Ⅱ	45.0	0.15	Ⅴ	55.0	0.15
Ⅲ	60.0	0.16			

（4）有降水入渗、灌溉回渗等垂向补给。

（5）有开采井。

（6）水流为平面二维非稳定流，且服从达西定律。

（7）边界为第一、第二类边界。

洛河、伊河位于评价区内，河内与浅层地下水水力联系密切，是区内浅层地下水的主要补给来源。

洛河水深仅 1 m 左右，河床并非完整切割含水层，且洛河河床内堆积物多为粉细砂、细砂，如果将洛河作为一类边界处理，必将引起模型失真，尤其在浅层地下水开采量较大的情况下，失真更严重。洛阳市张庄、洛南水源地实际运行情况表明，沿河大量开采地下水时，洛河水位与浅层地下水位脱节，洛河以垂直入渗方式补给浅层地下水。所以，本次计算将洛河作为垂向入渗方式处理。

伊河情况与洛河类似，预报时也将伊河作为垂向入渗方式处理。伊河对浅层地下水的补给量随伊河流量变化而变化。典型年份伊河月平均流量见表 5-10。

表 5-10　典型年伊河月平均流量　（单位：m^3/s）

月份	保证率			
	$P=50\%$	$P=75\%$	$P=90\%$	$P=97\%$
7	106.4	25.4	3.92	2.65
8	10.9	4.5	3.77	5.83
9	6.3	4.6	4.56	3.13
10	3.2	2.8	2.42	1.64
11	5.1	11.0	3.55	2.44
12	1.9	7.7	0.32	0.06
1	1.0	1.4	0.19	0.07
2	2.5	0.7	1.67	1.12
3	1.1	0.2	1.24	0.67
4	2.4	0	0	0
5	2.5	0	0.11	0
6	4.5	0	0	0

区内含水层在首阳山断裂以北直接与二叠系砂页岩接触。砂页岩富水性差，为相对隔水层。北部边界为隔水边界处理。

评价区西部为补给边界。区外地下水通过西部边界补给区内浅层地下水，计算时西部边界作为二类补给边界处理。

评价区东部边界基本上是垂直于天然状态下浅层地下水等水位线截取的，故在模型校正及检验阶段作为二类零流量边界处理。

5.2.2　数学模型

依据概化的水文地质模型，评价区内浅层地下水可采用潜水平面二维非稳定流数学模型描述

$$\frac{\partial}{\partial x}[K(h-B)]\frac{\partial h}{\partial x}+\frac{\partial}{\partial y}[(h-B)]\frac{\partial h}{\partial y}+W(x,y,t)=\mu\frac{\partial h}{\partial t}\qquad x,y\in\Omega,t>0$$

$$h(x,y,0) = H_0(x,y) \qquad x,y \in \Omega$$

$$K(h - B)\frac{\partial h}{\partial n}|\Gamma_2 = -q(x,y,t) \qquad x,y \in \Gamma_2$$

式中：h 为潜水水位，m；x,y 为节点坐标，m；B 为含水层底板标高，m；K 为含水层渗透系数，m/d；μ 为给水度；W 为垂向交换水量，m/d；t 为计算时段，d；Ω 为计算区域；Γ_2 为计算区二类边界；H_0 为初始水位，m；q 为二类边界单宽补给量，m^2/d。

将上述数学模型离散为下列有限单元方程

$$[B]\{h\} = \{C\}$$

$$[B] = \frac{[A]}{2} + \frac{[D]}{\Delta t}$$

其中

$$A_{ij} = \sum_{\beta=1}^{p'} K_\beta m_\beta (b_i b_j + c_i c_j)/(4\Delta\beta)$$

$$m_\beta = \frac{1}{3}[(h_i - B_i) + (h_j - B_j) + (h_k - B_k)]$$

$$\{C\} = [F] - \left(\frac{[A^0]}{2} - \frac{[D]}{\Delta t}\right)[H] - \left(\frac{[A']}{2} + \frac{[D]}{\Delta t}\right)[H]$$

矩阵$[A]$为导水矩阵，其中：矩阵$[A^0]$为时段初的导水矩阵，即 m_β 中的水位为时段初的水位；$[A']$矩阵为一类边界上的导水矩阵，其阶数为 $m(n-m)$，m 为计算结点数，$(n-m)$为一类边界点数；$[D]$为储水矩阵；$[F]$为水量矩阵；Δt 为时段长度。

将潜水有限元方程线性化，然后求解。

5.2.3 数学模型的校正与检验

依据抽水井附近剖分适当加密（抽水井附近水力坡度较大）、其他地段剖分适当稀疏的原则，将评价区剖分为 498 个三角单元。其中，最大三角单元的面积为 1.231 8 km^2，最小三角单元的面积为 0.098 43 km^2，总计算面积为 194.842 2 km^2；节点总数为 275 个，其中内节点 230 个，二类边界点 45 个。剖分情况见图 5-3。

5.2.3.1 模型校正

1997 年 10 月 1 日至 1998 年 6 月 10 日，观测孔数较多，控制精度较高，又有准确的降水、工农业用水资料，取 1997 年 10 月 1 日至 1998 年 6 月 10 日作为模型校正时段，时段总长 217 d，时段数为 9 个，时段长度分别为 10 d、21 d、9 d、21 d、33 d、8 d、23 d、33 d、59 d（见表 5-11）。

以 1997 年 10 月 1 日的浅层地下水位作为计算初值，将含水层底板标高、渗透系数、给水度等水文地质参数及降水入渗补给量、蒸发量等数据输入计算机，计算各节点的水位值。对开采井较集中的区域，概化为单元开采强度；对于分散的开采井，在结点上的作为节点井处理，位于三角单元内的作为非节点井处理。

模型校正时段主要垂向水量见表 5-12。

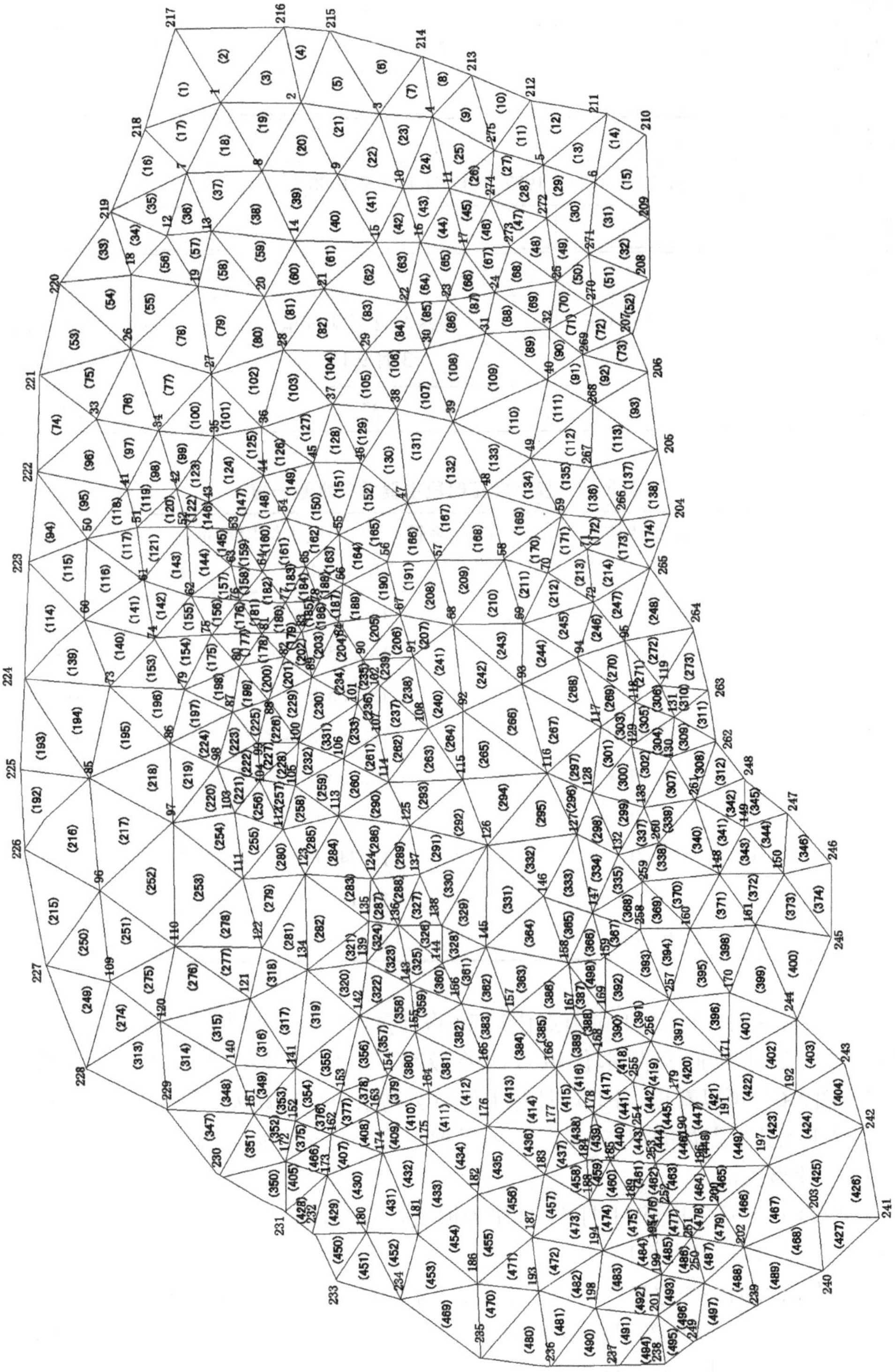

图 5-3　剖分图

表 5-11 模型校正时段长度

时段编号	①	②	③
时间	1997 年 10 月 1 ~ 10 日	1997 年 10 月 11 ~ 31 日	1997 年 11 月 1 ~ 9 日
时段长度(d)	10	21	9
时段编号	④	⑤	⑥
时间	1997 年 11 月 10 ~ 30 日	1997 年 12 月 1 日至 1998 年 1 月 2 日	1998 年 1 月 3 ~ 11 日
时段长度(d)	21	33	8
时段编号	⑦	⑧	⑨
时间	1998 年 1 月 12 日至 2 月 3 日	1998 年 2 月 4 日至 3 月 9 日	1998 年 3 月 10 日至 5 月 6 日
时段长度(d)	23	33	59

表 5-12 模型校正时段主要垂向水量一览

时段编号	降水入渗量 (万 m^3/d)	工业、乡镇企业、居民生活用水量 (万 m^3/d)	农业灌溉用水量 (万 m^3/d)
1	0	18.036 5	0
2	16.008 7	18.255 0	36.729 9
3	0	18.885 5	0
4	5.802 7	18.695 0	0
5	0	18.255 0	0
6	0	21.865 0	0
7	0	19.345 0	0
8	0	19.195 0	0
9	10.406 2	18.895 0	14.406 2

取区内有观测资料的 31 个节点作参照,将计算水位同实测水位比较,调整各区参数,使各时段计算水位同实测水位拟合误差最小。水位拟合结果见表 5-13 ~ 表 5-16、图 5-4 ~ 图 5-6。可以看出,各时段计算水位与实测水位绝对误差小于 0.5 m 的观测孔节点数占总观测孔节点数的 70% 以上,表明模型正确。调整后的 K、μ 值见表 5-17。

5.2.3.2 模型验证

取 1998 年 5 月 7 日至 11 月 31 日作为模型检验时段。模型检验时段总长 207 d,时段数 5 个,各时段长见表 5-18。

输入各时段的一类边界水位及源汇项,计算各时段末的浅层地下水位,将计算结果同实测水位进行比较,验证模型的可靠程度。经验证,各时段水位绝对误差小于 0.5 m 的观测孔节点数均占观测孔节点总数的 70%,表明模型精度满足要求。验证结果见表 5-19、图 5-7。

表 5-13　模型校正第 1、3 时段计算水位与实测水位对比

节点编号	第 1 时段			第 3 时段		
	计算水位(m)	实测水位(m)	误差(m)	计算水位(m)	实测水位(m)	误差(m)
14	107.95	107.46	0.49	108.02	107.53	0.49
18	95.88	95.54	0.34	95.95	95.54	0.41
19	103.56	104.03	-0.47	103.68	103.99	-0.31
20	108.49	108.50	-0.01	108.42	107.93	0.49
29	110.45	110.43	0.02	110.03	110.10	-0.07
34	107.80	108.28	-0.48	108.25	108.69	-0.44
46	111.32	111.38	-0.06	110.91	110.77	0.14
48	111.68	111.71	-0.03	111.36	111.39	-0.03
52	109.66	109.88	-0.22	109.56	109.98	-0.42
66	112.26	112.52	-0.26	111.95	112.01	-0.06
82	112.01	112.46	-0.45	111.82	112.26	-0.44
94	113.15	113.18	-0.03	112.87	112.98	-0.11
97	112.68	112.37	0.31	112.29	112.17	0.12
102	112.96	113.01	-0.05	112.65	112.58	0.07
110	113.80	113.88	-0.08	113.90	114.03	-0.13
122	114.10	114.12	-0.02	114.25	114.40	-0.15
124	114.65	114.37	0.28	114.51	114.10	0.41
126	114.39	114.41	-0.02	114.10	114.04	0.06
127	114.62	114.73	-0.11	114.20	114.44	-0.24
135	114.98	114.71	0.27	114.85	114.40	0.45
151	116.21	116.24	-0.03	116.42	116.15	0.27
158	116.08	116.00	0.08	115.46	115.99	-0.53
166	116.74	116.89	-0.15	116.22	116.55	-0.33
167	116.41	116.14	0.27	115.82	115.98	-0.16
174	116.47	116.03	0.44	115.85	115.37	0.48
180	117.02	117.38	-0.36	116.39	116.84	-0.45
183	117.82	118.33	-0.51	117.16	117.64	-0.48
187	118.34	118.36	-0.02	117.72	118.05	-0.33
215	107.67	108.32	-0.65	108.02	108.09	-0.07
216	106.49	106.62	-0.13	106.62	106.34	0.28
227	115.30	115.01	0.29	114.79	114.81	-0.02

表 5-14 模型校正第 4、5 时段计算水位与实测水位对比

节点编号	第 4 时段			第 5 时段		
	计算水位（m）	实测水位（m）	误差（m）	计算水位（m）	实测水位（m）	误差（m）
14	108.21	108.23	-0.02	108.46	108.30	0.16
18	95.54	95.14	0.40	95.96	95.52	0.44
19	103.77	104.22	-0.45	103.87	103.65	0.22
20	108.36	108.18	0.18	108.44	108.37	0.07
29	110.03	110.24	-0.21	110.05	110.24	-0.19
34	108.11	109.00	-0.89	108.17	108.54	-0.37
46	111.01	110.98	0.03	111.08	111.02	0.06
48	111.44	111.56	-0.12	111.47	111.56	-0.09
52	109.64	110.17	-0.53	109.74	109.12	0.62
66	112.02	112.26	-0.24	112.09	112.32	-0.23
82	111.92	112.63	-0.71	112.05	112.12	-0.07
94	112.98	113.17	-0.19	113.18	113.17	0.01
97	112.41	112.08	0.33	112.60	111.96	0.64
102	112.69	112.78	-0.09	112.74	112.78	-0.04
110	114.28	114.78	-0.50	114.66	114.45	0.21
122	114.61	114.32	0.29	114.92	114.26	0.66
124	114.74	114.44	0.30	114.89	114.48	0.41
126	114.17	114.49	-0.32	114.25	114.51	-0.26
127	114.29	114.69	-0.40	114.41	114.69	-0.28
135	115.12	114.69	0.43	115.14	114.66	0.48
151	116.57	116.40	0.17	117.06	116.49	0.57
158	115.45	116.14	-0.69	115.56	116.17	-0.61
166	116.24	116.98	-0.74	116.32	116.98	-0.66
167	115.87	116.32	-0.45	116.06	116.37	-0.31
174	116.14	115.90	0.24	116.41	115.92	0.49
180	116.74	117.40	-0.66	117.01	117.41	-0.40
183	117.14	117.97	-0.83	117.24	118.02	-0.78
187	117.73	118.51	-0.78	117.82	118.60	-0.78
215	108.24	108.14	0.10	107.92	108.20	-0.28
216	106.57	106.45	0.12	106.58	106.39	0.19
227	116.18	115.92	0.26	115.23	115.06	0.17

表 5-15　模型校正第 6、7 时段计算水位与实测水位对比

节点编号	第 6 时段			第 7 时段		
	计算水位(m)	实测水位(m)	误差(m)	计算水位(m)	实测水位(m)	误差(m)
14	107.77	107.24	0.53	108.29	108.16	0.13
18	95.39	94.95	0.44	98.05	97.56	0.49
19	103.99	103.84	0.15	103.83	103.93	-0.10
20	108.30	108.31	-0.01	108.20	107.67	0.53
29	110.08	109.57	0.51	110.08	109.62	0.46
34	108.26	108.90	-0.64	108.43	109.08	-0.65
46	111.10	110.24	0.86	111.15	110.29	0.86
48	111.46	111.58	-0.12	111.45	111.54	-0.09
52	109.77	109.71	0.06	110.02	110.35	-0.33
66	112.11	111.94	0.17	112.17	111.98	0.19
82	112.08	112.07	0.01	112.16	112.63	-0.47
94	113.20	113.25	-0.05	113.22	113.28	-0.06
97	112.65	112.62	0.03	112.77	112.25	0.52
102	112.75	112.71	0.04	112.81	112.74	0.07
110	114.76	115.08	-0.32	115.03	114.93	0.10
122	114.99	114.71	0.28	115.14	114.41	0.73
124	114.87	114.36	0.51	114.89	114.34	0.55
126	114.27	114.35	-0.08	114.31	114.43	-0.12
127	114.41	114.92	-0.51	114.49	114.95	-0.46
135	115.10	114.65	0.45	115.09	114.71	0.38
151	117.01	116.43	0.58	116.85	116.20	0.65
158	115.55	115.97	-0.42	115.49	115.96	-0.47
166	116.32	116.75	-0.43	116.28	116.46	-0.18
167	115.97	116.74	-0.77	115.91	116.61	-0.70
174	115.96	115.53	0.43	115.92	115.75	0.17
180	116.79	117.14	-0.35	116.79	117.28	-0.49
183	117.23	116.73	0.50	117.20	116.87	0.33
187	117.86	117.61	0.25	117.86	117.75	0.11
215	107.86	108.11	-0.25	108.31	108.13	0.18
216	105.89	105.74	0.15	106.27	106.27	0
227	115.33	115.08	0.25	111.80	111.78	0.02

表 5-16 模型校正第 8、9 时段计算水位与实测水位对比

节点编号	第 8 时段			第 9 时段		
	计算水位(m)	实测水位(m)	误差(m)	计算水位(m)	实测水位(m)	误差(m)
14	107.77	107.59	0.18	108.40	107.98	0.42
18	96.44	96.05	0.39	95.88	96.02	-0.14
19	104.15	104.15	0	104.07	104.33	-0.26
20	108.00	107.72	0.28	108.51	108.25	0.26
29	110.04	109.74	0.30	110.12	110.61	-0.49
34	108.67	109.01	-0.34	108.99	109.40	-0.41
46	111.21	111.31	-0.10	111.07	110.53	0.54
48	111.51	111.64	-0.13	111.45	112.01	-0.56
52	110.05	110.21	-0.16	110.27	110.47	-0.20
66	112.27	112.12	0.15	112.31	112.52	-0.21
82	112.31	112.81	-0.50	112.47	113.12	-0.65
94	113.34	113.33	0.01	113.31	113.69	-0.38
97	113.03	113.17	-0.14	113.24	113.56	-0.32
102	112.91	112.91	0	113.00	113.41	-0.41
110	115.20	114.92	0.28	115.35	115.20	0.15
122	115.33	114.73	0.60	115.39	115.11	0.28
124	114.94	114.49	0.45	115.01	114.76	0.25
126	114.39	114.46	-0.07	114.92	115.53	-0.61
127	114.56	115.03	-0.47	114.90	115.25	-0.35
135	115.10	114.69	0.41	115.02	114.95	0.07
151	117.08	116.42	0.66	116.96	116.66	0.30
158	115.41	116.11	-0.70	116.00	116.51	-0.51
166	116.12	115.88	0.24	116.31	116.28	0.03
167	115.73	116.21	-0.48	116.18	116.60	-0.42
174	116.03	115.81	0.22	116.05	116.04	0.01
180	116.96	117.37	-0.41	117.44	117.70	-0.26
183	117.15	116.65	0.50	117.38	117.05	0.33
187	117.96	117.74	0.22	118.41	118.80	-0.39
215	108.60	108.24	0.36	108.74	108.42	0.32
216	106.27	106.37	-0.10	106.18	106.59	-0.41
227	115.75	116.09	-0.34	116.26	116.49	-0.23

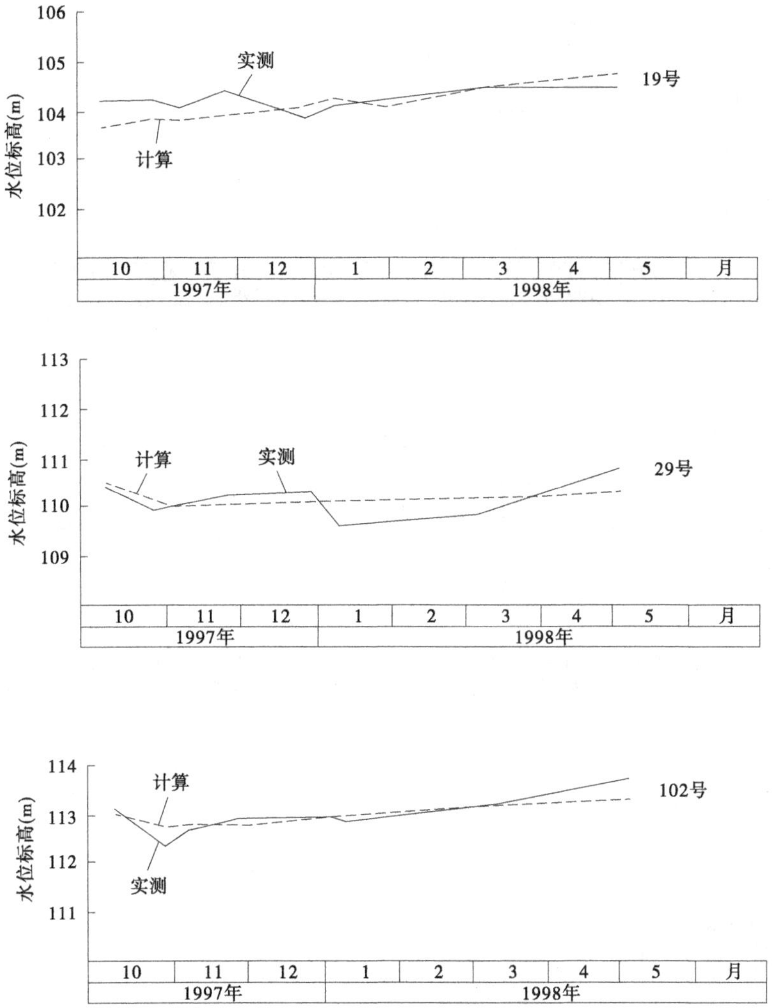

图 5-4　19 号、29 号、102 号节点实测与计算水位对比

表 5-17　各参数区优选参数

参数区	K(m/d)	μ	参数区	K(m/d)	μ
Ⅰ	30. 0	0. 15	Ⅳ	65. 0	0. 15
Ⅱ	45. 0	0. 15	Ⅴ	55. 0	0. 15
Ⅲ	60. 0	0. 15			

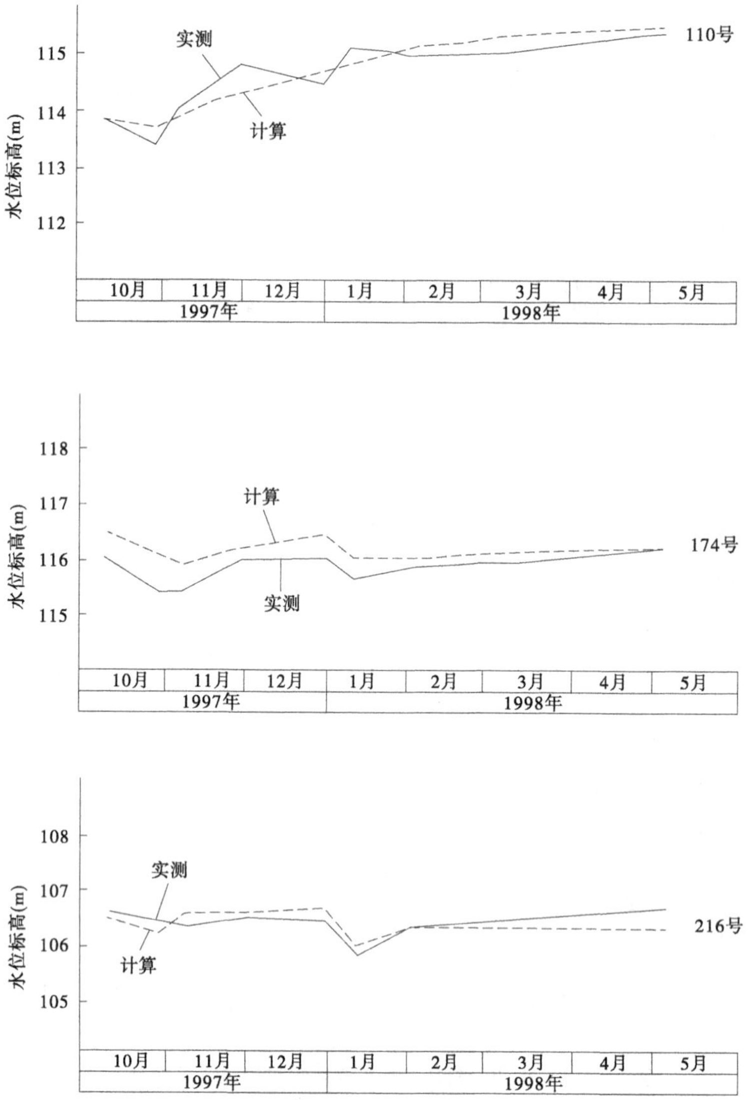

图 5-5　110 号、174 号、216 号节点实测与计算水位对比

表 5-18　模型检验时段长度

时段编号	①	②	③
时间	5 月 7 日至 6 月 14 日	6 月 15 日至 7 月 6 日	7 月 7 日至 9 月 30 日
时段长度(d)	39	22	86
时段编号	④	⑤	
时间	10 月 1 ~ 12 日	10 月 13 日至 11 月 30 日	
时段长度(d)	12	48	

图 5-6　模型验证水位拟合图(第 9 时段末)

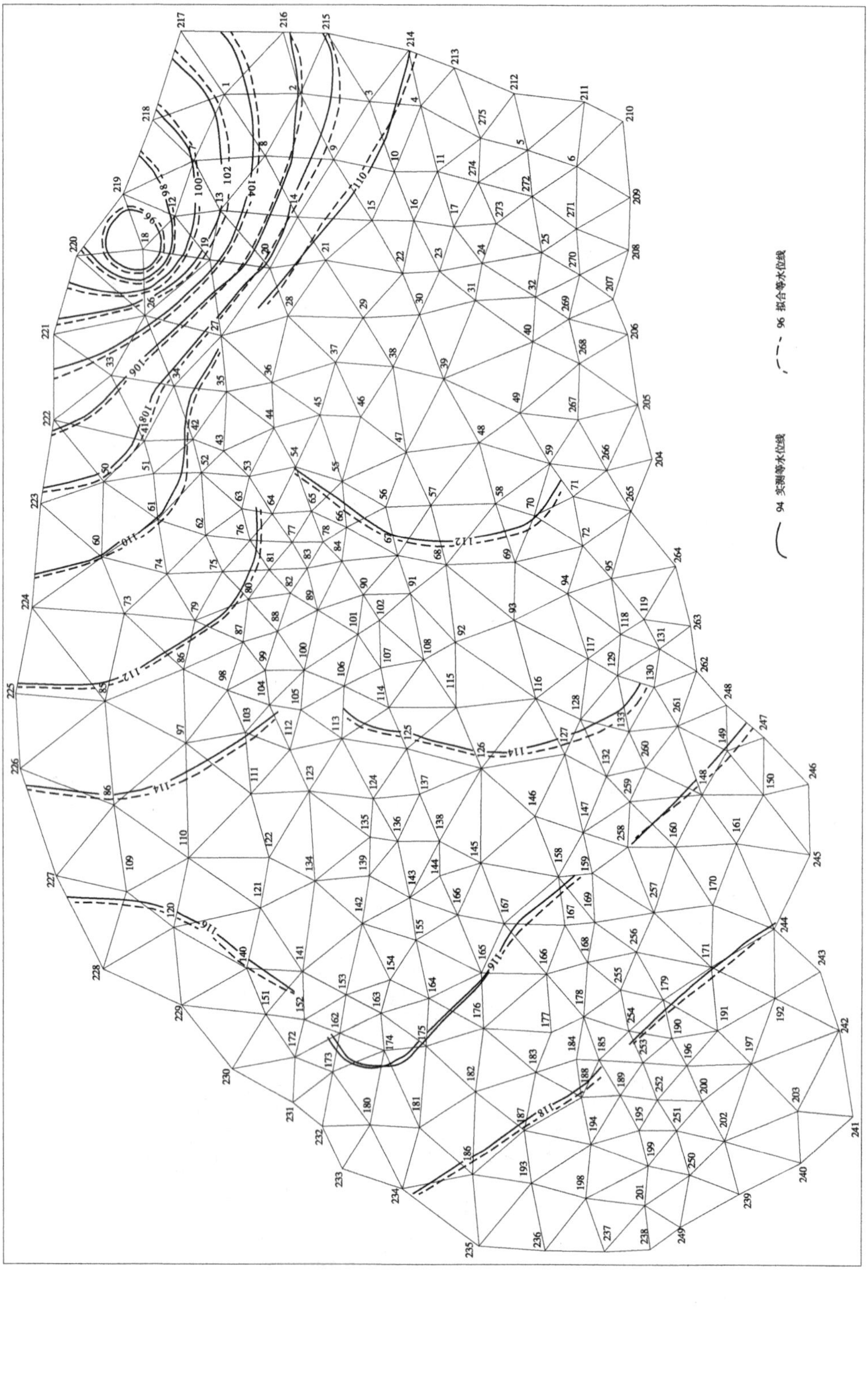

图 5-7　模型验证水位拟合图(1998 年 11 月 31 日)

表 5-19　检验第 5 时段计算水位与实测水位对比

节点编号	计算水位(m)	实测水位(m)	误差(m)	节点编号	计算水位(m)	实测水位(m)	误差(m)
14	108.55	108.75	-0.20	124	115.08	114.59	0.49
18	94.04	93.65	0.39	126	114.11	114.59	-0.48
19	103.67	104.04	-0.37	127	114.07		
20	108.65	108.36	0.29	135	115.24	114.80	0.44
29	110.18	110.53	-0.35	151	116.22	116.19	0.03
34	108.58	108.70	-0.12	158	115.67	116.19	-0.52
46	110.94	111.39	-0.45	166	116.44	116.91	-0.47
48	111.08			167	116.17	116.23	-0.06
52	110.17	110.20	-0.03	174	115.79	115.67	0.12
66	112.26	112.45	-0.19	180	116.70	117.10	-0.40
82	112.61	112.98	-0.37	183	117.20		
94	112.66			187	117.91	118.61	-0.70
97	113.50	113.19	0.31	215	108.17	108.55	-0.38
102	112.96	113.27	-0.31	216	106.59	106.40	0.19
110	115.12	114.68	0.44	227	113.61	113.65	-0.04
122	114.83	114.71	0.12				

5.2.4　开采量评价及水位动态预测

5.2.4.1　预测时段

初始流场有预报时段以 1998 年 12 月 1 日的浅层地下水位作为水位预报的初始水位。预报时间定为 5 年零 1 个月。自 1998 年 12 月 1 日开始，至 2003 年 12 月 31 日结束。依据洛河、伊河水位变化及大气降水的季节性变化情况，将预报时间划分为 16 个时段，各时段划分情况见表 5-20。

5.2.4.2　边界条件及源汇项

预报时洛河、伊河全部作为内边界处理。依据洛河、伊河水位和流量观测资料，运用频谱分析法推算预测期内各时段的洛河、伊河流量。依据预测的洛河、伊河流量计算河流对浅层地下水的补给量。

表 5-20　预报时段划分

时段编号	时间	时段长度(d)
1	1998 年 12 月 1 日至 1999 年 2 月 28 日	90
2	1999 年 3 月 1 日至 1999 年 6 月 30 日	122
3	1999 年 7 月 1 日至 1999 年 9 月 30 日	92
4	1999 年 10 月 1 日至 1999 年 12 月 31 日	92
5	2000 年 1 月 1 日至 2000 年 6 月 30 日	181
6	2000 年 7 月 1 日至 2000 年 9 月 30 日	92
7	2000 年 10 月 1 日至 2001 年 3 月 31 日	182
8	2001 年 4 月 1 日至 2001 年 6 月 30 日	91
9	2001 年 7 月 1 日至 2001 年 9 月 30 日	92
10	2001 年 10 月 1 日至 2001 年 11 月 30 日	61
11	2001 年 12 月 1 日至 2002 年 1 月 31 日	62
12	2002 年 2 月 1 日至 2002 年 6 月 30 日	120
13	2002 年 7 月 1 日至 2002 年 9 月 30 日	92
14	2002 年 10 月 1 日至 2003 年 6 月 30 日	273
15	2003 年 7 月 1 日至 2003 年 9 月 30 日	92
16	2003 年 10 月 1 日至 2003 年 12 月 31 日	92

西部边界和南部边界距未来开采区较远，水源地投产后，对西部和南部边界影响不大，认为开采期间西部、南部边界性质不变、边界补给量不变。

水源地长期开采后，东部边界性质基本不变，计算时整体上仍将东部边界作零流量边界处理（局部地段为补给边界）。

预报期间，二类边界补给量见表 5-21。

依据近 20 年的降水资料，推算预算预报期间的逐年降水量、蒸发量（见表 5-22），然后按降水量年内变化情况将降水量分配到第一个时段。

预测期间，依据表 5-6 及表 5-7 给出的降水入渗系数计算降水入渗补给量，区内乡镇企业及居民生活用水量均按现状条件下用水量给出。

区内共有井灌地面积 15.612 万亩，不同年份灌溉次数及定额见表 5-23。

开采期间，区内浅层地下水位埋深大于潜水极限蒸发深度，不考虑地下水的蒸发。

5.2.4.3　开采量评价及水位预测

分别计算两种开采方案条件下的地下水位降深，从而论证布井方案的合理性，对允许开采量作出评价。

表 5-21　二类边界点单宽流量

二类边界点编号	单宽流量(m^3/(d · m))	二类边界点编号	单宽流量(m^3/(d · m))
204	0.97	227	5.37
205	0.97	228	2.00
206	0.97	229	2.00
207	0.97	230	2.00
208	0.97	231	2.00
209	0.97	232	2.00
210	0.97	233	1.50
211	0	234	1.50
212	0	235	2.50
213	0	236	2.50
214	0	237	2.00
215	3.50	238	2.00
216	0.50	239	2.56
217	0	240	2.56
218	0	241	2.56
219	0	242	2.00
220	0	243	2.00
221	0	244	3.00
222	0	245	3.00
223	0	246	3.00
224	0	247	2.00
225	0	248	2.00
226	3.00		

表 5-22　预报期间降水量

项目	1999 年	2000 年	2001 年	2002 年	2003 年
降水量(mm)	352	520	342	640	520

表 5-23　灌溉定额

丰水年		平水年		枯水年	
灌水次数	定额(m^3/(亩 · 次))	灌水次数	定额(m^3/(亩 · 次))	灌水次数	定额(m^3/(亩 · 次))
4	80.0	5	80.0	6	80.0

1. 方案一

偃师市第二水源地新增开采量 5.28 万 m^3/d，水井总数 11 眼，保持现有农业、乡镇企业开采量不变，首阳山电厂水源地浅层地下水开采量由 8.00 万 m^3/d 增加到 21.60 万 m^3/d。布井情况见图 5-8。水井总数 11 眼，其中 $y10$、$y11$ 井位于节点上，预报时作节点井处理；$y1$、$y2$、$y3$、$y4$、$y5$、$y6$、$y7$、$y8$、$y9$ 井作非节点井处理。各开采井井位及开采量见表 5-24。

表 5-24　开采井井位及水井出水量一览

水井编号	坐标		出水量 (m^3/d)	水井编号	坐标		出水量 (m^3/d)
	y	x			y	x	
$y1$	38 379 870	3 843 490	4 800	$y7$	38 382 610	3 844 170	4 800
$y2$	38 380 370	3 843 500	4 800	$y8$	38 382 980	3 844 490	4 800
$y3$	38 380 800	3 843 400	4 800	$y9$	3 838 250	3 844 680	4 800
$y4$	38 381 350	3 843 440	4 800	$y10$	3 838 500	3 844 490	4 800
$y5$	38 381 820	3 843 570	4 800	$y11$	38 384 090	3 844 490	4 800
$y6$	38 382 190	38 433 920	4 800				

预测开采 3 年时，浅层地下水位等值线见图 5-9。预测开采 5 年时，浅层地下水位等值线见图 5-10，区内部分节点水位及降深见表 5-25。开采期间 52 号、82 号节点水位历时曲线见图 5-11。开采 5 年后区内水位趋于稳定。开采 5 年时，$y10$、$y11$ 节点井所在节点水位及降深见表 5-26。

表 5-26 中的水位代表以该节点为中心的均衡域的平均水位，而该节点井井壁水位降深采用下列公式计算：

$$S_w = S_0 + \frac{Q}{2\pi T}\left(\ln\frac{\Delta x}{r_w} - \frac{\pi}{2}\right)$$

式中：Q 为节点井出水量，m^3/d；Δx 为均衡域有效圆半径，m；T 为含水层导水系数，m^2/d；r_w 为井半径，取 0.162 5 m；S_w 为井壁水位降深，m；S_0 为节点水位降深，m。

节点井井壁水位及降深见表 5-27。

新增开采量 5.28 万 m^3/d，开采 5 年时，节点井最大井壁水位降深 9.909 m。

2. 方案二

保持现有工业、农业、乡镇企业开采量不变，首阳山电厂维持现有开采量不变，偃师市第二水厂新增开采量 5.28 万 m^3/d。布井情况见图 5-7。水井总数 11 眼，其中 $y10$、$y11$ 井位于节点上，预报时作节点井处理；$y1$、$y2$、$y3$、$y4$、$y5$、$y6$、$y7$、$y8$、$y9$ 井作非节点井处理。各开采井井位及开采量见表 5-24。

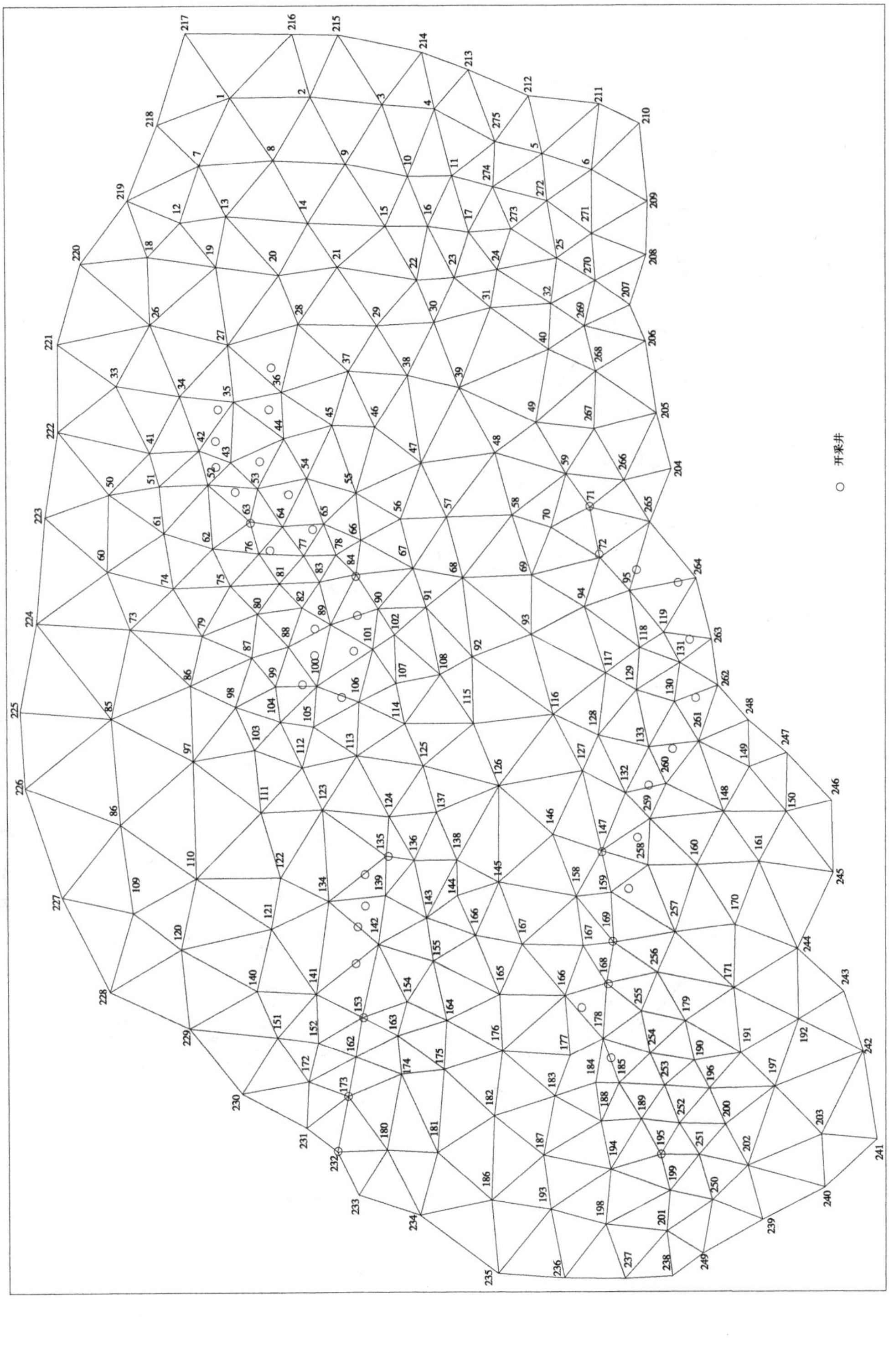

图 5-8 第一开采方案井位布置图

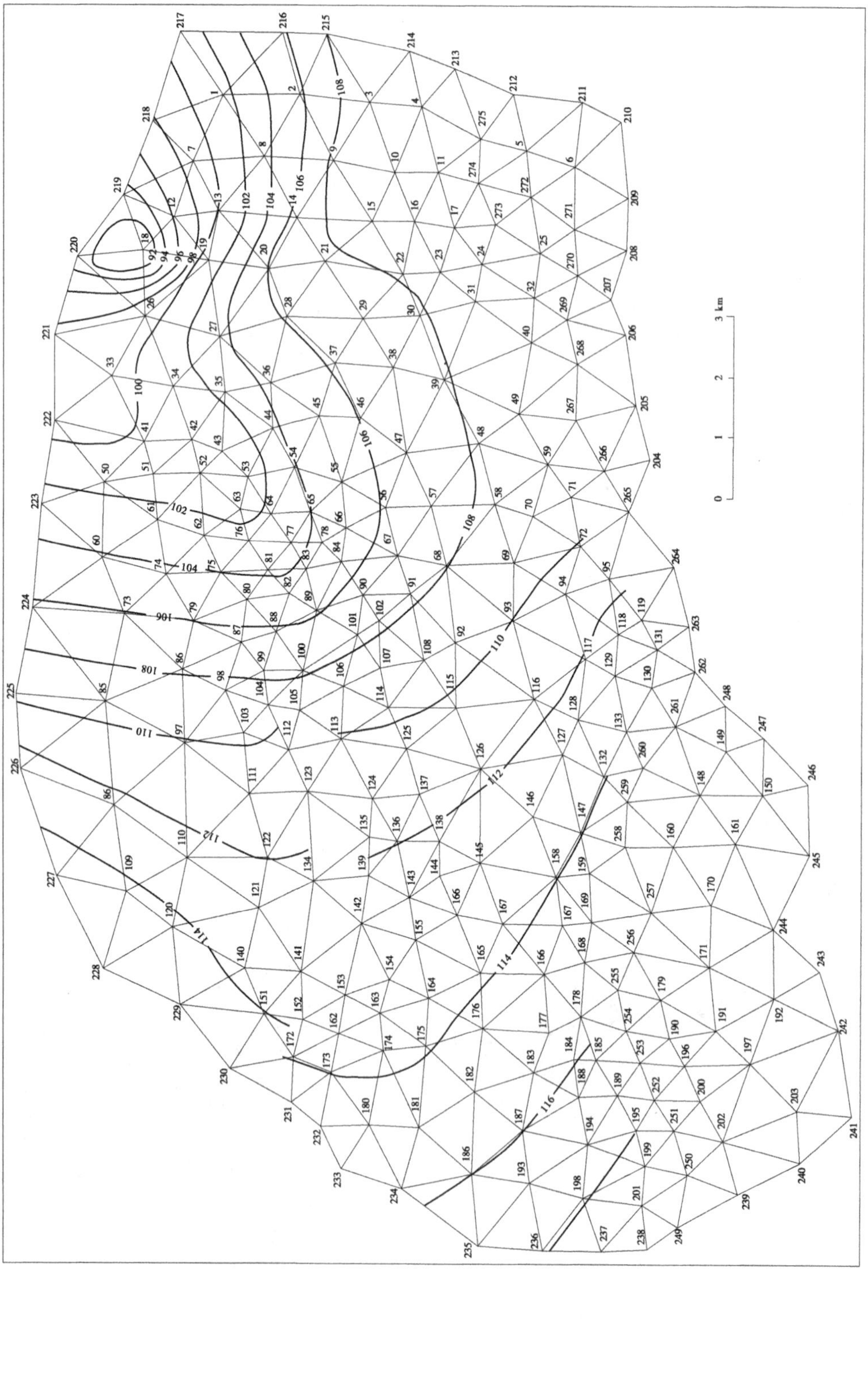

图 5-9　第一开采方案开采 3 年时浅层地下水位等值线图

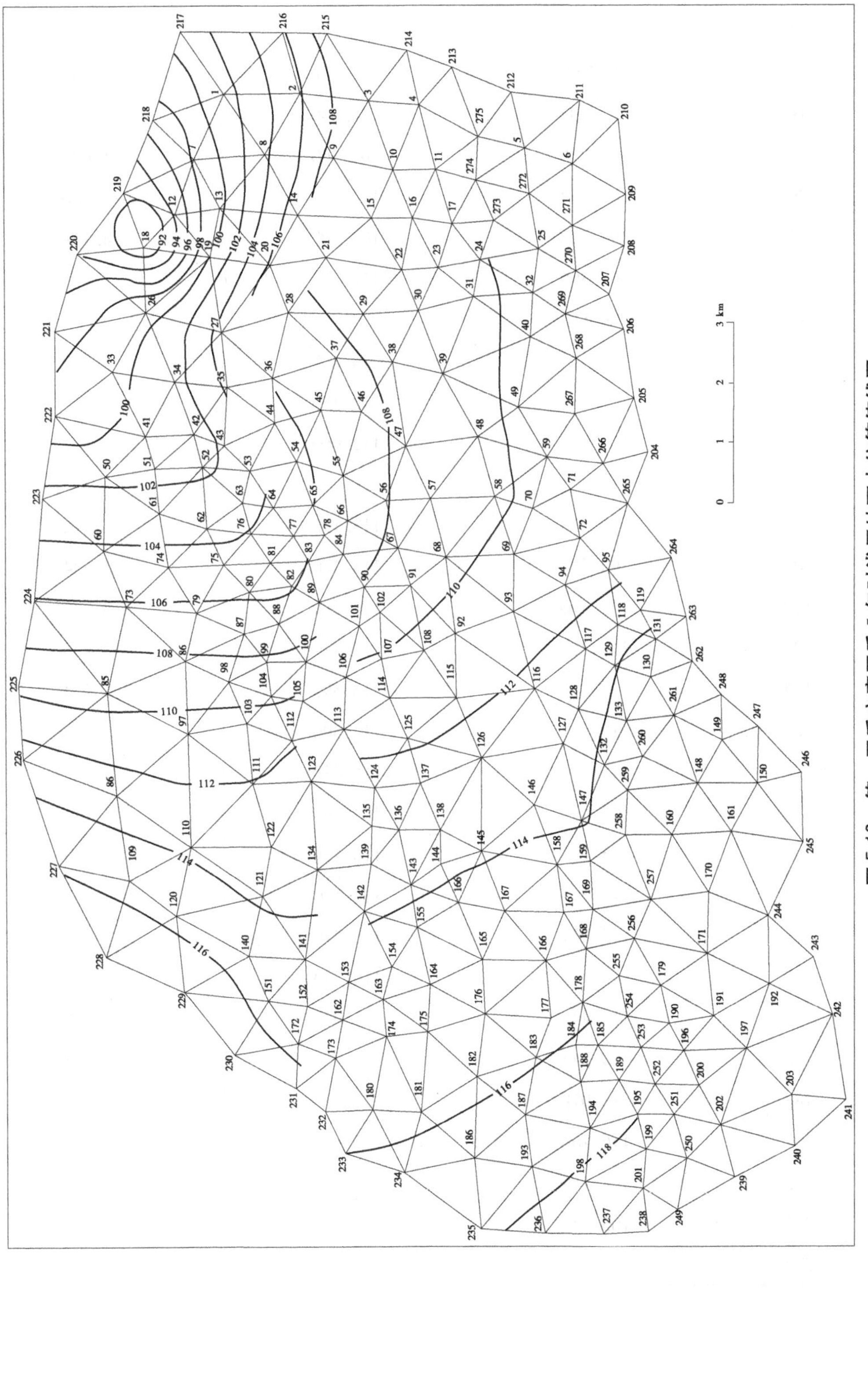

图5-10　第一开采方案开采5年时浅层地下水位等值线图

表 5-25 开采 5 年时部分节点水位及降深

节点编号	计算水位(m)	初始水位(m)	水位降深(m)
14	108.013	108.750	-0.737
18	92.759	93.650	-0.891
19	102.297	104.040	-1.743
20	107.278	108.360	-1.082
29	108.894	110.530	-1.636
34	104.522	108.700	-4.178
46	108.396	111.390	-2.994
48	109.821		
52	103.291	110.200	-6.909
66	107.581	112.450	-4.869
82	106.533	112.980	-6.447
94	111.443		
97	111.218	113.190	-1.972
102	109.586	113.270	-3.684
110	113.870	114.680	-0.810
122	113.282	114.710	-1.428
124	112.836	114.590	-1.754
126	112.912	114.590	-1.678
127	113.584	115.420	-1.836
135	112.576	114.800	-2.224
151	115.195	116.190	-0.995
158	114.527	116.190	-1.663
166	115.031	116.910	-1.879
167	114.960	116.230	-1.270
174	114.445	115.670	-1.225
180	115.544	117.100	-1.556
183	116.078		
187	116.766	118.610	-1.844
215	108.110	108.550	-0.440
216	105.931	106.400	-0.469
227	113.276	113.650	-0.374

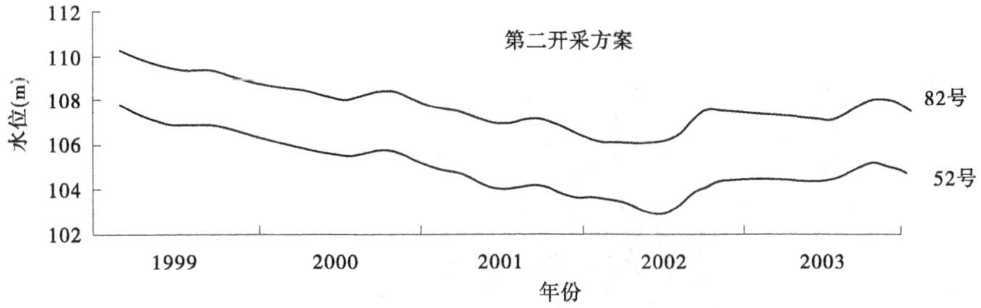

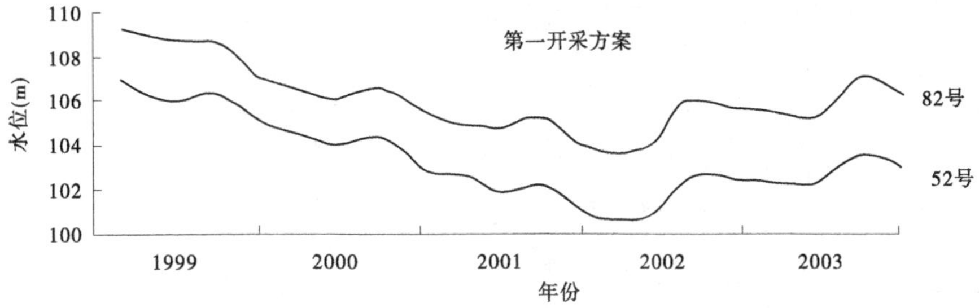

图 5-11　开采期间 52 号、82 号节点水位历时曲线

表 5-26　开采 5 年时节点井所在节点水位及降深

节点编号	水位(m)	降深(m)
52	103.291	6.909
82	106.533	6.447

表 5-27　开采 5 年时节点井井壁水位及降深

节点井编号	水位(m)	降深(m)
*y*11(52)	100.291	9.909
*y*10(82)	105.433	7.547

河流补给量按现状条件下补给量给出，即认为河流对地下水的补给量不因浅层地下水开采量的增加而增大，按最保守条件预报水源地开采 5 年时引起的浅层地下水位降深。预测开采 3 年时，浅层地下水位等值线见图 5-12。预测开采 5 年时，浅层地下水位等值线见图 5-13，区内部分节点水位及降深见表 5-28。

开采 5 年时，*y*10、*y*11 节点井所在节点水位及降深见表 5-29，井壁水位及降深见表 5-30。

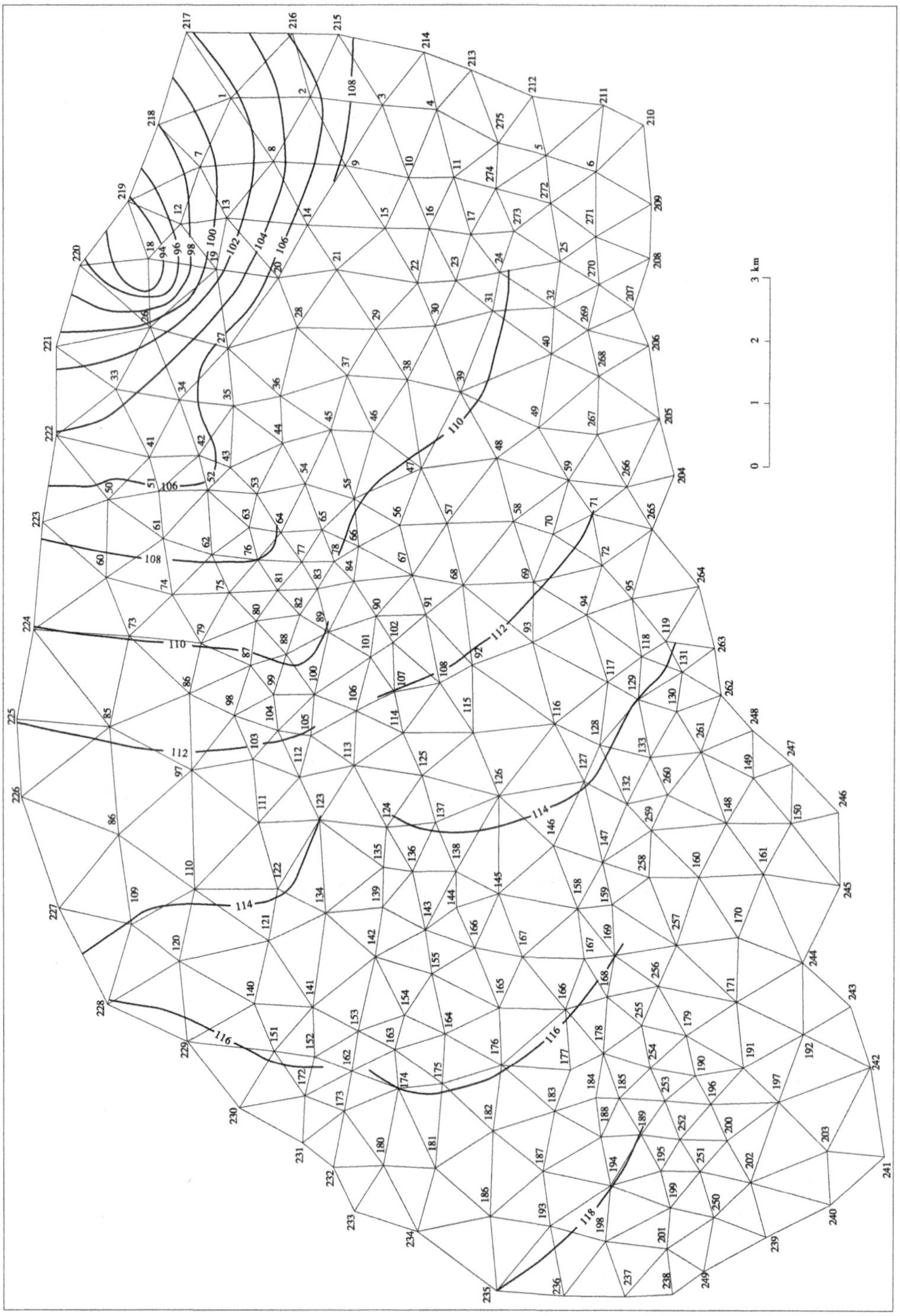

图 5-12　第二开采方案开采 3 年时浅层地下水位等值线图

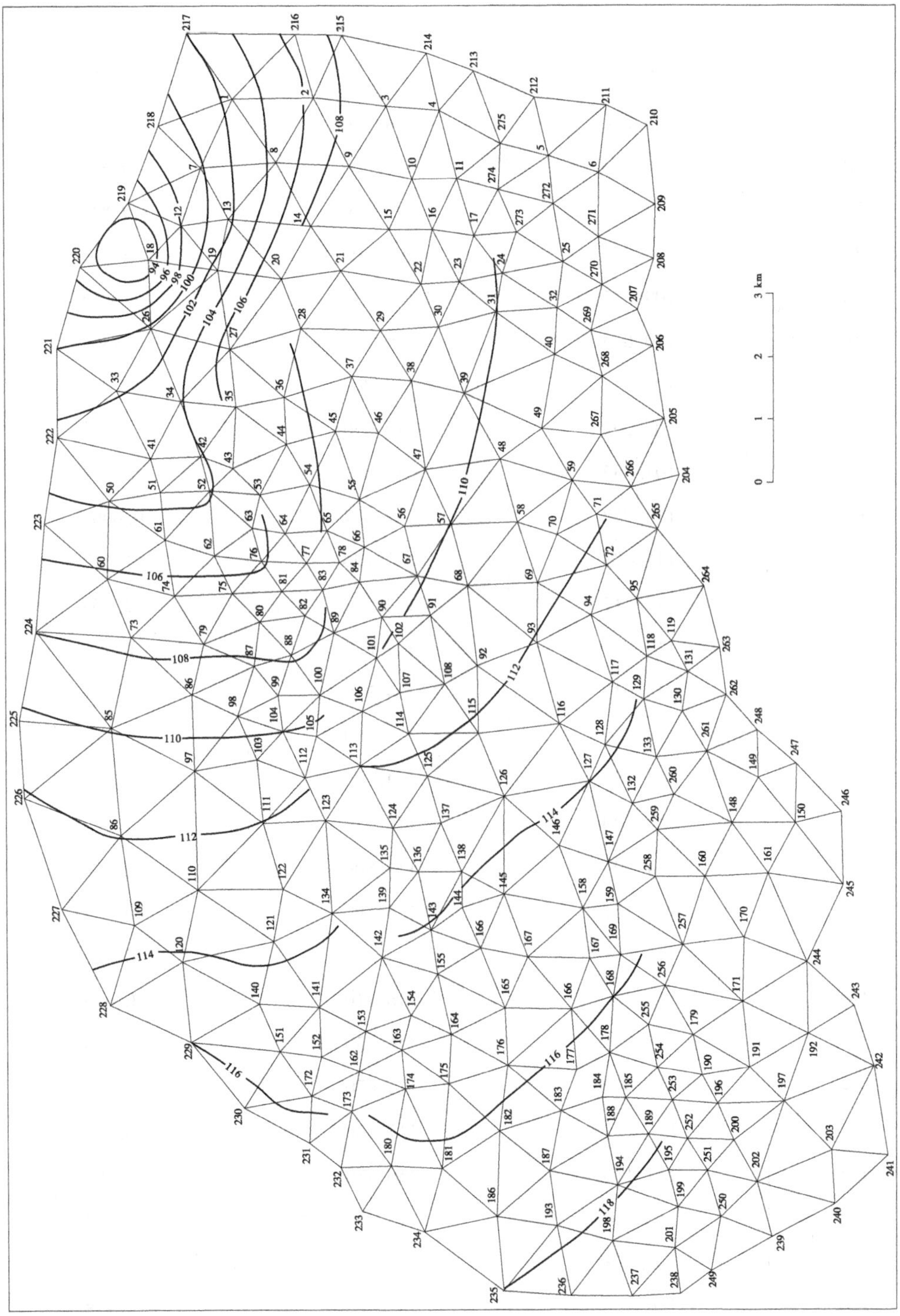

图 5-13　第二开采方案开采 5 年时浅层地下水位等值线图

表 5-28　开采 5 年时部分节点水位及降深

节点编号	计算水位(m)	初始水位(m)	水位降深(m)
14	108.220	108.750	-0.530
18	93.454	93.650	-0.196
19	103.236	104.040	-0.804
20	108.073	108.360	-0.287
29	109.716	110.530	-0.814
34	105.851	108.700	-2.849
46	109.637	111.390	-1.753
48	110.675	110.195	0.480
52	104.952	110.200	-5.248
66	109.293	112.450	-3.157
82	107.832	112.980	-5.148
94	112.767	112.077	0.690
97	111.473	113.190	-1.717
102	110.712	113.270	-2.558
110	113.904	114.680	-0.776
122	114.033	114.710	-0.677
124	114.105	114.590	-0.485
126	113.980	114.590	-0.610
127	114.390	115.420	-1.030
135	114.591	114.800	-0.209
151	115.961	116.190	-0.229
158	115.568	116.190	-0.622
166	116.265	116.910	-0.645
167	115.982	116.230	-0.248
174	115.592	115.670	-0.078
180	116.743	117.100	-0.357
183	117.110	116.780	0.330
187	117.748	118.610	-0.862
215	108.418	108.550	-0.132
216	106.282	106.400	-0.118
227	113.526	113.650	-0.124

表 5-29　开采 5 年时节点井所在节点水位及降深

节点编号	水位(m)	降深(m)
52	104.952	5.248
82	107.832	5.148

表 5-30　开采 5 年时节点井井壁水位及降深

节点井编号	水位(m)	降深(m)
*y*11(52)	101.952	8.248
*y*10(82)	106.732	6.248

5.3　水量均衡法计算浅层地下水允许开采量

5.3.1　现状条件下浅层地下水水量均衡

5.3.1.1　均衡区的确定、划分及时段选择

均衡区的范围基本上与测绘范围一致，北至邙岭（首阳山断裂），南至伊河南岸一级阶地后缘，东至老城—宫地一线，西至龙虎滩村西，总面积 193.177 5 km^2。

依据工作区水文地质条件，地下水开采现状及地下水流场特征划分均衡计算区共划分 5 个均衡区，见图 5-14 及表 5-31。

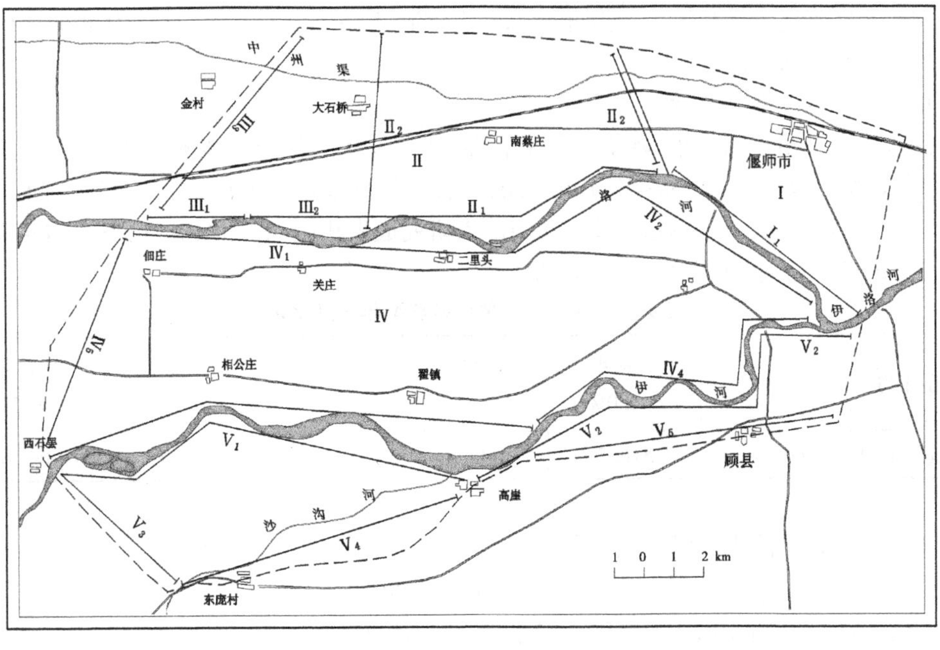

图 5-14　均衡计算分区图

表 5-31 计算分区说明

区号	面积(万 m^2)	包气带岩性	水位变动带岩性	μ	水位埋深(m)	降水入渗系数
Ⅰ	21.285	粉土	粉土	0.05	5～20	0.16
Ⅱ	23.268 6	粉土	粉土	0.05	5～15	0.32
Ⅲ	15.911 0	粉土	粉土	0.05	5～15	0.32
Ⅳ	103.136 3	粉土、细砂	粉土	0.05	1～5	0.32～0.40
Ⅴ	29.576 6	粉土	粉土	0.05	5～15	0.32

本次采用典型年份(丰水年 $P=25\%$,平水年 $P=50\%$,枯水年 $P=75\%$,特枯年 $P=95\%$,多年平均及1998年)进行均衡计算,评价浅层地下水资源量。

5.3.1.2 计算模型的建立

依据水均衡原理,结合本区层地下水的补给、径流、排泄条件,可建立如下计算模型:

$$Q_{补} - Q_{排} = \mu F \frac{\Delta H}{\Delta t}$$

其中:

$$Q_{补} = Q_{降渗} + Q_{渠渗} + Q_{灌渗} + Q_{河渗} + Q_{径补} + Q_{洪渗}$$

$$Q_{排} = Q_{开采} + Q_{径排} + Q_{蒸} + Q_{河排}$$

式中:$Q_{补}$ 为地下水总补给量,m^3/d;$Q_{排}$ 为地下水总排泄量,m^3/d;μ 为地下水位变动带给水度;F 为均衡区面积,m^2;Δt 为均衡时间段,d;ΔH 为与 Δt 相对应的地下水位变幅,m;$Q_{降渗}$为大气降水入渗补给量,m^3/d;$Q_{渠渗}$为灌渠渗漏补给量,m^3/d;$Q_{灌渗}$为农田灌溉回渗补给量,m^3/d;$Q_{河渗}$为河流侧渗补给量,m^3/d;$Q_{径补}$为地下水侧向径流补给量,m^3/d;$Q_{洪渗}$为洪水期河滩淹没入渗补给量,m^3/d;$Q_{开采}$为工农业及生活用水开采量,m^3/d;$Q_{径排}$为地下水侧向径流排泄量,m^3/d;$Q_{蒸}$为浅层地下水蒸发排泄量,m^3/d;$Q_{河排}$为河流排泄量,m^3/d。

5.3.1.3 补给量计算

1. 大气降水入渗补给量

降水入渗补给量的大小,除受包气带岩性、地形地貌条件等因素影响外,还与降水方式、降水等级等因素有关。根据区内浅层地下水长期动态资料分析,年降水量中对地下水补给不明显的量一般占年总量的20%(与前人研究成果相同),据此和区内各典型年降水量(见表5-32)求得各典型年有效降水量。

表 5-32 偃师市气象局各典型年份降水量

典型年份	丰水年($P=25\%$)	平水年($P=50\%$)	枯水年($P=75\%$)	多年平均(1985～1996年)	1998年	特枯年($P=95\%$)
降水量(mm)	609.4	516.5	433.8	527.4	515.9	342.6

根据下式计算降水入渗补给量

$$Q_{降渗} = P\alpha F/365$$

式中:P 为有效降水量,m;α 为降水入渗系数;F 为计算区面积,m^2。

各区降水入渗补给量计算成果见表5-33。

表 5-33　降水入渗补给量计算成果

区号	面积 ($\times10^6$ m^2)	降水入渗系数 α	丰水年 (万 m^3/d)	平水年 (万 m^3/d)	枯水年 (万 m^3/d)	特枯年 (万 m^3/d)	多年平均 (万 m^3/d)	1998 年 (万 m^3/d)
Ⅰ	21.285 0	0.16	0.454 88	0.385 53	0.323 80	0.255 73	0.393 67	0.385 08
Ⅱ	23.268 6	0.32	0.994 35	0.842 92	0.707 96	0.559 12	0.860 71	0.841 94
Ⅲ	15.911 0	0.32	0.680 06	0.576 39	0.484 10	0.382 32	0.588 55	0.575 72
Ⅳ	103.136 3	0.35	4.821 47	4.086 46	3.432 15	2.710 59	4.172 70	4.081 71
Ⅴ	29.576 6	0.32	1.264 14	1.071 44	0.899 89	0.710 69	1.094 04	1.070 19
合计	193.177 5		8.215 08	6.962 74	5.847 9	4.618 45	7.109 67	6.954 64

注：表中数据已扣除重复水量，下同。

2. 渠系渗漏补给量

工作区较大的灌渠主要是中州渠，目前区内只有首阳山镇利用中州渠进行灌溉，渠长约 5 km，根据单位长度的渗漏量计算出中州渠渗漏补给浅层地下水的量，计算公式为

$$Q_{渠渗} = qLt/365$$

式中：q 为单位长度渠道渗漏量，$m^3/(km \cdot d)$；L 为渠道长度，km；t 为过水时间，d，据水利部门提供每年用水时间约 120 d。

经计算

$$Q_{渠渗} = 2\ 975\ m^3/d$$

3. 农田灌溉回渗补给量

区内农业灌溉水源主要为地下水和引中州渠水两种，根据野外调查资料确定灌水定额，见表 5-34。

表 5-34　农田灌溉用水定额　（单位：m^3/(亩·年)）

项目	丰水年	平水年	枯水年	多年平均	1998 年
渠水灌溉及稻田	500	600	700	600	600
井水灌溉	350	400	500	400	400

根据灌溉定额、灌溉面积，采用下式计算灌溉回渗补给量

$$Q_{i灌} = \beta FA/365$$

式中：$Q_{i灌}$ 为农田灌溉回渗量，万 m^3/d；β 为灌溉回渗系数；F 为灌溉面积，亩；A 为灌溉定额，m^3/(亩·年)。

计算各区灌溉回渗补给量见表 5-35。

4. 河流侧渗补给量

从工作区浅层地下水等水位线图可以看出，现状条件下洛河北岸、南岸西段及伊河北岸西段，河水侧渗补给地下水。利用达西公式计算河流侧渗补给量

$$Q_{河渗} = KMJL$$

式中:Q 为通过计算断面的径流量,m^3/d;K 为计算断面的渗透系数,m/d;M 为计算断面的含水层平均厚度,m;J 为计算断面的平均水力坡度;L 为计算断面长度,m。

表 5-35 灌溉回渗补给量计算成果 (单位:万 m^3/d)

区号	灌溉面积(亩)		丰水年	平水年	枯水年	特枯年	多年平均	1998 年
Ⅰ	25 850		0.086 78	0.099 18	0.115 76	0.115 76	0.099 18	0.099 18
Ⅱ	渠灌	2 610	0.035 76	0.042 96	0.050 06	0.050 06	0.042 96	0.042 96
	井灌	21 189	0.101 59	0.116 10	0.130 62	0.130 62	0.116 10	0.116 10
Ⅲ	渠灌	2 610	0.035 76	0.042 96	0.050 06	0.050 06	0.042 96	0.042 96
	井灌	12 811	0.061 42	0.070 20	0.078 97	0.078 97	0.070 20	0.070 20
Ⅳ	稻田	14 929	0.613 52	0.731 22	0.858 93	0.858 93	0.736 22	0.736 22
	旱田	59 465.7	0.855 33	0.977 52	1.099 71	1.099 71	0.977 52	0.977 52
Ⅴ	21 875.7		0.104 88	0.119 87	0.134 85	0.134 85	0.119 87	0.119 87
合计			1.895 03	2.204 9	2.518 95	2.518 95	2.204 9	2.204 9

河流侧渗补给量计算成果见表 5-36。

表 5-36 计算河流侧渗补给量及排泄量

断面号	断面宽度(m)	平均含水层厚度(m)	平均渗透系数(m/d)	水力坡度($\times10^{-4}$)	侧渗量(万 m^3/d)	备注
Ⅱ1	8 000	40.26	50	19.31	3.110 07	洛河排泄
Ⅲ2	3 000	40.26	50	19.31	1.166 23	洛河排泄
Ⅲ1	2 100	40.26	50	12.26	0.518 27	洛河排泄
Ⅰ1	6 000	35.3	38.65	40.671	3.329 35	洛河排泄
Ⅳ1	9 800	79.8	90	6.026 8	4.241 88	洛河排泄
Ⅳ2	8 500	45.0	85	3.856 7	1.253 91	洛河排泄
Ⅳ3	12 300	46.5	100	8.695 7	4.973 5	伊河排泄
Ⅳ4	8 900	42.5	120	2.892 5	1.312 91	伊河排泄
Ⅴ1	11 300	43.0	100	3.846 3	1.868 82	伊河排泄
Ⅴ2	7 400	43.0	120	3.703 7	1.414 22	伊河排泄
	3 600	43.0	120	3.030 3	0.562 91	

5. 地下水侧向径流补给量

由区内等水位线图可以看出,在测区西侧及南侧存在地下水径流补给,采用达西公式计算各断面地下水侧向径流补给量见表 5-37。

表 5-37　地下水侧向径流补给量及排泄量

断面号	断面宽度(m)	平均含水层厚度(m)	平均渗透系数(m/d)	水力坡度($\times10^{-4}$)	侧渗量(万 m^3/d)	备注
Ⅱ2	3 400	35	38.65	46.32	2.130 41	内断面
Ⅱ3	4 600	48	56.95	13.2	1.659 88	内断面
Ⅲ3	5 700	55	25	29.0	2.272 88	补给断面
Ⅳ5	5 800	60	120	8.4	3.507 84	补给断面
Ⅴ3	4 000	50	100	10.256	2.051 28	补给断面
Ⅴ4	9 000	33	55	5.356	0.874 99	补给断面
Ⅴ5	8 600	35.3	55	5.107	0.852 70	补给断面

6. 汛期河漫滩淹没入渗补给量

河流河漫滩在每年汛期被洪水淹没，河水以垂直入渗方式补给地下水。根据野外调查访问及偃师市水利部门提供的资料统计，一般情况下河漫滩在丰水年淹没时间为 15 d，平水年 10 d，枯水年 5 d，多年平均 10 d 左右。河漫滩区洪水淹没期间渗入补给量按下式计算，计算结果见表 5-38。

$$Q_{洪渗} = K_z F \Delta t/365$$

式中：$Q_{洪渗}$为洪水淹没期间入渗补给量，万 m^3/d；K_z 为包气带地层垂向渗透系数，m/d，本次根据野外试坑渗水试验资料求取 K_z = 0.23 m/d；F 为洪水淹没面积，m^2；Δt 为洪水淹没时间，d。

表 5-38　洪水期滩地淹没入渗补给量计算成果

区号	淹没面积(万 m^2)	垂直渗透系数(m/a)	渗漏量(万 m^3/d)		
			丰水年	平水年	枯水年
Ⅰ	27.093 3	0.23	0.204 87	0.170 72	0.136 58
Ⅱ	73.326 4	0.23	0.554 47	0.462 06	0.369 64
Ⅲ	50.140 3	0.23	0.379 14	0.315 95	0.252 76
Ⅳ	520.920 0	0.23	3.939 0	3.282 51	2.626 0
Ⅴ	452.173 3	0.23	3.419 18	2.849 31	2.279 46
合计	1 123.653 3		8.496 66	7.080 55	5.664 44

5.3.1.4　排泄量计算

区内浅层地下水的排泄量主要有工农业开采量、人畜生活用水量、地下水侧向径流量及河流排泄量等。其中，人工开采量是区内浅层地下水的主要消耗途径，从等水位线图可以看出，伊河南岸、北岸东段及洛河南岸东段河流排泄地下水，在东部边界有极少一部分地下水以侧向径流方式流出区外。

1. 人工开采量计算

区内浅层地下水的人工开采量主要包括工农业开采量、人畜用水量等。农业开采量按灌溉面积乘以定额求得，计算结果见表 5-39。人畜用水量按每人每天 60 kg 定额乘以总人口求得,工业用水量主要为乡镇企业的用水量,根据水利局提供的资料统计求得,结果见表5-40。

表5-39　农业开采量计算成果　　(单位:万 m^3/d)

区号	灌溉面积(亩)	丰水年	平水年	枯水年	特枯年	多年平均	1998年
Ⅰ	18 100	1.735 62	1.983 56	2.231 51	2.231 51	1.983 56	1.983 56
Ⅱ	21 189	2.031 82	2.322 08	2.612 34	2.612 34	2.322 08	2.322 08
Ⅲ	12 811	1.228 45	1.403 95	1.579 43	1.579 43	1.403 95	1.403 95
Ⅳ	14 929	2.045 07	2.454 08	2.863 10	2.863 10	2.454 08	2.454 08
	59 465.7	5.702 19	6.516 79	7.331 39	7.331 39	6.516 79	6.516 79
Ⅴ	21 875.73	2.097 67	2.397 34	2.697 00	2.697 00	2.397 34	2.397 34
合计	148 370.4	14.840 82	17.077 8	19.314 78	19.314 78	17.077 8	17.077 8

表5-40　工业及人畜用水量统计　　(单位:万 m^3/d)

区号	乡镇企业	县级以上工业	县城	人畜	合计
Ⅰ	1.299 2		2.601 08	0.325 12	4.225 4
Ⅱ	1.736 4			0.204 60	1.941 00
Ⅲ	0.889 3			0.123 67	1.012 97
Ⅳ	0.739 73	8.0		0.817 92	9.557 65
Ⅴ	0.301 37	1.0		0.319 85	1.621 22

2. 河流的排泄量

河流排泄量采用达西公式进行计算,计算结果见表5-36。

3. 潜水蒸发排泄量

潜水蒸发排泄量采用如下公式计算

$$Q_{蒸} = C\varepsilon_0 F$$

式中:$Q_{蒸}$为潜水蒸发量,万 m^3/d;C 为潜水蒸发系数;ε_0 为水面蒸发量,m^2;F 为蒸发面积,m^2。

浅层地下水蒸发排泄量计算结果见表5-41。

表5-41　浅层地下水蒸发排泄量计算成果

计算参数	$F(km^2)$	ε_0(m)	C	$Q_{蒸}$(万 m^3/d)
丰水年 $P=25\%$	51.568 15	1.105	0.077	1.202 10
平水年 $P=50\%$	51.658 15	0.945	0.067	0.894 53
枯水年 $P=75\%$	51.568 15	0.936	0.043	0.568 63
特枯年 $P=95\%$	51.568 15	0.937	0.035	0.494 49

5.3.1.5　地下水水量均衡分析

根据以上计算成果列出区内不同典型年份均衡结果见表5-42~表5-47。

表 5-42　均衡计算(一)

均衡时段		1998 年					
均衡分区		Ⅰ	Ⅱ	Ⅲ	Ⅳ	Ⅴ	合计
均衡面积(km^2)		21.285 0	23.268 6	15.911 0	103.136 3	29.576 6	193.177 5
补给量(万 m^3/d)	降水入渗	0.385 08	0.841 94	0.575 72	4.081 71	1.070 19	6.954 64
	渠系渗漏		0.148 75	0.148 75			0.297 5
	灌溉回渗	0.099 18	0.159 06	0.113 16	1.713 74	0.119 87	2.204 9
	洪水渗漏	0.170 72	0.462 06	0.315 95	3.282 51	2.849 31	7.080 55
	河流侧渗	3.329 35	3.110 07	1.166 27	9.215 38		16.821 07
	侧向径流	2.130 41	1.659 88	2.272 88	3.507 84	3.778 97	7.899 81
	合计	6.114 74	6.381 76	4.592 73	21.801 18	7.818 34	41.258 47
排泄量(万 m^3/d)	农业	1.983 56	2.322 08	1.403 95	8.970 87	2.397 34	17.077 8
	工业及人畜生活	4.225 4	1.941 00	1.012 97	9.557 65	1.621 22	18.358 24
	河流排泄			0.518 27	2.566 82	3.845 95	6.931 04
	蒸发排泄				0.894 53		0.894 53
	侧向径流		2.130 41	1.659 88			0
	合计	6.208 96	6.393 49	4.595 07	21.989 87	7.864 51	41.601 73
均衡差		-0.094 22	-0.011 73	-0.002 34	-0.188 69	-0.046 17	-0.343 26
给水度		0.05	0.05	0.05	0.05	0.05	
计算水位变幅(m)		-0.323	-0.04	-0.01	-0.13	-0.114	-0.13

表 5-43　均衡计算(二)

均衡时段		丰水年　$P=25\%$					
均衡分区		Ⅰ	Ⅱ	Ⅲ	Ⅳ	Ⅴ	合计
均衡面积(km^2)		21.285 0	23.268 6	15.911 0	103.136 3	29.576 6	193.177 5
补给量(万 m^3/d)	降水入渗	0.454 88	0.994 35	0.680 06	4.821 47	1.264 14	8.215 08
	渠系渗漏		0.148 75	0.148 75			0.297 5
	灌溉回渗	0.086 78	0.137 35	0.097 18	1.468 85	0.414 88	1.895 03
	洪水渗漏	0.204 87	0.554 47	0.379 14	3.939 0	3.419 18	8.496 66
	河流侧渗	3.329 35	3.110 07	1.166 27	9.215 38		16.821 07
	侧向径流	2.130 41	1.659 88	2.728 8	3.507 84	3.778 97	7.899 81
	合计	6.206 29	6.604 87	4.744 28	22.952 54	8.567 17	43.625 15

续表 5-43

均衡时段		丰水年　$P=25\%$					
均衡分区		Ⅰ	Ⅱ	Ⅲ	Ⅳ	Ⅴ	合计
排泄量（万 m^3/d）	农业	1.735 62	2.031 82	1.228 45	7.747 26	2.197 67	14.840 82
	工业及人畜生活	4.225 4	1.941 00	1.012 97	9.557 65	1.621 22	18.358 24
	河流排泄			0.518 27	2.566 82	3.845 95	6.931 04
	蒸发排泄				1.202 10		1.202 10
	侧向径流		2.130 41	1.659 88			0
	合计	5.961 02	6.012 41	4.419 57	21.073 83	7.564 84	39.672 32
均衡差		0.245 27	0.592 46	0.324 71	1.874 16	1.002 33	3.952 83
给水度		0.05	0.05	0.05	0.05	0.05	
计算水位变幅（m）		0.84	1.86	1.49	1.33	2.47	

表 5-44　均衡计算（三）

均衡时段		平水年　$P=50\%$					
均衡分区		Ⅰ	Ⅱ	Ⅲ	Ⅳ	Ⅴ	合计
均衡面积（km^2）		21.285 0	23.268 6	15.911 0	103.136 3	29.576 6	193.177 5
补给量（万 m^3/d）	降水入渗	0.385 53	0.842 92	0.576 39	4.086 46	1.071 44	6.962 74
	渠系渗漏		0.148 75	0.148 75			0.297 5
	灌溉回渗	0.099 18	0.159 06	0.113 16	1.713 74	0.119 87	2.204 9
	洪水渗漏	0.170 72	0.462 06	0.315 95	3.282 51	2.849 31	7.080 55
	河流侧渗	3.329 35	3.110 07	1.166 27	9.215 38		16.821 07
	侧向径流	2.130 41	1.659 88	2.272 88	3.507 84	3.778 97	7.899 81
	合计	6.115 19	6.382 74	4.593 40	21.805 93	7.819 59	41.266 57
排泄量（万 m^3/s）	农业	1.983 56	2.322 08	1.403 95	8.970 87	2.397 34	17.077 80
	工业及人畜生活	4.225 4	1.941 00	0.012 97	9.557 65	1.621 22	18.358 24
	河流排泄			0.518 27	2.566 82	3.845 95	6.931 04
	蒸发排泄				0.894 53		0.894 53
	侧向径流		2.130 41	1.659 88			0
	合计	6.208 96	6.393 49	4.595 07	21.989 87	7.864 51	41.601 73
均衡差		-0.093 77	-0.010 75	-0.001 67	-0.183 94	-0.044 92	-0.335 16
给水度		0.05	0.05	0.05	0.05	0.05	
计算水位变幅（m）		-0.32	-0.03	-0.01	-0.13	-0.11	

表 5-45　均衡计算(四)

均衡时段		枯水年　$P=75\%$					
均衡分区		Ⅰ	Ⅱ	Ⅲ	Ⅳ	Ⅴ	合计
均衡面积(km^2)		21.285 0	23.268 6	15.911 0	103.136 3	29.576 6	193.177 5
补给量(万 m^3/d)	降水入渗	0.323 80	0.707 96	0.484 10	3.432 15	0.899 89	5.847 90
	渠系渗漏		0.148 75	0.148 75			0.297 5
	灌溉回渗	0.115 76	0.180 68	0.129 03	1.958 64	0.134 85	2.518 96
	洪水渗漏	0.136 58	0.369 64	0.252 76	2.626 0	2.279 46	5.664 44
	河流侧渗	3.329 35	3.110 07	1.166 27	9.215 38		16.821 07
	侧向径流	2.130 41	1.659 88	2.272 88	3.507 84	3.778 97	7.899 81
	合计	6.035 90	6.176 98	4.453 79	20.740 01	7.093 17	39.049 67
排泄量(万 m^3/d)	农业	2.231 51	2.612 34	1.879 43	10.194 49	2.697 00	19.314 78
	工业及人畜生活	4.225 4	1.941 00	1.012 97	9.557 65	1.621 22	18.358 24
	河流排泄			0.518 27	2.566 82	3.845 95	6.931 04
	蒸发排泄				0.568 63		0.568 63
	侧向径流		2.130 41	1.659 88			0
	合计	6.456 91	6.683 75	4.770 55	22.887 59	8.164 17	43.512 81
均衡差		-0.421 01	-0.506 77	-0.316 76	-2.147 58	1.071	4.463 14
给水度		0.05	0.05	0.05	0.05	0.05	
计算水位变幅(m)		-1.44	-1.59	-1.45	-1.52	-2.64	

表 5-46　均衡计算(五)

均衡时段		特枯年　$P=95\%$					
均衡分区		Ⅰ	Ⅱ	Ⅲ	Ⅳ	Ⅴ	合计
均衡面积(km^2)		21.285 0	23.268 6	15.911 0	103.136 3	29.576 6	193.177 5
补给量(万 m^3/d)	降水入渗	0.255 73	0.559 12	0.382 32	2.710 59	0.710 69	4.618 45
	渠系渗漏		0.148 75	0.148 75			0.297 5
	灌溉回渗	0.115 76	0.180 68	0.129 03	1.958 64	0.134 85	2.518 96
	洪水渗漏	0.136 58	0.369 64	0.252 76	2.626 0	2.279 46	5.664 44
	河流侧渗	3.329 35	3.110 07	1.166 27	9.215 38		16.821 07
	侧向径流	2.130 41	1.659 88	2.272 88	3.507 84	3.778 97	7.899 81
	合计	5.967 83	6.028 14	4.352 01	20.018 45	6.903 97	37.820 22

续表 5-46

均衡时段		特枯年 $P=95\%$					
均衡分区		Ⅰ	Ⅱ	Ⅲ	Ⅳ	Ⅴ	合计
排泄量(万 m^3/d)	农业	2.231 51	2.612 34	1.579 43	10.194 49	2.697 00	19.314 78
	工业及人畜生活	4.225 4	1.941 00	1.012 97	9.557 65	1.621 22	6.931 04
	河流排泄			0.518 27	2.566 82	3.845 95	0.494 49
	蒸发排泄				0.494 49		0
	侧向径流		2.130 41	1.659 88			43.438 76
	合计	6.456 91	6.683 75	4.770 55	22.813 45	8.164 17	-5.618 45
均衡差		-0.489 08	-0.655 61	-0.418 54	-2.795	-1.260 2	
给水度		0.05	0.05	0.05	0.05	0.05	
计算水位变幅(m)		-1.68	-2.06	1.92	-1.98	-3.11	

表 5-47 均衡计算(六)

均衡时段		多年平均					
均衡分区		Ⅰ	Ⅱ	Ⅲ	Ⅳ	Ⅴ	合计
均衡面积(km^2)		21.285 0	23.268 6	15.911 0	103.136 3	29.576 6	193.177 5
补给量(万 m^3/d)	降水入渗	0.393 67	0.860 71	0.588 55	4.172 70	1.094 04	7.109 67
	渠系渗漏		0.148 75	0.148 75			0.297 5
	灌溉回渗	0.099 18	0.159 06	0.113 16	1.713 74	0.119 87	2.204 0
	洪水渗漏	0.170 72	0.462 06	0.315 95	3.282 51	2.849 31	7.080 55
	河流侧渗	3.329 35	3.110 07	1.166 27	9.215 38		16.821 07
	侧向径流	2.130 41	1.659 88	2.272 88	3.507 84	3.779 87	7.899 81
	合计	6.123 33	6.400 53	4.605 56	21.892 17	7.842 19	41.413 50
排泄量(万 m^3/d)	农业	1.983 56	2.322 08	1.403 95	8.979 87	2.397 34	17.077 8
	工业及人畜生活	4.225 4	1.941 00	1.012 97	9.557 65	1.622 2	18.352 4
	河流排泄			0.518 27	2.566 82	3.845 95	6.931 04
	蒸发排泄				0.894 53		0.894 53
	侧向径流		2.130 41	1.659 88			0
	合计	6.208 96	6.393 49	4.595 07	21.989 87	7.864 51	41.601 73
均衡差		-0.085 63	0.007 04	0.010 49	-0.097 7	-0.022 32	-0.188 23
给水度		0.05	0.05	0.05	0.05	0.05	
计算水位变幅(m)		-0.29	0.02	0.05	-0.07	-0.06	

通过典型年份均衡分析得出如下结论：

(1)1998年地下水总补给量为41.258 47万m^3/d，总排泄量为41.601 73万m^3/d，总排泄量大于总补给量。Ⅰ区计算平均水位降0.323 m，实测水位降0.36～2.39 m，实测平均水位降0.32 m；Ⅱ区计算平均水位降0.04 m，而实测水位降0～0.3 m，实测平均水位降0.05 m；Ⅲ区计算平均水位降0.01 m，实测平均水位降0.12 m；Ⅳ区计算水位降0.13 m，实测平均水位降0.10 m。计算结果与实测资料较接近，说明参数选取较合理，计算的各均衡要素大小可靠。

(2)在现状条件下，多年平均的总补给量为41.413 50万m^3/d，总排泄量为41.601 73万m^3/d，排泄量略大于补给量，由多年动态资料知，浅层地下水1977～1998年总体上呈下降趋势，年均降幅0.38～1.25 m，两者是一致的，丰水年补给量大于排泄量，地下水位回升，平均回升0.84～2.47 m；平水年补给量略小于排泄量，平均水位下降0.01～0.32 m；枯水年补给量小于排泄量，平均水位下降1.44～2.64 m；特枯年平均水位下降1.68～3.11 m。

(3)现状条件下，浅层地下水的补给量主要是河水侧渗、洪水渗漏、侧向径流及大气降水补给等。多年平均河水补给地下水的量为23.901 62万m^3/d，占总补给量的57.7%，地下水的排泄主要是人工开采、河流排泄，多年平均人工开采量为35.436 04万m^3/d，占总排泄量的78.07%，河流排泄量为6.931 04万m^3/d，占总排泄量的16.66%。

(4)现状条件下，多年平均地下水侧向径流补给量为7.899 81万m^3/d，占总补给量的19.08%，但随着工作区西侧工农业需水量的增加及地下水侧向径流条件的改变，地下水侧向径流补给量变小。

5.3.1.6　浅层含水层组的容积储存量

浅层含水层组的容积储存量按下式计算，计算成果见表5-48。

$$Q_{储} = \mu FH$$

式中：μ为浅层含水层组的给水度；F为含水层分布面积，m^2；H为含水层平均厚度，m。

表5-48　浅层含水层容积储存量计算成果　（单位：万m^3）

区号	面积(km^2)	含水层平均厚度(m)	平均给水度	容积储存量	可利用的储存资源(万m^3)
Ⅰ	21.285 0	33.86	0.15	10 810.65	5 405.33
Ⅱ	39.179 6	40	0.15	23 507.76	11 753.88
Ⅲ	103.136 3	60	0.15	92 822.67	46 411.34
Ⅳ	29.576 6	35	0.15	15 527.72	7 763.86
合计	193.177 5			142 668.80	71 334.40

由表5-48可知，区内浅层含水层组地下水容积储存量为142 668.80万m^3，是多年平均补给量的9.44倍。如此大的储存量，具有较大的调蓄能力，合理动用部分储存量是可行的，所动用的储存量只要在丰水期得以偿还，或者在枯水年动用的丰水年能得以补充就不至于造成地下水位持续下降或水资源枯竭。因此，应加强全区地下水观测工作，研究区

内地下水补、径、排条件，使地下水处于动平衡状态。

5.3.2 开采条件下浅层地下水水量均衡计算

地下水在开采条件下，其补给、径流、排泄所发生的变化将直接影响地下水资源量。由于地下水的开采，将增加部分从外部进入本系统的激化补给量，如区内可以激发河水对地下水的补给量增加。根据区内水文地质条件，浅层开采井尽可能地布置在洛河北岸Ⅱ区近洛河地带，此带含水层厚度较大，单井出水量也大。据本次干扰抽水试验，井距396 m，干扰系数为0.029。洛河南岸首阳山电厂水源地勘测报告，井距55 m，干扰系数为0.4～0.43，井距为100 m，干扰系数为0.126～0.129，首阳山电厂开采井距为500～800 m。1988年该水源地开采后日开采量为8万 m^3，开采区内地下水位下降幅度仅为1.0 m左右，对区内工农业生产没有大的影响，将来开采井沿洛河布置，距洛河400 m左右，开采井距定为500 m，开采井布设11眼，日开采量52 800 m^3，夹河滩首阳山电厂水源地开采井38眼，日开采量增加到21.6万 m^3，沿洛河、伊河各布19眼井，河间地块没有开采。以二维有限元分析法计算预报的开采5年后的稳定流场为依据分两种方案进行浅层地下水开采条件下的均衡计算。

第一种方案：首阳山电厂开采量增加到21.6万 m^3/d，勘探区新增到5.28万 m^3/d。

第二种方案：考虑首阳山电厂开采量近期不会增加，第二种方案在勘探区增加5.28万 m^3/d 开采量。

5.3.2.1 补给量计算

1. 降水入渗补给量

开采条件下，第一种方案浅层地下水区域水位降0.5～8.5 m。第二种方案浅层地下水区域水位降0.03～1.88 m。据河南省水文地质总站地中渗透仪资料，降水入渗系数随渗透途径的变化而变化，同一岩性时，降水入渗系数随水位埋深的增加而减小到2 m左右变大后又变小的规律。亚砂土的降水入渗系数一般为0.2～0.5，考虑到区内饱气带岩性特征，降水及地下水埋藏条件等因素确定区内开采条件下的降水入渗系数为0.2～0.32，降水入渗补给量见表5-49。

表5-49 降水入渗补给量计算 （单位：万 m^3/d）

方案	降水量(mm)		Ⅰ	Ⅱ	Ⅲ	Ⅳ	Ⅴ	合计
第一种方案	527.4	α	0.16	0.2	0.32	0.3	0.32	
		Q	0.393 67	0.537 94	0.588 55	3.576 6	1.094 04	6.190 8
第二种方案	527.4	α	0.16	0.2	0.32	0.3	0.32	
		Q	0.393 67	0.537 94	0.588 55	4.172 70	1.094 04	6.786 9

2. 渠系渗漏补给量

中州渠沿区内北部边缘由西向东经过，开采前后地下水位变化不大，渠系渗漏补给量同前，为0.297 5万 m^3/d。

3. 灌溉回渗量

灌溉回渗系数随地下水位埋深的变化而变化，根据图 5-1 可知，水位埋深大于 3.5 m 时，灌溉回渗系数随水位埋深的增加变化不大，开采条件下，洛河北岸、伊河南岸水位埋深大于 3.5 m 时仍取 0.05 m，夹河滩旱田取 0.10，水田绝大部分在西部佃庄乡，开采条件下西部水位埋深不大，因此灌溉回渗系数取 0.30，计算结果见表 5-50。

表 5-50　灌溉回渗量计算成果　（单位：万 m^3/d）

分区	Ⅰ	Ⅱ	Ⅲ	Ⅳ	Ⅴ	合计
渠水灌溉		0.042 96	0.042 96			0.085 92
井水灌溉	0.099 18	0.116 10	0.070 20	1.387 9	0.119 87	1.793 25

4. 河流侧渗补给量

根据有限元法计算开采 5 年后地下水的稳定流场，计算不同河段岸边地下水平均水力坡度，利用达西定律计算河流侧渗补给量（见表 5-51）。

表 5-51　河流侧渗补给量计算结果

		断面宽度（m）	含水层厚度（m）	平均渗透系数（m/d）	水力坡度	侧渗补给量（万 m^3/d）
第一种方案	Ⅰ1	6 000	35.3	38.65	6.26×10^{-3}	5.125 00
	Ⅱ1	1 700	40.26	50	3.545×10^{-3}	1.181 99
	Ⅲ2	3 000	40.26	50	2.693×10^{-3}	1.626 27
	Ⅲ1	8 500	79.8	90	9.15×10^{-4}	5.585 8
	Ⅲ3	12 300	46.5	100	$8.695\ 7\times10^{-4}$	4.973 5
	Ⅲ4	11 300	43.5	120	7.596×10^{-4}	4.464 73
第二种方案	Ⅰ1	6 000	35.3	38.65	6.26×10^{-3}	5.125 0
	Ⅱ1	4 000	40.26	50	$3.297\ 0\times10^{-3}$	2.654 74
	Ⅲ2	3 000	40.26	50	$2.428\ 7\times10^{-3}$	1.466 27

注：仅计算发生变化的河流。

由开采 5 年后地下水流场图可知，在开采条件下，勘探区内部分河流河水与地下水脱开，河水以垂直入渗的方式补给地下水，在第一种开采方案下脱开长度 6.3 km，在第二种开采方案下脱开长度 4 km，该河段河流补给量用捷尔尼柯夫公式（见地下水储量人工补给译文集，P62）计算

$$Q = KL(B + \beta\Delta H)$$

式中：Q 为河流垂直入渗量，万 m^3/d；K 为垂向渗透系数，m/d，取 $K=0.10$；L 为河段长度，m；B 为河床宽度，m，该河段平均宽度 90 m；ΔH 为水深，m，取平均水深 0.8 m；β 为与 B/AH^0 有关的数据，取 $\beta=2$。

在第一种方案开采条件下，河水与地下水脱开长度 6.3 km，计算Ⅱ区河流补给量为 5.103 万 m^3/d，计算Ⅳ区河流补给量为 5.103 万 m^3/d。

在第二种方案开采条件下，河水与地下水脱开长度为 4 km，计算Ⅱ区河流补给量为

3.888 万 m^3/d,计算Ⅳ区河流补给量为 2.592 万 m^3/d。

5. 地下水侧向径流补给量

根据有限差分法计算开采 5 年后,稳定流场计算地下水侧向径流补给量,见表 5-52。

表 5-52 地下水侧向径流补给量计算

项目	断面号	断面长度(m)	含水层厚度(m)	平均渗透系数	水力坡度	侧渗补给量(万 m^3/d)	断面性质
第一种方案	$Ⅱ_2$	1 300	35	38.65	$1.763\ 7\times10^{-3}$	0.310 16	内断面
	$Ⅱ_3$	4 600	48	56.95	$1.718\ 8\times10^{-3}$	2.161 28	内断面
第二种方案	$Ⅱ_2$	2 200	35	38.65	$1.269\ 8\times10^{-3}$	0.377 90	内断面
	$Ⅱ_3$	4 600	48	56.95	1.587×10^{-3}	1.995 58	内断面

6. 洪水期河滩淹没侧漏补给量

采用多年平均的河滩淹没渗漏补给,结果同前。

5.3.2.2 排泄量计算

1. 工农业及生活用水开采量

开采条件下原有的人工开采量保持不变,计算结果同前。

2. 新增开采量

第一种方案在Ⅱ区,洛河北案布井 11 眼,新增开采量 5.28 万 m^3/d,在Ⅳ区首阳山电厂开采井增加到 38 眼,新增开采量 13.6 万 m^3/d,共增加开采量 18.88 万 m^3/d。

第二种方案在Ⅱ区,洛河北岸布井 11 眼,新增开采量 5.28 万 m^3/d。

5.3.2.3 开采条件下的浅层地下水均衡分析

根据以上计算结果,计算出不同方案的补给量、排泄量、均衡差(见表 5-53、表 5-54)。

表 5-53 均衡计算(一)

开采方案		第一种方案					
均衡分区		Ⅰ	Ⅱ	Ⅲ	Ⅳ	Ⅴ	合计
均衡面积(km^2)		21.285 0	23.268 6	15.911 0	103.136 3	29.576 6	193.177 5
补给量(万 m^3/d)	降水入渗	0.393 67	0.537 94	0.588 55	3.576 6	1.094 04	6.190 8
	渠系入渗		0.148 75	0.148 75			0.297 5
	灌溉回渗	0.099 18	0.159 06	0.113 16	1.387 9	0.119 87	1.879 17
	侧向径流	0.310 16	2.161 28	2.272 88	3.507 84	3.778 97	9.559 69
	河流侧渗	5.125 00	6.284 99	1.626 27	20.127 03		33.163 29
	供水渗漏	0.170 72	0.462 06	0.315 95	3.282 51	2.849 31	7.080 55
	合计	6.098 73	9.754 08	5.065 56	31.881 88	7.842 19	58.171

续表 5-53

开采方案		第一种方案					
均衡分区		Ⅰ	Ⅱ	Ⅲ	Ⅳ	Ⅴ	合计
排泄量（万 m^3/d）	工业及人畜生活	4.225 4	1.941	1.012 97	9.577 65	1.621 22	18.358 24
	农业	1.983 56	2.322 08	1.403 95	8.970 87	2.397 34	17.077 8
	新增开采量		5.28		13.6		18.88
	侧向径流		0.310 16	2.161 28			0
	河流排泄			0.518 27		3.845 95	4.364 22
	合计	6.208 96	9.853 24	5.096 47	32.128 52	7.864 51	58.680 26
均衡差		-0.002 0	-0.099 1	-0.030 91	-0.245 26	-0.022 32	0.509 26

表 5-54　均衡计算（二）

开采方案		第二种方案					
均衡分区		Ⅰ	Ⅱ	Ⅲ	Ⅳ	Ⅴ	合计
均衡面积（km^2）		21.285 0	23.268 6	15.911 0	103.136 3	29.576 6	193.177 5
补给量（万 m^3/d）	降水入渗	0.393 67	0.537 94	0.588 55	4.172 70	1.094 04	6.786 9
	渠系入渗		0.148 75	0.148 75			0.297 5
	灌溉回渗	0.099 18	0.159 06	0.113 16	1.387 9	0.119 87	1.879 17
	侧向径流	0.377 90	1.995 58	2.272 88	3.507 84	3.778 97	9.559 69
	河流侧渗	5.125 00	6.542 74	1.466 27	9.515 38		22.549 39
	供水渗漏	0.170 72	0.462 06	0.315 95	3.282 51	2.849 31	7.080 55
	合计	6.116 47	9.846 13	4.905 56	21.866 33	7.842 19	48.253 2
排泄量（万 m^3/d）	工业及人畜生活	4.225 4	1.941	1.012 97	9.557 65	1.621 22	18.358 24
	农业	1.983 56	2.322 08	1.403 95	8.970 87	2.397 34	17.077 8
	新增开采量		5.28				5.28
	侧向径流		0.377 9	1.995 58			0
	蒸发排泄				0.894 53		0.894 53
	河流排泄			0.518 27	2.566 82	3.845 95	6.831 04
	合计	6.208 96	9.920 98	4.930 77	21.989 87	7.864 51	48.541 61
均衡差		-0.092 49	-0.074 58	-0.025 21	-0.123 54	-0.022 32	-0.288 41

在第一种方案开采条件下，全区补给量为 58.171 万 m^3/d，排泄量为 58.680 26 万 m^3/d；在第二种方案开采条件下，全区补给量为 48.253 2 万 m^3/d，排泄量为 48.541 61 万 m^3/d。

5.4 浅层地下水允许开采量保证程度评价

数值法和均衡法计算的不同方案在开采条件下的补给量、排泄量列于表 5-55。

表 5-55 开采条件下各种方案补给量、排泄量计算

方案		第一种方案		第二种方案	
计算方法		数值法	均衡法	数值法	均衡法
补给量（万 m^3/d）	降水入渗	7. 106 14	6. 190 8	7. 106 14	6. 786 9
	渠道入渗	0. 297 5	0. 297 5	0. 297 5	0. 297 5
	灌溉回渗	1. 879 17	1. 879 17	1. 879 17	1. 879 17
	供水渗漏	7. 080 55	7. 080 55	7. 080 55	7. 080 55
	河水补给	32. 322 95	33. 163 29	22. 595	22. 549 39
	侧向径流	9. 559 69	9. 559 69	9. 559 69	9. 559 69
	合计	58. 246	58. 171	48. 518 05	48. 253 2
排泄量（万 m^3/d）	农业开采量	17. 077 8	17. 077 8	17. 077 8	17. 077 8
	工业生活开采量	18. 358 24	18. 358 24	18. 358 24	18. 358 24
	河流排泄	4. 364 22	4. 364 22	6. 831 04	6. 831 04
	蒸发排泄			0. 894 53	0. 894 53
	新增开采量	18. 88	1. 88	5. 28	5. 28
	合计	58. 680 26	58. 680 26	48. 541 61	48. 541 61

从表 5-53 ~ 表 5-55 可以看出，两种方法计算结果差异较小，有限的计算差别是选用的年份不同造成的，在现状条件下，浅层地下水总补给量为 41. 413 5 万 m^3/d，其中河水补给量为 23. 901 62 万 m^3/d，占总补给量的 57. 7%；浅层地下水总排泄量为 41. 601 73 万 m^3/d，其补给量略小于排泄量，呈负均衡，这与区内地下水多年动态变化相吻合。在开采条件下，第一种方案浅层地下水总补给量为 58. 171 万 m^3/d，已有开采量 35. 436 04 万 m^3/d，新增开采量 18. 88 万 m^3/d；第二种方案开采条件下浅层地下水总补给量为 48. 253 2 万 m^3/d，其中河水补给量为 29. 629 94 万 m^3/d，占总补给量的 61. 4%，新增开采量为 5. 28 万 m^3/d。浅层水补给量重点计算了河流补给量、洪水淹没渗漏补给量及大气降水补给量等。在计算过程中参数计算合理，计算结果较可靠，从多种因素考虑，确定的新增开采量是有保证的。

纸庄水源地位于洛河北岸，主要以袭夺洛河为主，据前所述，从洛河河道的冲淤特点分析，河床沉积不影响洛河对地下水的补给。勘探区内浅层地下水的补给量主要来自洛河河水补给。从多年资料来看，洛河白马寺站多年平均流量为 45. 04 m^3/s，最小年平均流量为 13. 63 m^3/s，最小流量一般大于 3 m^3/s，全年小于 3 m^3/s 的天数一般在 20 ~ 50 d，全

年流量小于 2 m^3/s 的天数一般为 8 ~ 23 d,洛河未出现过断流。此外,计算区内浅层地下水的存储量为 14.266 8 万 m^3,具有较大的调储能力,即使在洛河流量小于 2 m^3/s 或出现断流的情况下,按第一种方案 54.316 04 万 m^3(现有开采量加新增开采量)开采,区域水位降增加 1.00 m,动用存储量的 12%,即可开采 54 d,表明区内新增开采量是有保证的。

5.5　中深层地下水资源评价

本次工作评价的中深层含水层系埋藏于 100 ~ 350 m,含水层以中更新统、下更新统及部分上第三系的各类砂、砂砾石、泥质砂砾石为主,大致可分为 2 ~ 3 个含水段(前已叙述)。勘探区水位埋深一般在 7 ~ 10 m,15 m 降深涌水量可达 5 000 m^3/d,一般在 3 000 m^3/d 左右。

洛阳市区中深层地下水含水层为中更新统、下更新统及部分上第三系上部的砂、砂砾石及含泥砂卵石层,单层厚 1.5 ~ 15.0 m,总厚 20.0 ~ 90.0 m,水位埋深 7.26 ~ 72.0 m,单井涌水量一般为 600 ~ 1 200 m^3/d,地下水的补给主要是靠洛阳盆地周边侧向径流。

经对比,工作区和洛阳市中深层地下水含水层,其岩性、岩相、时代成因,富水性、补给、径流、排泄条件均相似,并且位于同一地貌单元内(洛阳盆地),本区中深层含水层是洛阳市区中深层含水层在区内的延伸,是一个统一的地下水含水系统,洛阳市区中深层地下水系统研究程度较高,这为研究区中深层地下水资源计算与评价提供了可靠依据。

5.5.1　评价方法的确定

研究区中深层地下水水文地质条件与洛阳市区中深层地下水水文地质条件相似,依据洛阳市区中深层地下水长期开采及洛阳市区地下水资源评价研究报告成果,采用水文地质比拟法、解析法计算和评价区内中深层地下水资源。

5.5.2　中深层地下水资源计算

5.5.2.1　比拟法

洛阳市区中深层地下水系统的储量约为 19.117 亿 m^3,补给量约为 0.378 m^3/s,开采量为 0.284 亿 ~0.33 亿 m^3/a。从多年动态变化来看,动态较为稳定,年变幅 2 ~ 3 m,表明其补给与开采之间处于良性供需平衡状态。

《洛阳市地下水资源研究报告》认为洛阳市区中深层地下水可采强度为 12.78 万 $m^3/(km^2 \cdot a)$,平均地下水径流强度为 13.45 万 $m^3/(km^2 \cdot a)$,由此推算出研究区中深层地下水开采资源量为 675.00 万 m^3/a(即为 1.8 万 m^3/d)。

5.5.2.2　解析法

1. 边界条件概化及数学模型的建立

该区中深层水文地质如前所述,北部沿首阳山断裂为一隔水边界,概化为直线隔水边界;南部、西部、东部中深层含水层无限延伸,故南部、西部、东部为无限边界。研究区浅水层与中深层无水力联系。依据研究区含水层结构、埋藏状况,将区内中深层地下水概化为承压泰司数学模型。

2. 布井方案的确定

依据本区水文地质条件，开采井沿洛河北岸布设，开采井距大堤 500 m 左右，共布设开采井 5 眼，井间距 1 000 m，单井出水量 3 600 m^3/d。

3. 计算公式的选择

根据概化的边界条件，按映射原理以直线隔水边界为对称轴惊醒映射，映射数眼虚井，利用承压完整井井群干扰非稳定流计算公式进行计算。

$$S = \sum_{i=1}^{n} \frac{Q_i}{4\pi T_i}[W(u_{i,0}) + W(u_{i,1})]$$

式中：S 为计算点处的水位降深，m；T_i 为第 i 个抽水井处含水层导水系数，m^2/d；Q_i 为第 i 个抽水井的涌水量，m^2/d；n 为实际抽水井总数，眼；$W(u_{i,0})$、$W(u_{i,1})$ 为井函数变量；$u_{i,0}=(r_{i,0})^2/(4a_it)$ 为井函数变量；$u_{i,1}=(r_{i,1})^2/(4a_it)$ 为井函数变量；$r_{i,0}$ 为计算点至第 i 个实际抽水井的距离，m；$r_{i,1}$ 为计算点至第 i 个抽水井的影响井（虚井）的距离，m；a_i 为第 i 个抽水井处含水层的压力传导系数，m^2/d；t 为抽水延续时间，d。

4. 降深计算

为方便计算，不考虑水跃值的影响，编制计算程序用计算机计算各井的井壁水位降深，计算过程中，原有的开采井保持现状开采量不变，新增加 5 眼开采井，单井出水量约为 3 600 m^3/d，井半径取 0.162 5 m，U^* 值为 7.96×10^{-4}，T 值为 2 238 m^2/d，计算预报至开采 20 年后，计算结果见表 5-56。

表 5-56　水位降深计算结果

年序	9	19	11	12	13
1	10.86	10.96	10.80	10.55	10.07
2	12.02	12.11	11.96	11.71	11.23
3	12.70	12.79	12.64	12.38	11.09
4	13.18	13.27	13.12	12.86	12.38
5	13.55	13.65	13.49	13.24	12.76
6	13.86	13.95	13.80	13.54	13.06
7	14.12	14.21	14.05	13.80	13.26
8	14.34	14.43	14.28	14.02	13.54
9	14.54	14.63	14.47	14.22	13.74
10	14.71	14.81	14.65	14.40	13.92
11	14.87	14.97	14.81	14.56	14.08
12	15.02	15.11	14.96	14.70	14.22
13	15.15	15.25	15.09	14.84	14.36
14	15.28	15.37	15.21	14.96	14.48

续表 5-56

年序	9	19	11	12	13
15	15.39	15.47	15.33	15.08	14.60
16	15.50	15.59	15.44	15.18	14.70
17	15.60	15.69	15.54	15.29	14.81
18	15.70	15.79	15.64	15.38	14.90
19	15.79	15.88	15.73	15.47	14.99
20	15.88	15.97	15.81	15.65	15.08

由计算结果分析，开采 11 年后中深层地下水趋于稳定，开采 11～20 年后各开采井年水位降低 0.08～0.14 m，平均年水位降低 0.1 m，基本上为等幅下降，开采 20 年后，开采井水位最大降深为 15.97 m(见图 5-15)，高于中深层承压水顶板 75 m，因此中深层地下水开采量确定为 18 000 m^3/d 是有充分保证的。

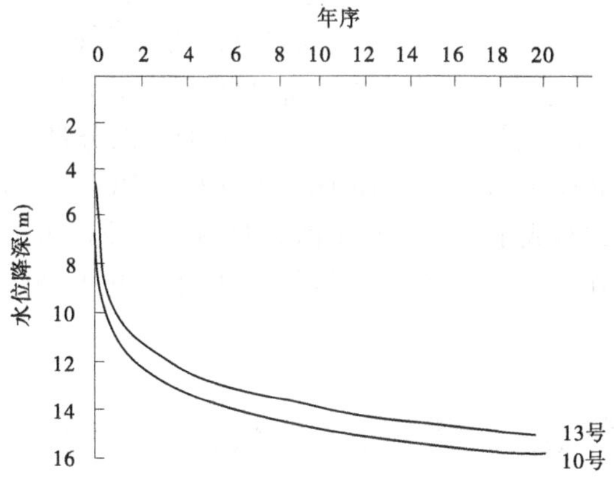

图 5-15　中深层 10 号、13 号开采井预测水位降深历时曲线

第 6 章　区域地下水化学场演化特征

地下水化学环境退化是目前全球性的环境问题，主要表现为地下水水质恶化，逐渐失去其原有的使用价值，并由此对人类健康构成危害，同时造成经济损失。研究区地下水动力场急剧变化的同时，地下水化学场朝恶化方向发展。地下水化学组分含量不断增加，地下水硬度逐年提高，并超过现行饮用水水质标准，使得本来就非常紧张的水资源供需矛盾日益尖锐。因此，研究盆地区地下水化学环境的演化过程，掌握地下水化学环境的演化规律是改善和保护地下水资源、实现地下水资源可持续利用的基础。

6.1　浅层孔隙地下水化学特征

在天然条件下，地下水化学分带在空间上具有明显的规律性，从盆地补给区到排泄区，地下水的矿化度呈逐渐增高的区域性变化趋势，一般由低矿化度的重碳酸盐淡水逐渐变化为矿化度较高的硫酸盐水或氯化物水。据 1969 年洛阳市地下水化学分析资料（相当于天然条件下），洛阳盆地浅层地下水化学成分具有明显的分带性规律（见图 6-1），从盆地边缘向盆地中心由 $HCO_3-Ca\cdot Na\rightarrow HCO_3-Na\cdot Ca\rightarrow HCO_3-Ca\cdot Mg\rightarrow HCO_3\cdot SO_4-Ca\cdot Na$ 水。重碳酸钙钠水成条带状分布于南北两侧的丘陵及黄土塬区，向盆地中心，地下水位埋深变小，蒸发作用增强，盐分浓缩聚集，形成了矿化度稍高的重碳酸硫酸钙钠水（见图 6-2）。

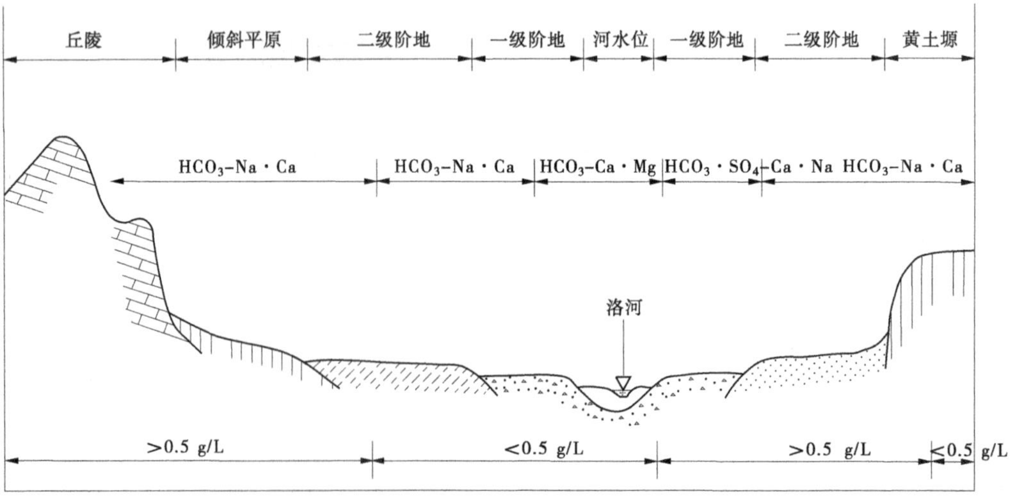

图 6-1　水化学类型及矿化度分布规律（据河南省水文地质队资料）

几十年开采地下水导致地下水流场发生改变，地下水化学场发生重分布，地下水的水化学成分复杂化。据 2003 年地下水化学分析资料，研究区出现了 HCO_3-Ca、HCO_3-

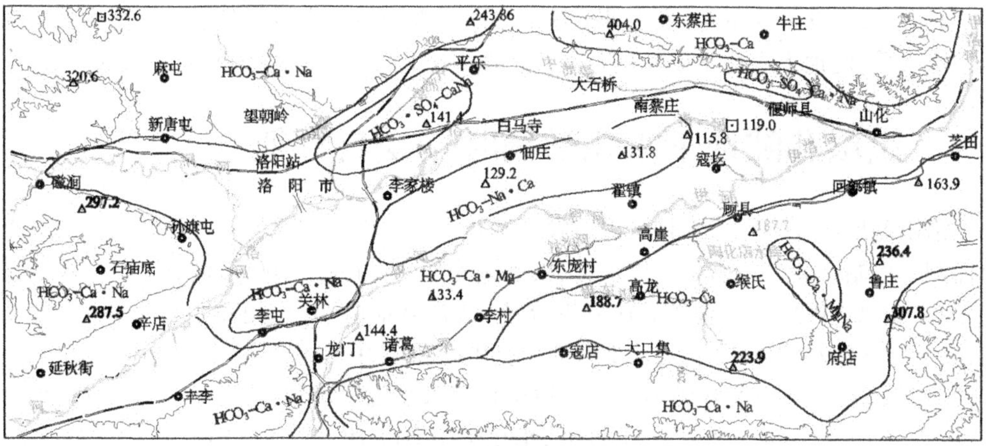

图 6-2　1969 年水化学类型分布图(据河南省水文地质队资料)

Ca·Mg、HCO_3 - Ca·Na、HCO_3 - Mg·Na、HCO_3SO_4 - Ca、HCO_3SO_4 - Ca·Mg、HCO_3SO_4 - Ca·Na、HCO_3·Cl - Ca、HCO_3Cl - Ca·Mg 等多种类型的水。如洛阳市西工区、涧西区的水化学类型 1969 年为 HCO_3 - Ca·Mg 型水到 2003 年出现了大面积的 HCO_3·SO_4 - Ca·Mg 水,在洛南发现了 HCO_3·Cl - Ca·Mg 水(见图 6-3)。另外,强烈的地下水开采导致包气带厚度增加,改变了含水介质的氧化还原条件,促使某些介质发生氧化,当大气降水垂直入渗补给地下水时,氧化产物由于淋滤作用进入地下水中,从而使地下水中某些组分(如 SO_4^{2-}、Mg^{2+}、Ca^{2+})增加,不同程度地影响了地下水水质。除过度开采地下水导致地下水水质发生变化外,人为活动产生的污染源也导致地下水水质恶化。NO_3^- 含量是评价地下水是否受到污染的标志(Bosch 等,2000;Pawaretal,1995;Kacaroglu 等,1997;Hamilton 等,1995;Rautman 等,1996;Arnade 等,1999)。据 1969 年水化学资料,洛阳市浅层地下水水质均符合现行生活饮用水卫生标准,据 2003 年水化学资料,出现了大量的 NH_4^+、NO_3^-、NO_2^-、SO_4^{2-} 细菌学指标等超标点,NO_3^- 含量高达 66.15 mg/L;总溶解性固体含量大于 1 994 mg/L,超标 994 mg/L;SO_4^{2-} 含量大于 250 mg/L,高达 518.66 mg/L;NH_4^+ 含量高达 1.92 mg/L,超标 8.6 倍;其 NH_4^+ 含量超标点大多数分布在农业活动区。

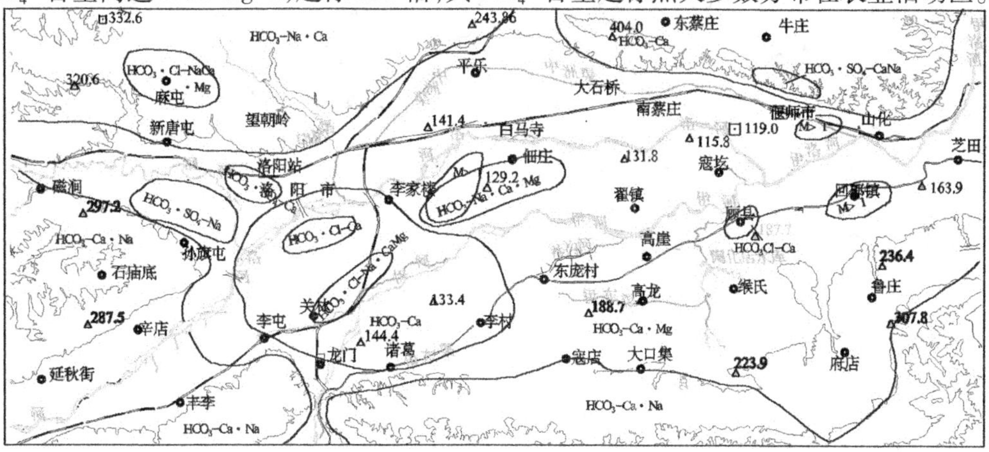

图 6-3　2003 年水化学类型分布图(据河南省水文地质队资料)

总之，过度开采地下水，人工补给地下水以及人为活动直接污染活动都恶化了研究区地下水水质，使地下水化学场发生重分布。地下水化学特征发生了明显的改变。

6.2　浅层孔隙地下水化学场时空变化特征

洛阳盆地区浅层孔隙水是区内工农业生产和人民生活用水的主要开采层。地下水水质监测工作始于20世纪50年代末，比较系统的监测资料是在60年代中后期。根据盆地区1966～1969年的水质监测资料分析统计，结合盆地区20世纪50年代的水质监测资料，共计166组水质分析资料，盆地区浅层孔隙水主要化学组分含量见表6-1。此水化学资料代表了盆地区20世纪五六十年代浅层孔隙水水化学背景，其TDS一般小于0.5 g/L，硬度（以$CaCO_3$计）大多小于300 mg/L，水化学类型以HCO_3-Ca、$HCO_3-Ca\cdot Mg$为主。

表6-1　1969年盆地区浅层孔隙水主要化学组分含量（背景值）

化学组分	Cl^- (mg/L)	SO_4^{2-} (mg/L)	总硬度 (mg/L)	矿化度 (mg/L)	氨氮 (mg/L)	NO_2^--N (mg/L)	NO_3^--N (mg/L)	Cr^{6+} (mg/L)
背景值	9.0～35.0	4.0～79.0	178.0～391.6	267.0～500.0	0～0.11	0～0.005	0～9.50	0～0.26

从盆地区1969年的浅层孔隙水氯离子、硫酸根离子、硬度、TDS等值线图（见图6-4～图6-7）可以看出，盆地内城市区浅层地下水从20世纪50年代以来，已受到人类活动的污染，浅层地下水的主要离子含量已超过背景值的2～5倍，污染范围基本与城市区吻合。洛阳市老城区是盆地内浅层孔隙水污染最严重的区域。

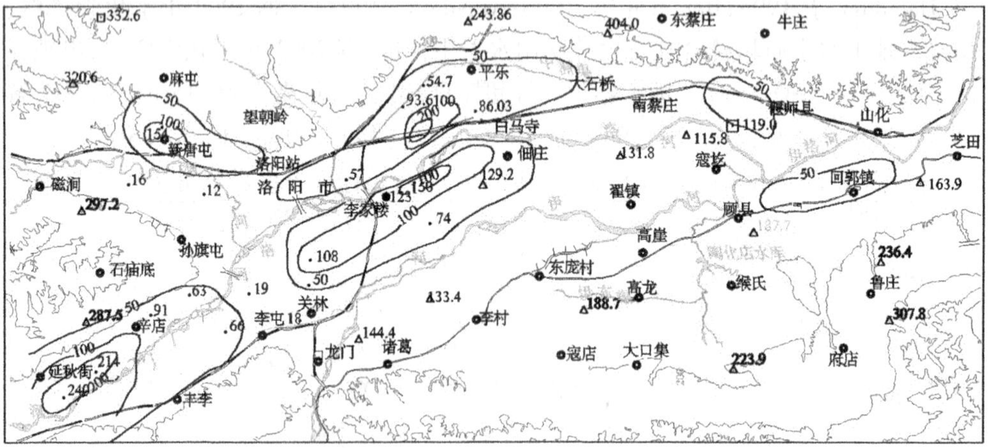

图6-4　1969年浅层孔隙水Cl^-等值线图（据河南省水文地质队资料）

盆地不同地区，由于水文地质条件和人类水事活动的不同，浅层地下水化学特征变化不同。

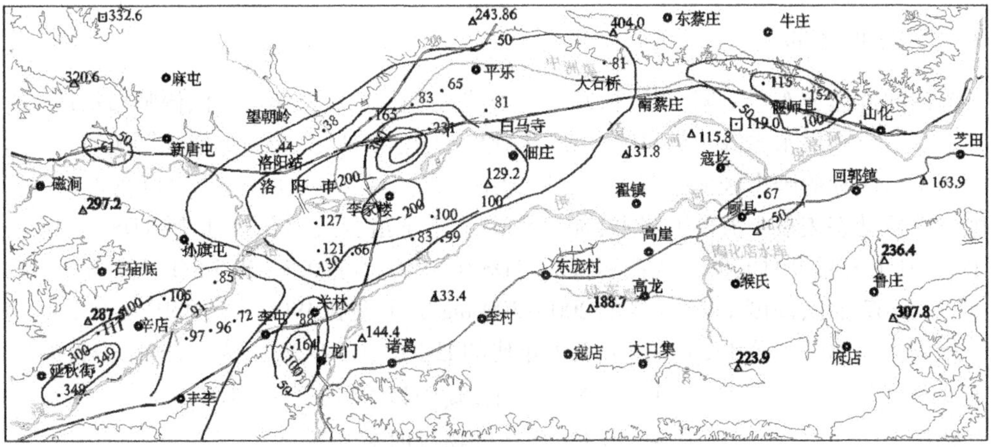

图 6-5　1969 年浅层孔隙水 SO_4^{2-} 等值线图(据河南省水文地质队资料)

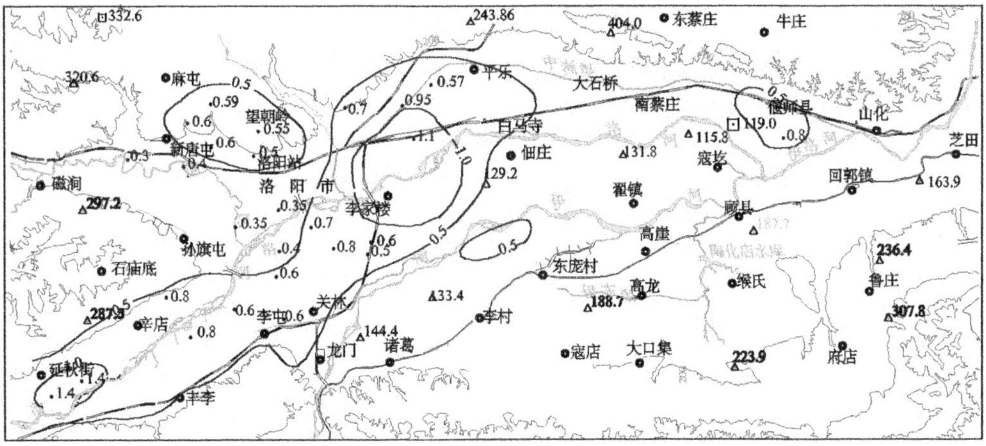

图 6-6　1969 年浅层孔隙水矿化度等值线图(据河南省水文地质队资料)

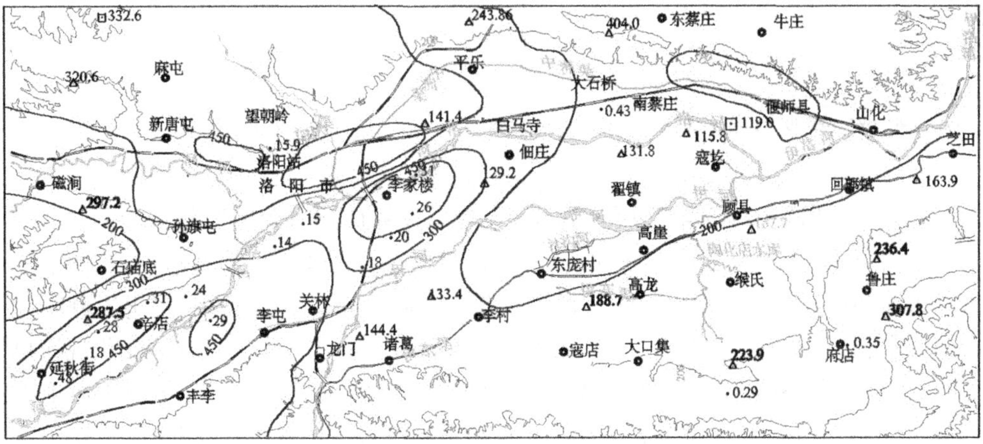

图 6-7　1969 年浅层孔隙水总硬度等值线图(据河南省水文地质队资料)

6.2.1 洛河北部区

洛河北部区分布着洛阳市区、偃师市区及张庄、下池、五里堡、东郊、偃师市纸庄、偃师第一水厂等集中供水水源地，浅层孔隙水水化学演化具有明显的人类活动影响特征。

洛阳市区和偃师市区分布着以水源地为中心的人工开采地下水复合降落漏斗，浅层孔隙水水位动态表现为振荡下降型，地下水主要化学组分及演化规律为：TDS、总硬度普遍上升，其上升幅度具有明显的振荡特征，TDS 由 1969 年的 0.3 ~ 0.5 g/L 上升至 1998 年的 0.4 ~ 0.67 g/L，硬度由 1969 年的 200 ~ 300 mg/L 上升到 1998 年的 450 ~ 1 932 mg/L；地下水中主要离子组分由 20 世纪五六十年代的 HCO_3^-、Ca^{2+}、Mg^{2+} 为主，演化为目前的以 HCO_3^-、SO_4^{2-}、Cl^-、NO_3^-、Ca^{2+}、Mg^{2+}、Na^+ 为主，其中以 SO_4^{2-}、Cl^-、NO_3^-、Ca^{2+}、Mg^{2+}、Na^+ 上升幅度较大，C_r^{6+}、酚、氰、砷、汞、NH_4^+ 及有机物等时有检出，C_r^{6+} 检出率很高。水化学类型已由 $HCO_3-Ca^{2+}Mg^{2+}$、HCO_3-Ca^{2+} 型水演化为目前的 $HCO_3-Ca^{2+}Mg^{2+}$、HCO_3-Ca^{2+}、$HCO_3Cl^-Na^+Ca^{2+}Mg^{2+}$、$HCO_3SO_4-Ca^{2+}$ 等型水（见图 6-8）。地下水中的 NO_3^- 含量上升趋势明显，甚至成为主要阴离子组分，但是在枯、丰水年及同一水文年枯、丰水期变化较大，与 TDS、总硬度变化形式相关。

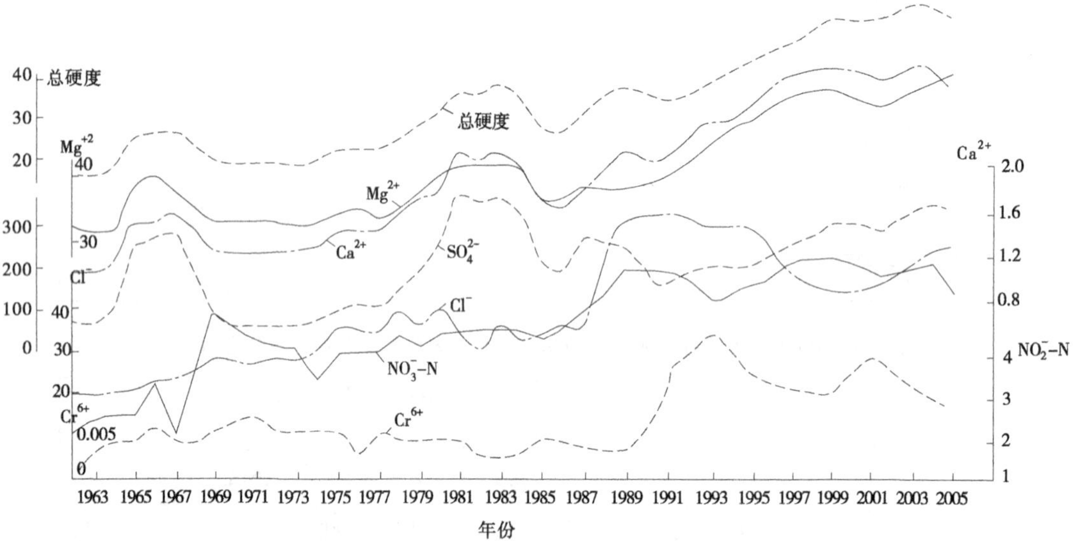

注：图中离子单位为毫克/升；硬度德国度，下图同。

图 6-8 临涧地下水化学组分变化图（据洛阳市自来水公司资料）

2000 年 4 月，上阳宫水面工程建成运行以来，相继建成 4 级水面补给工程，使洛河洛阳市区段河两岸地下水的流畅发生了显著变化，洛河水由垂直渗漏方式变化为侧渗径流补给地下水，导致地下水位上升，地下水化学场重分布。地下水化学组分的变化规律也发生了改变，总硬度、NO_3^- 等含量呈降低趋势；但是，随着水面工程的运行，洛河水对地下水补给量的增加，地下水中普遍检出 NH_4^+，并且严重超现行饮用水水质标准（见图 6-9）。

洛阳市白马寺、孟津平乐、偃师首阳山一带平原区为农业生产区，几十年来地下水位表现为缓慢下降，降低 3 ~ 5 m 不等，地下水的主要化学组分特征和变化规律为：地下水中

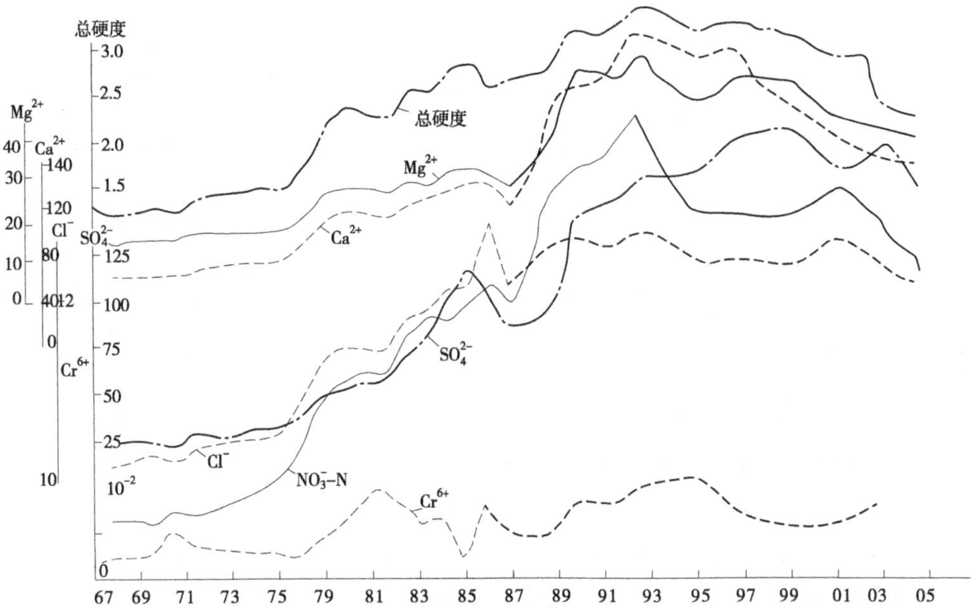

单位：离子:毫升/克;硬度：德国度。

图 6-9　张庄地下水化学组分变化图(据洛阳市自来水公司资料)

的 TDS、总硬度普遍上升,上升幅度 3 ~ 4 倍,TDS 由 1969 年的 100 ~ 300 mg/L 上升到 2004 年的 300 ~ 500 mg/L,总硬度由 1969 年的 200 ~ 240 mg/L 上升到 2004 年的 400 ~ 450 mg/L。地下水中各种宏量组分均表现出上升的趋势,尤其是近几年来地下水中 NO_2^-、NH_4^+ 等污染组分亦有检出,地下水化学类型由以 HCO_3 - Ca 型水为主演化为以 HCO_3 - Ca 型水为主,又出现了 HCO_3 - Ca · Mg、HCO_3 - Ca、HCO_3Cl - Na · Ca · Mg 型水。

6.2.2　伊洛河间地块区

伊洛河间地块区均为农业生产区,分布有洛南、李楼、首阳山集中供水水源地,几十年来大部分地带地下水位表现为缓慢下降,降幅 2 ~ 5 m 不等,局部(洛南水源地一带)降低 10 ~ 16 m 不等,地下水主要化学组分特征和变化规律为:TDS、总硬度普遍上升, TDS 由 1969 年的 100 ~ 300 mg/L 上升到 2004 年的 300 ~ 500 mg/L,总硬度由 1969 年的 200 ~ 240 mg/L 上升到 2004 年的 300 ~ 450 mg/L。地下水中各种宏量组分均表现出上升的趋势,上升幅度较大的是洛南水源地一带(见图 6-10),尤其是近几年来地下水中 C_r^{6+}、NO_2^-、NH_4^+ 等污染组分亦有检出,C_r^{6+} 的含量并由上升的趋势,地下水化学类型由以 HCO_3 - Ca^{2+} 型水为主演化为以 HCO_3 - Ca^{2+} 型水为主,又出现了 HCO_3 - $Ca^{2+}Mg^{2+}$、HCO_3SO_4 - Ca^{2+}、HCO_3Cl - $Na^+Ca^{2+}Mg^{2+}$ 型水。

6.2.3　伊河南部区

伊河以南地区为农业生产区,冲积平原区分布有偃师二电厂彭店水源地、巩义矸石电厂回郭镇水源地,自 1974 年以来地下水位降低 2 ~ 3 m,表现为枯水期地下水位下降,丰水期接受大气降水补给,水位迅速恢复。地下水主要化学组分的演化规律为:TDS、总硬

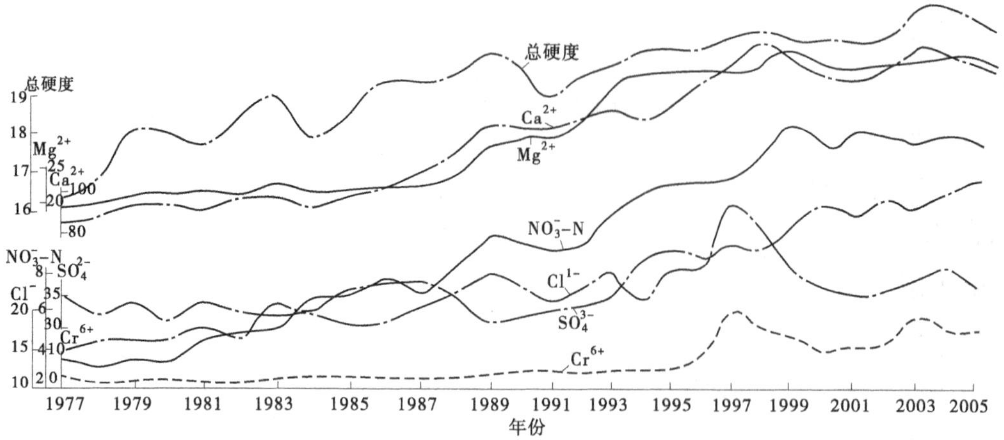

图 6-10　洛南地下水化学组分变化图(据洛阳市自来水公司资料)

度普遍升高,TDS 由 1969 年的 126.9 mg/L 升高至 2004 年的 310.7 ~ 497.2 mg/L;总硬度由 1969 年的 100.2 ~ 200.4 mg/L 升高至 2004 年的 302.4 ~ 546.7 mg/L。地下水中的其他化学组分均表现出上升趋势,上升幅度较大的为 Cl^-、SO_4^{2+}、NO_3^{2-} 及 Na^+、Mg^{2+},地下水化学类型仍主要为 HCO_3 - Ca · Mg 型水。

伊河以南山前倾斜平原地区为农业生产区,自 1974 年以来地下水位降低 20 ~ 36 m,最大可达 60.36 m,主要接受地下径流补给,大气降水补给强度小,水位恢复慢。地下水主要化学组分的演化规律为:TDS、总硬度普遍升高,TDS 由 1969 年的 106.9 mg/L 升高至 2004 年的 210.7 ~ 297.5 mg/L,总硬度由 1969 年的 100.2 ~ 200.4 mg/L 升高至 2004 年的 302.4 ~ 352.7 mg/L。地下水中的其他化学组分均表现出上升趋势,上升幅度较大的为 Cl^-、Ca^{2+} 及 Na^+、Mg^{2+},地下水化学类型仍主要为 HCO_3 - Ca · Mg 型水。

综上所述,洛阳盆地第四系浅层地下水化学环境皆呈不同程度的退化趋势,其主要标志有:

(1)地下水中的宏量组分大幅度上升,导致总硬度、TDS 大范围升高;

(2)地下水普遍受到污染,其污染程度城市区大于郊区,反映了人类活动强度大小对地下水化学环境演化的控制作用;

(3)洛阳市区及偃师市区地下水化学环境退化速率最快;地下水开采降落漏斗区地下水化学环境退化速率又明显快于非降落漏斗区;

(4)大量的人为环境物质进入浅层地下水系统,地下水已遭受 C_r^{6+}、NH_4^+、NO_3^- 等有毒、有害物质污染;

(5)洛阳市区已运行的水面工程,使地下水化学场发生了重分布,总硬度、NO_3^- 等含量呈降低趋势;随着水面工程的运行,洛河水对地下水补给量增加,导致 NH_4^+ 等污染物进入浅层地下水。

水质污染已成为影响洛阳盆地地下水资源可持续利用的重要因素。

6.3　地下水化学环境演化原因分析

几十年来,洛阳盆地浅层地下水化学环境逐渐退化,尤其是近十余年来,城市区地下水化学环境迅速恶化。地下水宏量组分、NO_3^-、TDS、总硬度的迅速升高是地下水化学环境退化的主要标志。地下水化学环境主要受水文地质条件和人类工程活动等因素的控制和影响。

6.3.1　水文地质条件对地下水化学环境演化的控制作用

由洛阳盆地浅层地下水化学特征的时空演化规律可知，地下水循环、包气带岩性及厚度控制着水化学环境的演化方向。

6.3.1.1　地下水的补给、径流、排泄对地下水化学环境演化的控制作用

地下水的补给、径流、排泄条件对地下水化学环境演化具有明显的控制作用。补给条件好，水循环速度快的地区，水质硬化程度低；反之，补给条件差，径流缓慢区，地下水硬度高，且硬化发展快。

硬化带的分布和发展与地下水流向相一致，从图 6-11 可以明显地看出，地下水硬化带呈东西向延伸，与该区域的地下水径流方向基本一致，而且水硬化十年来的发展方向就完全顺地下水的由西向东流向伸展。由于符家屯的重污染点以及涧西、西工的集中排污区的污水下渗，顺地下水的流向形成一个地下水污染带。

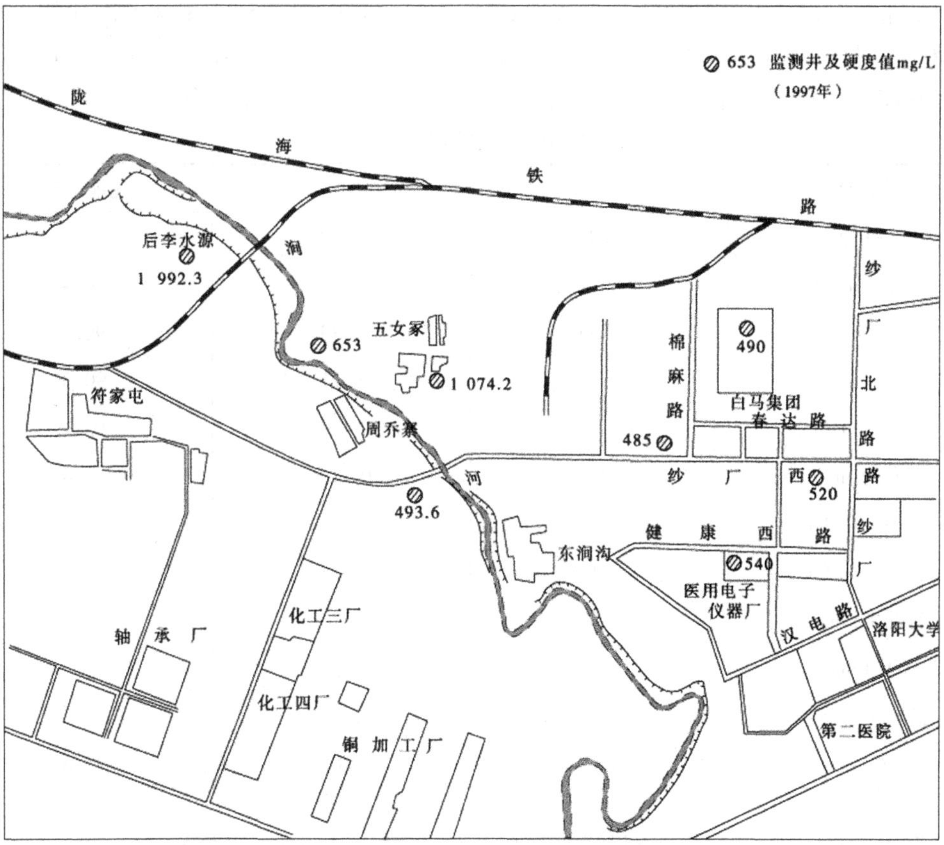

图 6-11　地下水硬化重污染带示意图（顾雪荣等，1998，略有修改）

洛阳洗衣粉厂位于郊区关林镇，1969 年建成，1970 年投产，生产废水全部排入厂北大

坑(渗坑),投产不到1年,下游钢厂井水中出现有害物质——烷基苯磺酸钠(即制造洗衣粉的原料),含量达2.1 mg/L,超标井距污坑2 km。1年3个月后,经复查检验,在相同取样点阴离子合成洗涤剂含量又增加1倍左右,超标范围又向下游延伸了2 km。

洛阳电镀厂曾发生污染事故。1965年,电镀厂废水排入距厂外35 m处的自然渗坑,引起距渗坑19 m处井水中Cr^{6+}含量增加,达1.2 mg/L(废水中Cr^{6+}含量为7.5 mg/L),致使307名饮水者中毒。由于废水入渗,饱气带亦遭受Cr^{6+}污染,1980年在该厂原渗坑附近打孔取土分析,深度10~20.5 m范围内,Cr^{6+}含量高达4~6 mg/kg。另据1992年监测资料,Cr^{6+}沿地下水流向向东北扩散了1.8 km,形成1.6 km^2的污染带,可见其污染持续时间长。

6.3.1.2　包气带岩性对地下水化学环境演化的控制和影响

水和污染物质只有通过包气带才能补给浅层地下水,因此包气带的性质直接控制了浅层地下水的污染速度和程度。为研究区内不同性质的包气带的净化作用,分别对洛河河床岩性及其他包气带岩性做了净化试验(杨松茂等,1986)。

洛河河床岩性均由砂砾石组成,其中夹有薄层黏性土和泥质粉细砂层,对防止地下水污染起着十分重要的作用。在洛河垂直渗漏段岸边打井取地下水,作为河水下渗经过净化后的水质与河水水质对比分析见表6-2,由表6-2可知,对各种污染物的净化能力均达到90%以上,在pH值大于7的条件下,重金属在渗透过程中可完全被净化,NH_4^+、NO_2^-的净化能力在95%以上,而NO_3^-的含量升高,正是水质净化后的产物。

表6-2　砂砾石垂直净化分析成果

分析项目	洛河水	地下水	净化能力(%)
pH值	7.95	7.69	
COD(mg/L)	66.4	6.4	90.4
高锰酸盐指数	21.86	0.89	96.0
BOD(mg/L)	11.44	1.11	90.3
NO_2^-(mg/L)	0.789	0.036	95.4
挥发酚(mg/L)	0.055	0.002	96.4
汞(mg/L)	—	—	
铜(mg/L)	0.11	—	100
石油类(mg/L)	3.89	0.08	97.8
NO_3^-(mg/L)	0.427	5.757	
总硬度(mg/L)	153.1	254.2	
氨氮(mg/L)	20.565	0.505	97.6

对不同性质的包气带土壤进行了净化试验,结果见表6-3~表6-5。

表 6-3　亚黏土水质净化试验结果　（单位：mg/L）

污染物		Cr^{6+}	Cl^-	Cu^{2+}	备注
原水水质		0.404	5 801	10	样长度 1.0 m
观测时间（h）	36	0.005	2 002	0.03	
	48	0.007	2 949	0.01	
	72	0.011	5 162	0	
	96	0.010	5 875	0.06	
	120	0.23	6 274	0.03	
	144	0.36	6 274	0.03	
	168	0.39	6 274	0.01	
	720	0.40	6 274	0	

表 6-4　亚砂土水质净化试验结果　（单位：mg/L）

污染物		Cr^{6+}	Cl^-	Cu^{2+}	备注
原水水质		0.397	5 895	10	土样长度 1.0 m
观测时间（h）	24	0.008	2 669	0.02	
	48	0.045	6 000	0.01	
	72	0.251	6 217	0	
	96	0.32	6 297	0	
	120	0.41	6 274	0	
	720	0.38	6 004	0	

表 6-5　中细砂水质净化试验结果　（单位：mg/L）

污染物		Cu^{2+}	Pb^{2+}	Cr^{6+}	CODcr	备注
原水水质		1.45	0.87	0.34	195.93	土样长度 0.5 m
观测时间（h）	16	0	0	0.003 1	59.5	
	47	0	0	0.002 2	65.01	
	70	0	0	0.001 3		
	93	0	0		43.01	
	119	0	0	0.000 5		
	141	0	0	0.004 5	26.55	

通过对试验资料的分析、对比，得出以下几点结论：

（1）包气带介质层对重金属有很强的净化能力，尤其是对 Cu^{2+}、Pb^{2+} 净化能力最强；

(2)中细砂对 COD、BOD 有较强的去除能力,试验初期,降低量在 70% ~80%;

(3)包气带介质层对 Cl^- 净化能力较弱,在短时间内介质中就达到饱和而失去净化能力;

(4)在同一介质层中,在未达到吸附饱和之前,渗出的水中污染物含量随时间的延续而逐渐减少;在达到饱和以后,渗出的水中污染物含量随时间的延续而增加;

(5)天然介质层对不同污染物的吸附降解能力不同;

(6)天然介质层的吸附降解能力因性质不同而异。黏性土的吸附降解能力大于砂性土的吸附降解能力。黄土状亚黏土、亚黏土、中细砂的吸附降解能力依次减弱,重金属污染物主要积累于 0 ~30 cm 深介质内(土壤层),这是因为土壤中含有大量的有机质。

包气带厚度的大小对地下水化学环境演化的控制和影响也很显著。洛阳市区是盆地区地下水污染最严重的地区,地貌类型为洛河、涧河冲积阶地区,具有"二元结构",上部以黏质粉土为主,厚 0 ~20 m 不等,含水介质以细砂、粗砂、砂砾石为主,厚 30 ~60 m。选择市区 9 个供水井水质化验资料对包气带厚度与离子污染指数(污染组分实测值与背景值之比)及增加值的相关性进行分析研究(见表 6-6)。

表 6-6　包气带厚度与化学组分污染指数及增加量关系

位置		白马寺	缠河	老城	西工	涧西	洛南	李楼
包气带厚度(m)		3.42	12.67	(11.34)	11.58	4.22	(5.45)	(13.89)
TDS (mg/L)	评价值	1 840.0	958.0	854.0	710.0	756.0	726.0	622.0
	对照值	488.0	689.0	486.0	441.0	377.0	305.0	518
	污染指数	3.77	1.39	1.76	1.61	2.01	2.38	1.20
	增加值	1 352.0	269.0	368.0	269.0	379.0	421.0	104.0
总硬度 (mg/L)	评价值	1 456.7	620.0	580.5	510.0	520.6	425.4	420.4
	对照值	351.39	474.19	369.35	334.46	304.38	249.56	371.31
	污染指数	4.15	1.31	1.57	1.48	1.71	1.72	1.13
	增加值	1 105.31	145.81	211.15	175.54	216.22	175.84	49.09
Cl^- (mg/L)	评价值	394.0	98.0	88.0	69.0	96.0	53.0	97.0
	对照值	47.0	71.2	42.0	45.6	20.0	19.0	29.6
	污染指数	8.38	1.38	2.10	1.51	4.8	2.79	3.28
	增加值	347.0	26.8	86.0	23.4	76.0	34.0	67.4

注:对照值为 1984 年实测值,评价值为 2004 年实测值,括号内数值为厚度平均值。

由表 6-6 可知:在环境条件相近及水文地质条件基本相同的条件下,包气带厚度控制了地下水的污染程度,TDS、总硬度及 Cl^- 的污染指数与增加量和包气带的厚度呈负相关关系。包气带厚度小,其吸附、溶解、沉淀等水文地球化学作用过程短,包气带的净化程度低,防污性能差,地下水水质差;反之,包气带的净化程度高,防污性能好,地下水水质好。

6.3.2　河流对地下水化学环境演化的影响

区内河流与地下水关系密切，是地下水的主要补给来源之一，河水对沿河水源地的补给量可达 80%，因此地下水化学环境的演化与河流密切相关。以地下水总硬度为指标来分析河流对地下水化学环境演化的影响，河流对地下水硬度的影响表现为河水对地下水的稀释作用。对有关资料分析发现，当洛河流量达到 60 m^3/s 时，其对地下水的补给量大大增加，由于稀释作用，地下水总硬度就逐渐降低，连续的丰水年可使地下水总硬度在较长时期内有较大幅度的降低；反之，连续的枯水年则导致地下水总硬度回升。河流丰枯变化对地下水总硬度的影响存在明显的滞后性。从傍河的张庄、洛南两个距洛河最近、开采量较大的水源井测试资料可以看出，1975 年及 1982 ~ 1985 年的两个丰水年期，各水井的总硬度在当年或稍后年都有明显的下降，其中张庄 1 号、9 号，洛南 10 号最为突出。如张庄 9 号井，1975 年、1976 年降幅达 90 mg/L，1984 年、1985 年降幅达 60 mg/L，洛南 10 号井在 1983 ~ 1987 年时段，其总硬度降幅达 100 mg/L。

丰水年一过，即洛河进入枯水期和枯水年，地下水的总硬度就又开始回升，而且必定会超过上一个高硬度值，符合地下水硬化的总发展趋势。其原因是地下水经过不断地开采，水位下降，而低硬度地表水补给量减少，地表污水补给量增多，地下水总硬度明显增高。表 6-7 中，几个井在经历了 1977 ~ 1979 年连续 3 年枯水期及 1986 年的枯水年后地下水硬度都出现明显的连续上升趋势。

表 6-7　洛河径流与水源井硬度变化关系　（单位：mg/L）

年份	年径流量	张庄 1 号	张庄 5 号	张庄 9 号	洛南 1 号	洛南 6 号	洛南 10 号
1963		212.3	214.1	178.4			
1964		182.0	201.6	174.8			
1965	23.7	165.9	217.7	176.6			
1966	10.9	199.8	217.7	198.0			
1967	17.6	205.2	217.7	194.5			
1968	19.4	206.9	235.5	208.7			
1969	13.7	189.1	226.6	198.0			
1970	13	201.6	226.6	226.6			
1971	11.3	194.5	230.1	237.3			
1972	7.4	212.3	248.0	242.6	274.7		
1973	10.5	231.9	265.8	281.9	280.1		
1974	13.7	248.0	267.6	290.8			
1975	26.9	239.1	281.9	240.8	285.4	267.6	306.9
1976	15	221.2	274.7	206.9	267.6	280.1	310.4
1977	8.1	258.7	290.8	342.5	296.1	299.7	319.3

续表 6-7

年份	年径流量	张庄 1 号	张庄 5 号	张庄 9 号	洛南 1 号	洛南 6 号	洛南 10 号
1978	7.8	287.2	315.8	405.0	314.0	315.8	326.5
1979	9.2	319.3	413.9	428.2	321.1	324.7	331.8
1980	12.3	337.2	421.0	444.2	342.5	328.3	322.9
1981	12.4	335.4	431.7	471.0	328.3	328.3	292.6
1982	25	324.7	421.0	483.5	306.9	324.7	289.0
1983	33.4	331.8	412.1	467.4	301.5	337.2	331.8
1984	37.8	331.8	442.4	422.8	280.1	297.9	296.1
1985	26.6	294.4	392.5	438.9	267.6	312.2	253.3
1986	8.5	271.2	351.5	471.0	305.1	305.1	233.7
1987	14.8	339.0	429.9	603.0	321.1	321.1	226.6
1988	17.6	360.4	433.5	535.2	333.6	330.0	235.5
1989	18.8	349.7	510.2	429.9	339.0	333.6	237.3
1990	11.3	451.4	515.6	487.0	347.9	358.6	237.3
1991	4.5	390.7	533.4	529.9	362.2	342.5	260.5
1992	8	514.0	531.8	574.0		352.3	272.9
1993	13.4	480.1		566.5	354.2	351.4	247.7
1994	11.7	453.2	527.1	395.9	338.9	331.4	261.7
1995	4.3			467.9	349.1	343.9	270.2
1996			541.7	404.0	363.5	364.2	323.5

图 6-12 反映了洛河 1974 ~ 1984 年径流量的变化曲线与两个径流量低峰(枯水年)相应,张庄 9 号、洛南 1 号井的水质总硬度曲线上出现两个高峰值,只是出现时间滞后,这是因为从地表水到地下水的补给存在一个滞后过程。上述现象在 1995 ~ 1996 年的枯丰水文期转换期又出现过,只是转换过程越来越剧烈。

地表水对地下水总硬度的影响显著,主要取决于地表水入渗的强度,如洛河正常下渗的强度小于洛河洪水期下渗的强度,洛河径流量与地下水硬度之间是负相关关系,即洛河径流量越大,地下水硬度相应越低。水源井距河的距离也是重要的因素,由于水源井到河边距离不同,因此河流径流量对各井硬度变化的影响也不同,二者之间存在滞后现象。由图 6-12 可以看出,总体上地下水总硬度与河流径流量成反比。距离河流越远,影响程度越低。

为探讨地表水(洛河)对地下水的总硬度的影响速率,选择洛河 1981 ~ 1990 年水文时段的径流量,以洛南水源为例(见图 6-13)。按等距离选择 3 个代表性井,经对洛河径流及 3 个井水总硬度的 10 年连续资料的分析,河水对水井总硬度的影响时间与井距洛河

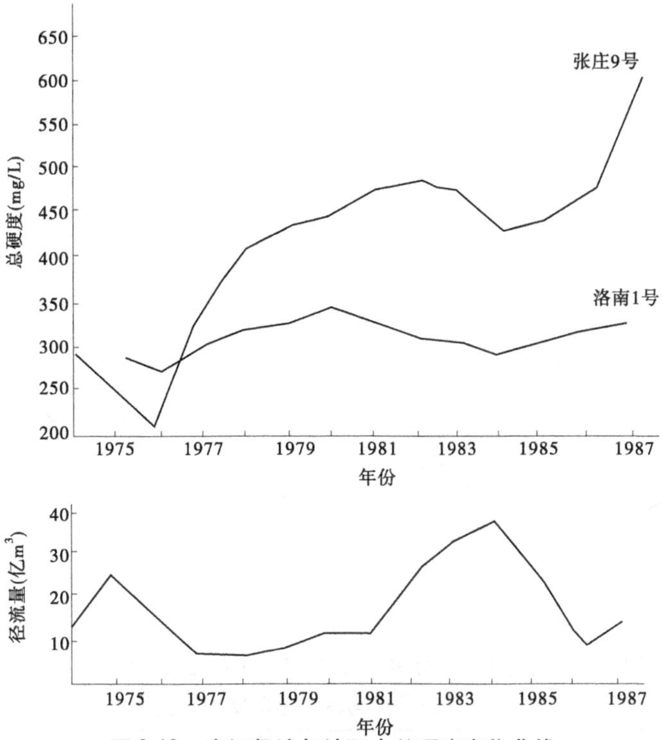

图 6-12　洛河径流与地下水总硬度变化曲线

的距离有明显的相关性,即距河越近变化越快,距河越远变化越慢(见表 6-8)。表中洛河 10 年径流变化中包括 1982 ~ 1985 年的一个丰水时段,其年径流量大大超过洛河多年平均径流量(19 亿 m^3),均在 25 亿 m^3 以上。显然,如此大的水量对地下水总硬度的影响很明显。代表性井 E_1 在河边,E_{21} 距 E_1 4 000 m,E_6 在剖面线中间,表 6-8 中三个水井资料显示,当洛河经历了一个大流量丰水时段时,其总硬度明显下降,只是出现下降的时间随其距河的远近有先后。从图 6-14 可以看出,与 1982 ~ 1985 年丰水时段相应,E_1 总硬度下降曲线略滞后,出现在 1982 ~ 1985 年;E_6 则滞后 2 年,为 1984 ~ 1986 年;E_{21} 则滞后 5 年,为 1987 ~ 1989 年。以此剖面的距离和相应的滞后时间计算,该剖面的平均影响速率为 2.2 m/d,E_1 ~ E_6 段的影响速率约为 3 m/d,E_6 ~ E_{21} 的影响速率约为 1.8 m/d。总硬度的下降幅度为 $E_1 > E_6 > E_{21}$,亦即离洛河越远,影响越小。

河水水质对地下水化学环境的演化也有显著的控制作用。河水水质具有明显的丰枯变化规律,如伊洛河水为 HCO_3 - Ca · Mg 型水,丰水期与枯水期水质相比,矿化度由 436.88 mg/L 上升到 709.94 mg/L,pH 由 7.7 下降到 7.3,总铁含量由 0.1 mg/L 增至 2.00 mg/L,其他成分含量变化不大(见表 6-9)。图 6-15 显示了距河流远近不同的井中地下水化学成分的变化特征,可以看出,主要离子 Ca^{2+}、Mg^{2+}、SO_4^{2-}、HCO_3^- 距伊洛河越远,含量越高;Cl^-、Na^+ 则有起伏,但总体略有增加。

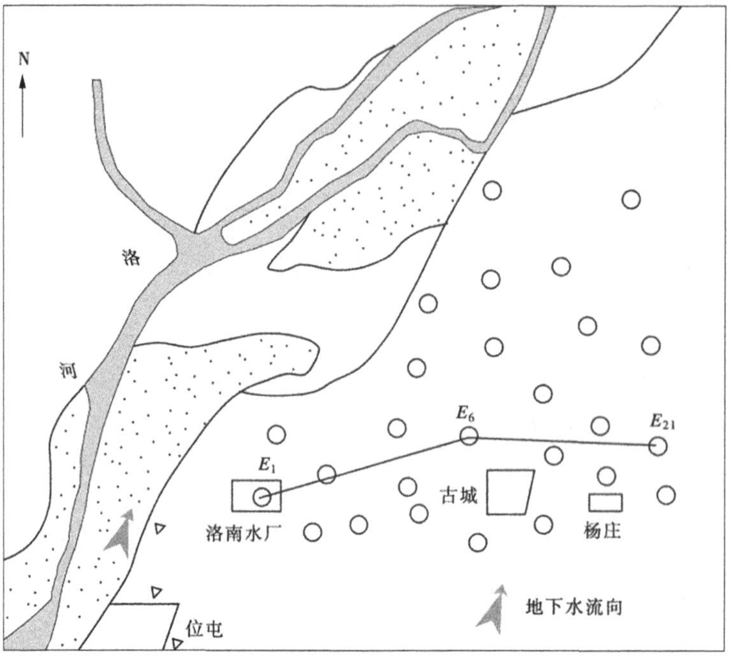

图 6-13　洛南水源井分布示意图(据洛阳市自来水公司资料)

表 6-8　洛河径流与水井总硬度相关变化

年份	年径流(亿 m^3)	E_1(mg/L)	E_6(mg/L)	E_{21}(mg/L)
1980	12.3	342.5	328.3	319.3
1981	12.4	328.3	328.3	319.3
1982	25.0	306.8	324.7	328.3
1983	33.4	301.5	337.2	335.4
1984	37.8	280.1	297.9	340.7
1985	26.6	267.6	312.2	353.2
1986	8.5	305.1	305.1	363.9
1987	14.8	321.1	321.1	356.8
1988	17.6	333.6	330.0	347.9
1989	18.8	339.0	333.6	340.7
1990	11.4	347.7	358.6	360.4

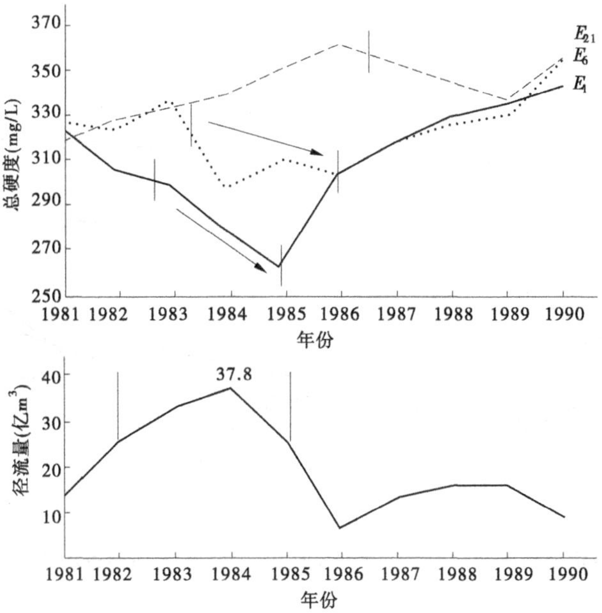

图 6-14　地表河流对地下水硬度的影响分析

表 6-9　伊洛河丰水期与枯水期水质对比　（单位：mg/L）

分析项目	丰水期（2003 年 9 月 15 日）	平水期（2003 年 11 月 20 日）	枯水期（2003 年 4 月 15 日）	分析项目	丰水期（2003 年 9 月 15 日）	平水期（2003 年 11 月 20 日）	枯水期（2003 年 4 月 15 日）
K^+	3.33	2.62	7.13	I^-	0.05	0.05	0.05
Na^+	16.28	15.43	46.19	Zn	0.01	0.02	0.01
Ca^{2+}	72.14	74.55	75.95	Se	0.000 2	0.000 5	0.000 1
Mg^{2+}	15.19	13.61	22.72	Mn	0.3	0.06	0.01
Fe^{3+}	0.1	2.00	0.04	硬度	242.5	242.0	283.0
Fe^{2+}	0.002	0.016	0.002	永久硬度	77.0	91.0	44.0
NH_4^+	1.2	0.10	6.5	暂时硬度	165.5	151.0	239.0
Cl^-	1.347	12.05	49.28	总碱度	165.5	151.0	239.0
SO_4^{2-}	75.89	87.89	82.61	H_2SiO_3	19.5	15.6	11.7
HCO_3^-	201.98	184.28	291.68	游离 CO_2	2.93	3.9	14.64
NO_3^-	20.92	20.35	13.88	COD	2.32	2.18	5.92
NO_2^-	0.8	0.80	4.3	矿化度	436.88	426.25	709.94
F^-	0.58	0.56	0.66	pH	7.7	7.5	7.3
Br^-	0.04	0.04	0.04				

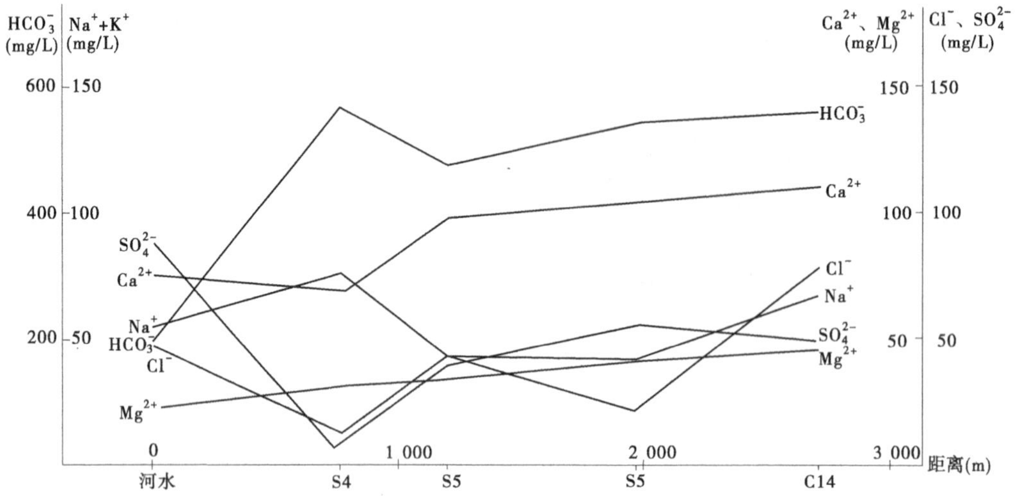

图6-15 距伊洛河不同距离地下水化学成分变化图(据河南省水文地质二队资料)

6.3.3 污染河流对地下水环境演化的影响

为了查明污染河流对地下水环境演化的影响,选择傍河型水源地(临涧、张庄、五里堡水源地)进行污染河水对距河岸不同距离的地下水水质的影响研究。临涧地下水水质与距河流距离相关关系见表6-10。

临涧水源地属傍涧河水源地,水源地位于涧河阶地区,具二元结构,上部为粉土、黏质砂土,含水层岩性为粗砂砾石。河水在洛阳市区段接纳了城市工业废水及生活污水等,主要污染因子为石油类、氨氮、高锰酸盐指数、生化需氧量等,各评价因子综合污染指数类别为劣Ⅴ类,水质状况为重度污染。河水以渗漏的方式补给地下水。

表6-10 临涧地下水水质与距河流距离相关关系 (单位:mg/L)

项目	采样井与河边线的距离(m)			
	0	21.5	29.8	38.6
总硬度	342.8	426.8	450.7	478.0
NH_4^+	10.6	5.7	3.6	3.4
NO_3^-	13.8	14.9	15.5	18.9
TDS	578.9	746	764.3	698.9
Cl^-	86.12	77.1	78.2	89.8
SO_4^{2-}	106.8	77.5	73.7	61.0

张庄水源地属傍洛河水源地,水源地位于洛河阶地区,具二元结构,上部为粉土,含水层岩性为粗砂砾石。河水在洛阳市区段接纳了高新区工业废水及生活污水与涧河水等,主要污染因子为氨氮、生化需氧量等,各评价因子综合污染指数类别为劣Ⅴ类,水质状况

为重度污染，见表6-11。在2000年以后，河水以侧向径流的方式补给地下水。

表6-11　张庄水源地地下水水质与距河流距离相关关系　（单位：mg/L）

项目	采样井与河边线的距离(m)			
	0	30.5	39.8	48.0
总硬度	268.6	346.8	387.9	426.0
NH_4^+	9.50	4.6	4.4	2.6
NO_3^-	13.88	14.89	16.36	18.15
TDS	465.34	605.0	612.8	608.3
Cl^-	49.85	51.74	50.21	49.8
SO_4^{2-}	87.8	80.0	68.9	66.8
COD	5.92	2.46	0.52	0.68

五里堡水源地属傍缠河水源地，水源地位于缠河阶地区，具二元结构，上部为粉土、黏质砂土，含水层岩性为粗砂砾石。河水上游常年断流，在洛阳市区段接纳了城市工业废水及生活污水等，主要污染因子为石油类、氨氮、高锰酸盐指数、生化需氧量、挥发酚等，各评价因子综合污染指数类别为劣V类，水质状况为重度污染。河水以渗漏的方式补给地下水，见表6-12。

表6-12　五里堡地下水水质与距河流距离相关关系　（单位：mg/L）

项目	采样井与河边线的距离(m)			
	0	26.5	36.8	48.6
总硬度	338.9	445.0	498.6	568.2
NH_4^+	29.7	12.7	8.6	7.9
NO_3^-	20.6	34.7	35.8	39.0
TDS	887.1	1 044.0	1 102.6	1 056.9
Cl^-	89.26	101.0	106.8	102.6
SO_4^{2-}	184.8	167.04	142.0	156.9

由表6-10～表6-12可以看出：

(1)地下水的总硬度、TDS、Cl^-的含量都明显高于河水的浓度。

(2)地下水中NH_4^+的含量随距离河流的距离的增加而减少。

(3)地下水中NO_3^-的含量随距离河流的距离的增加而增加，同时有NO_2^-检出。

(4)地下水中COD的含量随距离河流的距离的增加而减少。

地下水中NH_4^+的含量随距离河流的距离的增加而减少，地下水中的NO_3^-的含量随距离河流的距离的增加而增加，这是由浅层孔隙含水层中发生的硝化作用所引起的。在自营养微生物的参与下，硝化作用将NH_4^+转化为NO_3^-，而使地下水中NO_3^-的含量增加，其作用过程分为两个阶段:第一阶段是 NH_4^+ 在亚硝酸杆菌的作用下氧化成 NO_2^-,第二阶段是 NO_2^- 在硝化杆菌的作用下氧化成 NO_3^-。即

$$NH_4^+ + O_2 \xrightarrow{\text{亚硝酸杆菌}} NO_2^- + H_2O + H^+ + \text{能量}$$

$$NO_2^- + O_2 \xrightarrow{\text{硝化杆菌}} NO_3^- + \text{能量}$$

由于水源地包气带岩性为粉土,含水层岩性为中细砂、粗砂、砂砾石等,透水性好,非常有利于硝化作用的进行。因此,河水渗入补给地下水后,随着距离的增加,NH_4^+ 通过硝化作用转化为 NO_3^-。

化学需氧量(COD)是指化学氧化剂氧化水中有机物和还原无机物所消耗的氧量。从 COD 的定义可知:凡是能被化学氧化剂氧化的水中有机物或其他物质所消耗的氧量都将被计算到 COD 中,因此可以将其分为三部分:第一部分是可以被微生物降解的有机物(BOD_5),是可以生化降解的有机污染物,在微生物的作用下很容易降解除去;第二部分是不可以被微生物降解的有机物或难以被微生物降解的有机物;第三部分是消耗氧量的其他物质(包括一些无机物)。

由包气带净化试验可知,当 COD、BOD 浓度较高的河水进入含水层以后,含水层系统对 COD、BOD 的去除率很高,可达 70% ~80%,其原因是在微生物作用下有机物被降解,产生 CO_2 和 H_2O,即

$$C_6H_{12}O_6 + O_2 \longrightarrow CO_2 + H_2O$$

地下水中 CO_2 的增加,导致 HCO_3^-、Ca^{2+}、Mg^{2+}、总硬度升高。

综上所述,污染河流补给地下水,导致地下水污染,是加速地下水化学环境退化的重要因素。

6.3.4 污水灌溉对地下水环境演化的影响

污水灌溉是洛阳市郊区农业发展的既成事实。污水灌溉可以利用和处理城市废水资源,但由于污水灌溉管理混乱,污水灌区盲目灌溉,已造成地下水污染,并有加剧的趋势。NH_4^+ 是污水中常见的污染物离子,可用其含量来表征污水灌溉对地下水造成的污染。

NH_4^+ 随污水渗入土壤后,一般要经历挥发、植物吸收、离子交换及二级氧化等各种化学、生物反应,其中离子交换过程是首先发生的,而且是一个非常重要的环节。其反应式为

$$2NH_4^+ + CaX \rightleftharpoons (NH_4)_2X + Ca^{2+}$$

这是一个瞬间就能达到平衡的离子交换反应,其结果是污水中的 Ca^{2+} 部分被土壤吸附,土壤表面的一部分 Ca^{2+} 被置换到水溶液中,随着渗水进入地下水中,造成地下水硬度升高。

洛阳市污水中氨氮含量为 4.62 ~8.93 mg/L,包气带土壤不同深度水溶氨氮含量为 17.0 ~34.0 mg/L(见图 6-16)。不同深度土壤水溶液中钙含量为 740.3 ~1 711.0 mg/kg(干),镁含量为 24.0 ~48.0 mg/kg(干)。由图 6-16 可见,污灌区持续不断地用污水灌溉农田,污水在向下渗透时,一部分 $NH_4^+ - N$ 被土壤吸附,土壤中的 Ca^{2+}、Mg^{2+} 被置换出来随污水下渗进入地下水中。此外,灌区所用的氮肥溶水后以 NH_4^+ 的形式存在,除作物吸

收和硬化作用生成NO_3^-外,同样也置换土壤中的Ca^{2+}、Mg^{2+},随污水下渗进入地下水中,使地下水硬度升高。

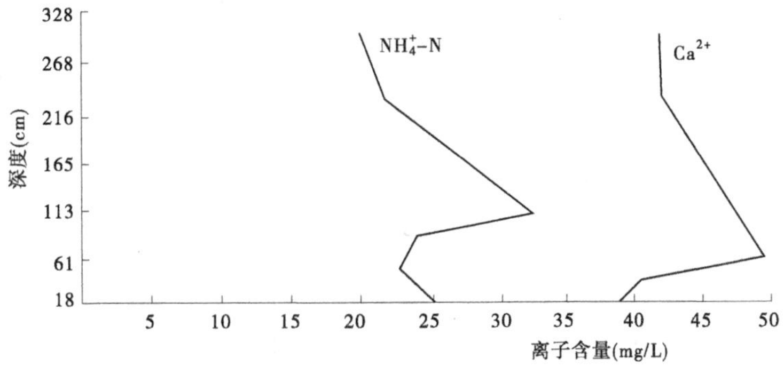

图6-16　污灌区土壤水溶组分含量深度变化图

为了研究中州渠污灌区污水、土壤水溶化学组分和地下水的污染特征,分析它们之间的关系,在污灌的典型地段,对不同深度上的土壤作了化学成分水溶含量的分析(见表6-13),取土样段是从地表至地下水位(约3.21 m处),分别在0~10 cm、20~30 cm、50~60 cm、110~120 cm、240~250 cm和310~320 cm处共取6个土样,地下水取样井在取土样点北25 m,对地下水、中州渠污水水质进行了水质分析(见表6-14)。

表6-13　土壤不同深度化学组分水溶含量分析成果　(单位:mg/kg(干))

组分	深度(cm)					
	0~10	20~30	50~60	110~120	240~250	310~320
钠	52.8	95.0	70.0	68.0	58.9	63.0
钙	879.2	949.6	740.3	1 300	898.1	1 711
镁	41.0	36.0	24.0	50.0	35.9	48.0
铜	0.42	0.42	0.21	1.46	0.31	1.04
镉	0	0	0	0	0	0
铅	0	0	0	0	0	0
锌	1.25	1.00	0.75	1.70	1.05	2.45
全盐量	1 360	1 180	922	845	343	347
耗氧量	1 600	1 200	1 100	1 100	900	1 500
总铬	26.2	22.2	31.4	58.9	37.0	45.3
氯化物	448	308	288	348	358	388
挥发酚	0.004 1	0.009 4	0.014	0.007 6	0.007 8	0.012 5
砷	7.3	8.7	7.8	7.0	8.1	10.0
硫酸盐			46.0	40.0	58.0	42.5
氨氮	26.0	20.0	21.0	34.0	20.0	17.0
硝酸盐氮	8.69	3.44	2.44	0.98	2.44	1.13
亚硝酸盐氮	0.46	0.58	0.45	0.49	0.125	0.96
汞	92.5	96.5	82.5	81.0	100.0	125.0
pH	8.25	8.40	8.71	8.41	8.50	8.55

表 6-14　污灌区浅层地下水及中州渠污水水质分析成果　（单位：mg/L）

组分	翟泉浅层地下水	中州渠污水		
		渠首	周公庙	十里铺
钠	47.0	—	—	—
钙	135.0	—	—	—
镁	37.0	—	—	—
氯化物	73.0	—	—	—
硫酸盐	155.63	—	—	—
总硬度	488.07	572.27	331.26	418.48
pH	7.45	7.71	7.80	8.61
硝酸盐氮	9.40	1.34	1.28	0.16
亚硝酸盐氮	0.072	0.368	0.270	0.069
氨氮	0.020	4.62	6.25	8.93
铜	0.021	0.23	—	—
铅	0.10	—	—	—
锌	0.225	0.20	0.09	0.06
六价铬	—	0.002	0.004	—
汞	0.000 20	0.000 07	0.000 01	0.000 01
镉	0.017	—	—	—
砷	—	0.033	0.016	0.007
挥发酚	0.003 9	0.016	0.034	0.004
耗氧量	12.2	21.64	22.98	8.70
矿化度	586.0	—	—	—

为了搞清污水灌溉对地下水水质的影响，对翟泉浅层地下水土壤水溶化学组分、地下水水质及中州渠污水水质资料进行灰色关联，计算结果表明，地下水与中州渠污水关联度为0.857，地下水与土壤化学不同深度水溶组分的关联度见表6-15。

表 6-15　不同深度土壤水深化学组分与地下水水质关联度

取样深度	S_1	S_2	S_3	S_4	S_5	S_6
地下水与土壤水深化学组分关联度	0.624	0.580	0.598	0.519	0.518	0.522

由以上计算结果可以看出，该区地下水污染主要是由中州渠污水灌溉回渗引起的，它们之间关联度较高，中州渠的污水或大气降水溶解土壤中的污染物质下渗污染地下水是地下水污染影响的次要因素，以关联度随深度变化看，表层土的水溶化学组分对地下水污染有一定的影响，随深度增加关联度逐渐变小，说明土壤水溶成分随深度的增加对地下水污染的影响逐渐减弱。

污灌区地下水中的宏量化学组分和污染组分明显高于非污灌区，污水灌溉直接污染了地下水，污水灌溉加速了地下水环境的退化率。

6.3.5 开采对地下水化学环境演化的影响

大量开采地下水，不仅引起地下水动力条件发生变化，也改变了水文地球化学条件，某些新的水文地球化学作用的出现，是导致某些地区地下水质恶化的重要原因。国内外许多水源地在开采过程中出现的溶解性总固体、硬度及铁、锰离子含量的增高和pH值降低等现象，这主要是由含水层疏干、氧化作用加强造成的。因为在开采过程中，随着地下水位的下降，氧气进入含水层被疏干的地带，促使岩层中硫、铁、锰以及氮的化合物的氧化作用加强，特别是硫氧化细菌的出现，更加剧了金属硫化物的氧化过程。如分布较广泛的黄铁矿（FeS_2），在还原环境下很稳定，几乎不溶于水，但在氧化环境下则易于溶解，即

$$FeS_2 + O_2 + H_2O \rightarrow FeSO_2 + H_2SO_4$$

此作用可形成一种强酸性环境（pH值可达2~3），溶解了岩层中原来不溶解或不易溶解的化合物（如土层中经常存在的钙、镁、铁、锰的化合物），致使地下水中铁、锰、镁以及硫酸根离子的含量大大增加，地下水的溶解性总固体、硬度亦随之升高。此外，地下水过量开采而使地下淤泥呈疏干状态时，由于好氧菌降解有机物而释放出SO_4^{2-}、Ca^{2+}、Mg^{2+}，渗入地下水，亦会引起硫酸盐硬度的增高。图6-17为1993年洛阳市区硬度等值线，从图中可以看出，地下水硬化带与地下水降落漏斗基本一致。在偃师市区，地下水硬度升高速率很高，与地下水降落漏斗的发展速度相吻合。

开采条件下，地下水的补给来源主要为伊洛河水侧渗补给，其补给量占总补给量的60.0%以上。河水水质的变化将引起地下水水质的变化，虽有含水层自身的净化，但开采井距伊洛河较近，含水层自身的净化能力有限，且大量长期的离子富集会使含水层的自身净化能力丧失，从表6-16可以看出，地下水中部分离子含量随着抽水时间的增加而增加，如Fe^{3+}、Mg^{2+}等，说明随着抽水时间的延长和抽水强度的增大，地下水中的离子含量受河水离子含量影响程度将会加大。对比抽水期间的地下水分析化验成果可知，除Fe、Mn、Zn、Br等含量有所变化外，水中常量元素如Ca^{2+}、Mg^{2+}、HCO_3^-及矿化度等没有明显变化，总硬度有所减少，地下水化学类型属$HCO_3 - Ca \cdot Mg$型（河南省水文地质二队，2003）。

此外，长期超量开采地下水导致地下水位持续下降，改变了地下水的补给、径流特征，激发增加了河流对地下水的补给量，污染河流补给地下水，从而使地下水遭受污染，盆地内洛阳市区、偃师市区是地下水开采最集中的地区，也是地下水污染最严重的地区。

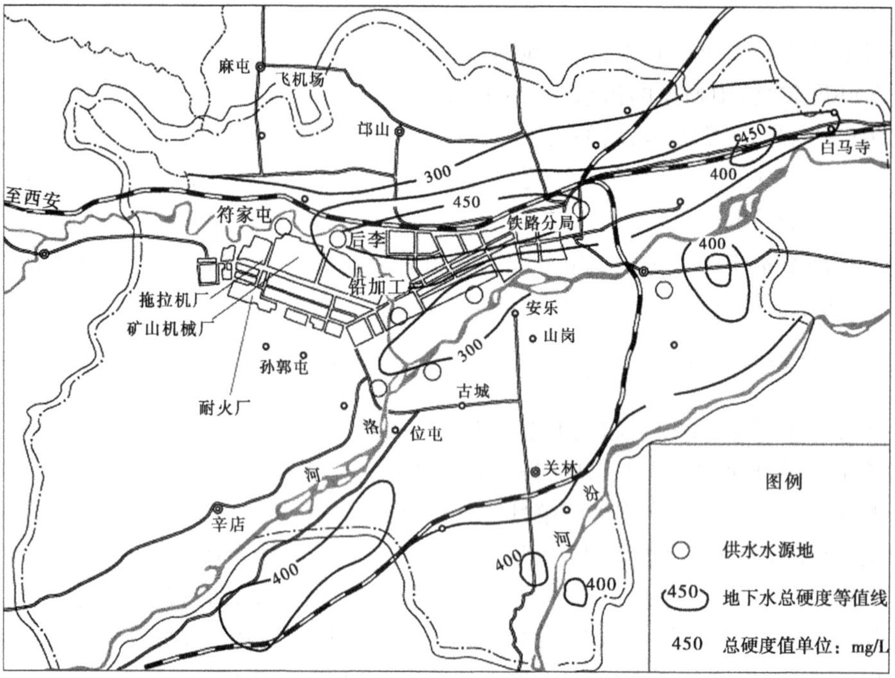

图 6-17　1993 年地下水总硬度等值线图(据洛阳市环境保护研究所资料编图)

表 6-16　开采条件下水质变化对比　(单位:mg/L)

项目	抽水前	第一阶段末	第二阶段末	第三阶段末	河水
取样时间(年-月-日)	2003-07-20	2003-11-05	2003-11-11	2003-11-23	2003-11-05
K^+	1.28	1.32	1.32	1.35	2.62
Na^+	32.20	34.06	30.61	31.52	15.43
Ca^{2+}	86.77	85.77	83.77	85.77	74.55
Mg^{2+}	31.01	27.82	29.16	30.38	13.66
Fe^{3+}	0.30	0.04	1.20	0.24	2.00
Fe^{2+}	0.112	0.064	0.024	0.15	0.016
Mn	<0.01	0.20	0.24	0.20	0.06
Zn	<0.01	0.26	0.01	0.49	0.02
Br^-	0.08	<0.04	0.08	0.24	<0.04
Cl^-	35.45	32.61	32.61	32.61	12.05
SO_4^{2-}	82.13	52.60	51.39	64.36	87.89
HCO_3^-	351.48	350.86	344.15	356.36	184.28
NO_3^-	2.30	3.02	3.30	2.85	20.35

续表 6-16

项目	抽水前	第一阶段末	第二阶段末	第三阶段末	河水
取样时间（年-月-日）	2003-07-20	2003-11-05	2003-11-11	2003-11-23	2003-11-05
NO_2^-	0.006	<0.002	<0.002	<0.002	0.8
F^-	0.38	0.34	0.28	0.28	0.56
总硬度	340.0	328.5	329.0	319.0	242.0
永久硬度	0	41.0	47.0	47.0	91.0
暂时硬度	52.0	287.5	282.0	292.0	151.0
总碱度	288.0	287.5	282.0	292.0	151.0
H_2SiO_3	24.70	24.7	27.3	27.3	15.6
游离 CO_2	9.76	18.54	13.66	13.66	3.90
COD_{Mn}	0.52	0.60	0.45	0.68	2.18
矿化度	641.50	611.26	598.09	627.11	426.25
pH	7.50	7.30	7.25	7.60	7.50

6.3.6　环境污染对地下水化学环境演化的影响

6.3.6.1　主要污染源及污染途径

综合分析洛阳盆地地下水水质的时空演化特征、工农业生产和生活状况可知，洛阳盆地的主要污染源为工业污染和生活污染，污染途径有直接入渗、排入河流入渗、污灌入渗等。

在涧西工业区，原料和“三废”就近堆放和排出，厂区周围及大部地区和渠道无衬砌，造成管道失修、跑冒滴漏。有的厂使用渗坑排污，污染物直接入渗污染地下水，造成区内地下水遭受 Hg^{2+}、Cr^{6+}、Cu^{2+}、Pb^{2+} 和 COD、Cl^-、SO_4^{2-} 污染。涧西工业区造纸厂、试验炼油厂和摩托车厂等工厂附近地下水污染也是由工业“三废”直接入渗所致。

此外，由于长期无管道造成的遍地流生活污水以及各类小厂的生产污水，城区地下水遭受重度的 CN^-、Cl^-、COD、C_6H_5OH、NO_3^-、SO_4^{2-}、总硬度和 Pb^{2+}、Cu^{2+}、As^{4+} 等污染，其原因就是污水直接入渗。

集中排放涧西工业区污水的大明渠和城区涧河段，排放涧西工业老城区污水的中州渠和城区河段，河渠淤积，垃圾堆放阻塞，水流缓，无衬砌，污染严重，成分复杂的河渠水，通过侧渗和入渗污染地下水。此外，大量生活废物的淋滤液亦会入渗污染地下水。

6.3.6.2　工业污染对地下水化学环境的影响

洛阳盆地内的主要工业污染源为硫酸厂、单晶硅厂等的排放。此类工业污染造成的地下水硬化具有突发性，发生时间短，上升幅度大，酸性废水通过厂区无防渗的场地、废水池及排水沟渗入地下，经包气带至地下水，酸液溶解土层中的钙、镁矿物质，并带入地下水

中，增加了地下水的硬度。其化学过程为

$$Ca(Mg)CO_3 + H_2SO_4 \rightarrow Ca(Mg)SO_4 + H_2O + CO_2\uparrow$$

$$\text{水解}\downarrow$$

$$Ca^{2+}(Mg^{2+}) + SO_4^{2-}$$

$$Ca(Mg)CO_3 + HCl \rightarrow Ca(Mg)Cl_2 + H_2O + CO_2\uparrow$$

$$\text{水解}\downarrow$$

$$Ca^{2+}(Mg^{2+}) + 2Cl^-$$

如后李水源地4号井，该井于1962年运行时，地下水总硬度仅为250 mg/L，1965年水源井附近的硫酸厂投入生产，其总硬度就上升到450 mg/L；硫酸厂1968年停产，1969年井水水质明显好转，总硬度降至330 mg/L；20世纪70年代，硫酸厂恢复生产，井水硬度随之不断上升，至1983年达到642 mg/L，大大超过了国家标准。1985年经环境保护局监督，初步治理酸性废水，减轻了污染，井水总硬度明显下降至470 mg/L以下，1989年后又因管理不善，放松对废水的处理，且生产扩大，排污加重，井水硬度重新上升，至1995年停产时达到1 597 mg/L。工业废水致使地下水化学特征发生明显变化，且变化速度快，幅度大。

铬是洛阳市浅层地下水的主要污染物，铬的来源有两个：一是含铬工业废水，二是天然来源。洛阳市各种土壤中Cr^{6+}含量在8～26 ppm（$1\ ppm = 1\times10^{-6}$，下同），各地质时代岩石圈的Cr^{6+}含量为7～29 ppm，含量较低。20世纪60年代地下水中Cr^{6+}含量在0～0.002 mg/L。可见，洛阳市浅层地下水中的Cr^{6+}主要来自工业废水的污染和人工污染，天然污染源可不计。Cr^{6+}的迁移速度快，由于浅层地下水处于氧化环境，Cr以Cr^{6+}的形态出现，不会产生Cr_2O_3或$Cr(OH)_3$沉淀。因此，Cr^{6+}迁移速度快，吸附作用较弱。

1985年以来，Cr^{6+}在涧西区，尤其是在轴承厂、拖拉机厂一带，每次检测均有超标现象，最严重的污染井是拖拉机厂3号井，有时Cr^{6+}浓度竟高达0.416 mg/L，未超标井的Cr^{6+}浓度也大多大于0.010 mg/L。而据60年代的资料，该区Cr^{6+}环境背景只有0.000 4 mg/L。总之，涧西区是一个长期的Cr^{6+}污染区。

Cr^{6+}含量比较高的地区还有涧河下游的棉纺厂一带，从1990年以来，该区Cr^{6+}含量总是维持在0.020 mg/L以上，偶尔出现超标。

手表厂及其附近的六一二所和六一三所、针织厂和电镀厂自1990年以来发生过多次超标现象，这一区域是涧西工业区中的一个长期Cr^{6+}污染区。

七里河附近的王城公园地下水中Cr^{6+}含量很高，1990年3月高达0.14 mg/L。

洛阳站—洛阳东站一线以北地区，如铁路分局等地下水中Cr^{6+}含量较高，一般为0.01～0.03 mg/L，虽未超标，但已污染。白马寺、机车厂地下水Cr^{6+}含量高达0.01 mg/L左右。

至于洛阳市郊的一些地区，有些地方Cr^{6+}含量超标。这主要是引中州渠污水灌溉或乡镇企业排放电镀废水入渗所造成的。

洛阳市其他地区未发现Cr^{6+}超标现象，其含量多在0.005 mg/L左右，与环境背景值相比，略有增加。

经调查涧西区Cr^{6+}污染源有：涧西区的拖拉机厂和轴承厂的镀铬车间共计10多个，

含 Cr^{6+} 废水大部分通过管道输往大明渠，其余部分排向涧河。大明渠没有衬砌，渠底离地面约 10 m 左右，而涧西区地下水在 15 ~ 20 m 左右；涧河是一条季节性河流，河谷深 20 m 左右，切割砂卵石层。大明渠及涧河是该地区地下水 Cr^{6+} 含量高的主要原因之一。

近几年资料绘制的拖拉机厂、轴承厂地下水 Cr^{6+} 含量等值线（见图 6-18）表明，轴承厂地段 Cr^{6+} 污染与大明渠有关；拖拉机厂地区除与大明渠有关外，3 号井附近还存在污染源，如排污管道破裂产生渗漏；涧河的影响在涧西区尚不明显。

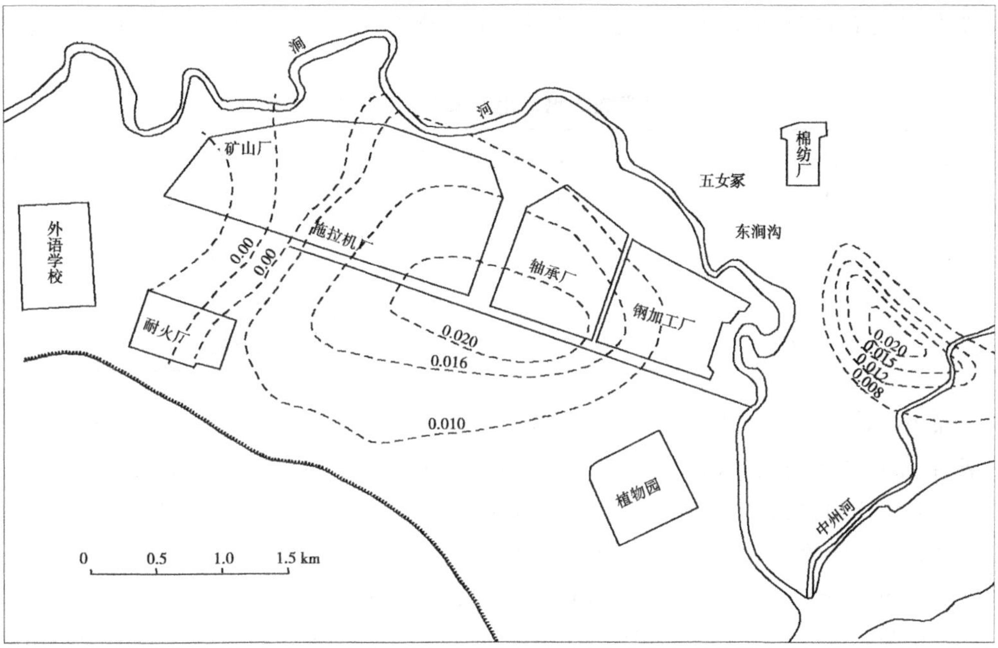

图 6-18　涧西区地下水中 Cr^{6+} 含量等值线现状图（据洛阳市节水办资料编制）

涧西区与涧西工业区部分地带是洛阳市区浅层地下水 Cr^{6+} 污染最严重的地区，污染源是大明渠，以及拖拉机厂、手表厂、电镀厂、铁路分局、机车厂等局部污染源。从图 6-18 可以看出，涧河以西的 Cr^{6+} 重污染区域以大明渠为中心分布，涧河以东的 Cr^{6+} 重污染区域以中州渠为中心，分布在中州渠、涧河、洛河交汇的三角地带。这说明大明渠渠水的 Cr^{6+} 渗透是造成涧河以西污染中心的主因；涧河东边则是由大明渠排入涧河，中州渠取自涧河，向下流动渗透造成的。

6.3.6.3　生活污染对地下水硬度的影响

人类活动的废弃物（包括固、液、汽三种形式）通过污水灌溉、污水沟渠渗漏、施肥过程及大气污染干湿沉降等进入土壤，在土壤中发生过滤、生物分解、离子吸附与交换等化学作用，随下渗水进入地下水，造成水质恶化。

洛阳市老城区工矿企业少，主要为人们生活居住区，大量的城市生活垃圾、粪便、生活污水、尸骨和芦苇等有机物在土壤微生物的参与下，发生分解生成氨、H_2S 等，进而经过氧化生成硝酸、硫酸等酸类，改变包气带的化学环境，从而影响地下水化学特征。化学反应式为

$$NH_3 + O_2 \rightarrow NO + H_2O \qquad NO + O_2 \rightarrow NO_2$$

$$NO_2 + O_2 + H_2O \rightarrow HNO_3 \qquad H_2S + O_2 \rightarrow SO_2 + H_2O$$

$$SO_2 + O_2 + H_2O \rightarrow H_2SO_4$$

这样就改变了土壤的化学环境条件。随着污水、降水等的下渗，老城区地下水中的各化学组分愈来愈高（见表6-17），据野外调查，洛阳市浅层地下水中不断升高的 Cl^- 和 $K^+ + Na^+$ 主要来自生活污水，SO_4^{2-} 的升高主要来自硫酸厂的废水，在使用生活污水灌溉的地区，含硫有机物的氧化也使地下水中的 SO_4^{2-} 升高，HCO_3^- 的升高是由生活污水或工业废水中的有机物质不断渗入地下水中，经生物降解后，产生 CO_2 所致（蔡绪贻等，1995）。

表6-17　洛阳市老城区地下水主要离子成分变化值

化学成分	$K^+ + Na^+$ (mmol/L)	Ca^{2+} (mmol/L)	Mg^{2+} (mmol/L)	Cl^- (mmol/L)	SO_4^{2-} (mmol/L)	HCO_3^- (mmol/L)	NO_3^- (mg/L)	SiO_2 (mg/L)	PCO_2 (0.01 atm)
1988年	1.935	2.825	1.135	1.568	1.463	5.25	0.112	14.82	6.16
1989年	5.202	6.56	2.860	10.885	1.992	8.51	0.664	70.98	15.80
变化值	3.267	3.735	1.725	8.59	0.529	3.26	0.552	56.16	9.64

城市生活污水中的碳水化合物是不含氮的有机物的主要成分，它由C、H、O三种元素组成，包括纤维素、淀粉、糖类等，在微生物作用下分解成最终产物 CO_2、H_2O，使水溶液中 CO_2 的分压增加，从而溶解地层中的方解石和白云石，使地下水中 Ca^{2+}、Mg^{2+} 和 HCO_3^- 浓度增加，暂时硬度升高，导致总硬度上升。据有关资料，1.0 kg生活垃圾可释放出7 097.12 mg的 HCO_3^-、1 269.2 mg 的 Ca^{2+} 和860.86 mg 的 Mg^{2+}。

人类排放的废弃物中含有大量的 Cl^-、Na^+，尤其在人类和动物的粪便中含量更高。在1.0 kg粪便垃圾中能够溶出共1 074.73 mgCl^- 和1 988.74 mgNa^+。Cl^- 和 Na^+ 具有很强的迁移能力，易进入地下水中，使相应离子浓度增加；此外，Na^+ 随水溶液进入土壤层后，会发生阳离子交换反应，置换出土壤中的 Ca^{2+}、Mg^{2+}，使水的总硬度升高。

张庄水源地位于生活污水区，Na^+、Cl^- 含量较高，而该区上部土层中含有丰富的 Ca^{2+}、Mg^{2+}，因此次生易溶盐 $CaCl_2$、$MgCl_2$ 可能形成于渗水入渗时发生的阳离子交换作用。

张庄水源地多年来地下水中的方解石、白云石饱和指数与 CO_2 的平衡分区（见图6-19），从图中可以看出，Ca^{2+} 的浓度升高是方解石溶解加速的结果。随着 CO_2 分压的升高，方解石的饱和指数呈降低趋势。在 PCO_2 为1 000 Pa左右时，PCO_2 与 SI_c 成正相关关系，这可能是含Ca易溶盐的影响所致。另外，白云石饱和指数及 Mg^{2+} 的含量与 CO_2 分压的关系也呈现类似的规律（蔡绪贻等，1995）。

张庄水源地地下水中方解石的饱和度与 Cl^- 的关系如图6-20所示，表明了地下水中 $CaCl_2$ 溶解量的增加导致方解石饱和度的增加；该区水中白云石饱和度与 Cl^- 的关系也呈现此种规律，这都说明了氯化物溶解量的增加促使方解石、白云石饱和度增加，进而导致 Ca^{2+}、Mg^{2+} 含量与 Cl^- 的含量同时增加，最终使地下水的硬度升高。

图6-21反映了张庄水源地地下水中 SO_4^{2-} 与方解石饱和度成正相关关系，表明在生

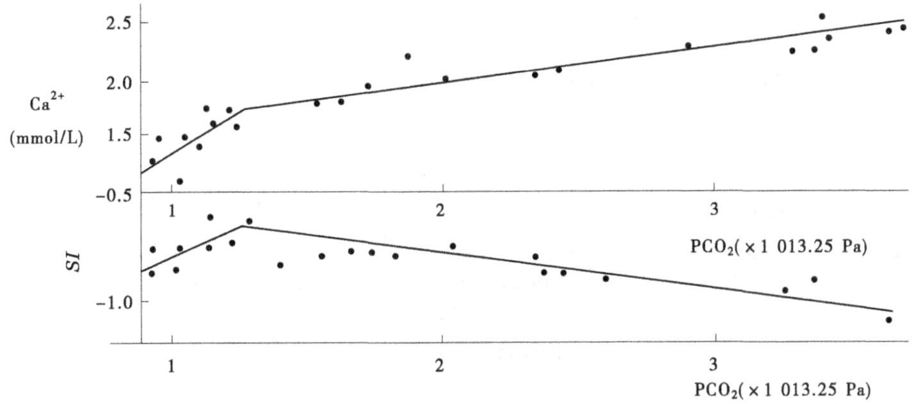

图 6-19　张庄地下水中的方解石饱和度及 Ca^{2+} 浓度与 CO_2 分压关系

活污水渗入过程中，含硫有机物的氧化生成硫酸，硫酸溶解方解石、白云石，形成易溶的 $CaSO_4$、$MgSO_4$，使地下水中的 Ca^{2+}、Mg^{2+} 与 SO_4^{2-} 同步上升。

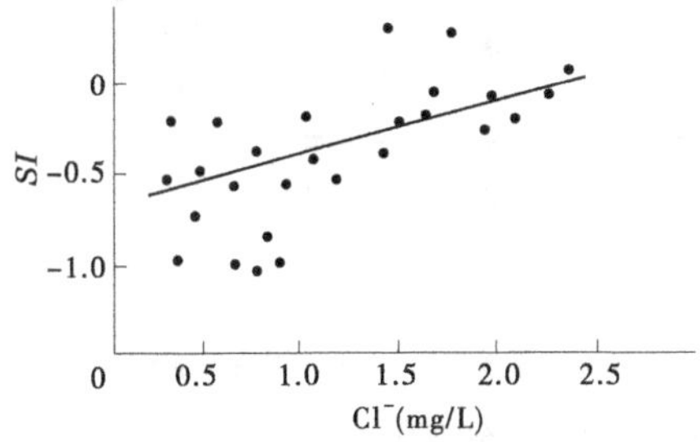

图 6-20　张庄地下水中 Cl^- 与方解石饱和指数关系

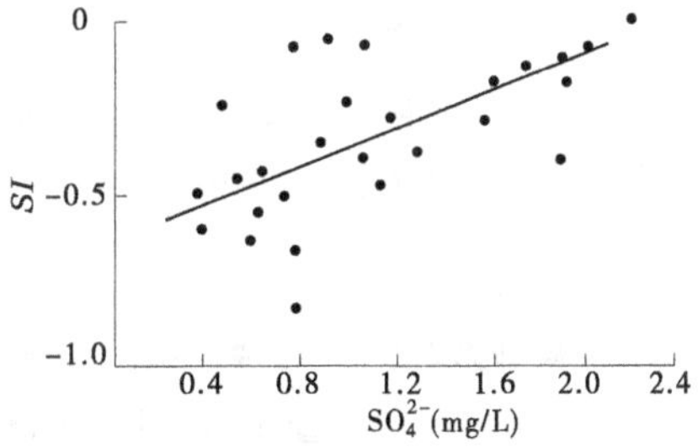

图 6-21　张庄地下水中 SO_4^{2-} 与方解石饱和指数关系

6.3.7　人工补给对地下水化学环境的影响

2000 年 4 月，洛阳水面工程第一期建成运行以来，洛阳市浅层地下水位持续下降的态势得到了控制，增加了浅层地下水的补给量，但同时引起了浅层地下水化学组分发生变化。如洛南、张庄、临涧等水源地地下水的总硬度都有所降低，降幅为 0.45 ~ 83.2 mg/L ($CaCO_3$)，缓解了地下水硬化的态势，但是 Cr^{6+}、Pb^{2+}、Cu^{2+}、NH_4^+ 的含量均呈增加的态势，其中张庄水源地地下水中 NH_4^+ 增幅最大，达 0.45 mg/L；NO_3^- 的含量呈现降低态势，降幅为 1.6 ~ 19.7 mg/L。以上情况都表明洛阳市地下水已经受到人类活动的污染。总之，过度开采地下水、人工补给地下水以及人为活动直接污染都恶化了研究区地下水水质，使地下水化学场发生重分布（见图 6-22、图 6-23）。

综合以上研究，盆地区地下水环境演化规律及主要影响因素如下：

(1) 盆地区地下水动力场已发生显著变化。地下水位持续下降，地下水开采降落漏斗不断扩大，地下水动力场演化是水文地质条件和地下水超量开采共同作用的结果。另

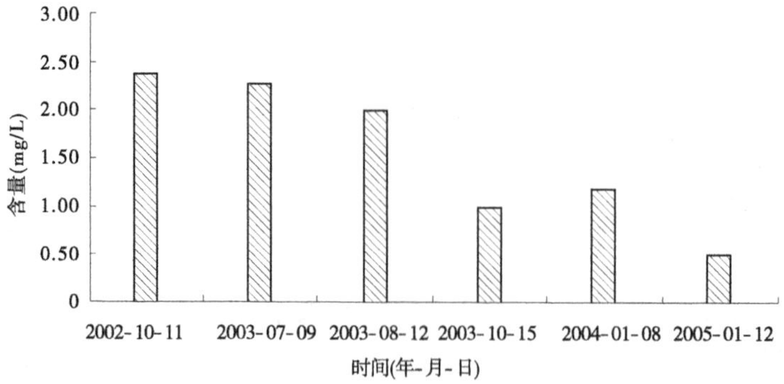

图 6-22　洛阳市张庄水源地 NH_4^+ 含量

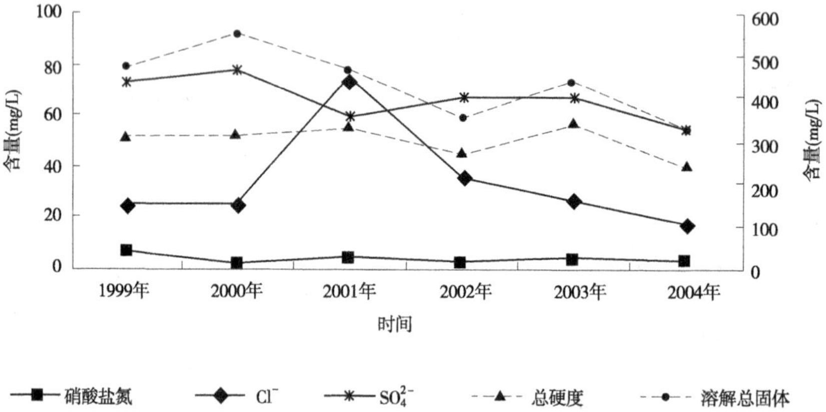

图 6-23　水面工程运行后地下水化学成分变化

外，地下水人工补给也是影响地下水动力场变化的主要因素之一。

（2）盆地区地下水化学环境不断退化。研究区地下水化学环境演化以地下水中 NO_3^-、NH_4^+、TDS、硬度、Cl^-、SO_4^{2-} 等化学组分升高为特点。地下水化学环境演化主要受水文地质条件、污染河流、污水灌溉、大规模开采地下水、环境污染等因素的控制和影响。

（3）地下水环境演化是人类活动的结果，表现为随人类活动强度的变化而变化，近十余年来，随着区内工农业的发展，地下水环境退化呈现不断增加的趋势。

6.4　地下水水质演化预测

地下水水质演化预测是提出防治措施、进行环境保护的重要依据，因此它是地下水化学演化的一个重要研究内容。洛阳市区地下水质资料系列比较齐全，基本能满足建模要求。

水质预测方法很多，但较普遍采用的是趋势外推法，即根据水质长期的监测资料，用一种拟合曲线描绘其发展规律，外推预测目标年水质。此外，还有灰色系统法，灰色系统是一种新型的系统理论，它是研究信息部分清楚、部分不清楚之间的问题，可用于进行预测、决策、规划等。

6.4.1 水质预测指标的选择

洛阳盆地供水水源的水质监测资料系列较长,但分散的各单位自备井监测时间短。从地下水污染组分看,主要是有机组分和重金属,但这些组分本身变异大,而且受包气带岩性和含水介质的吸附、交替、络合等复杂化学作用影响。另外,作为金属"微量"元素,它还受分析方法、精度、不同分析者等各种影响,因而规律性很差。

洛阳市属渗滤型地下水水质,地下水只要受到污染,污染的各种组分通常与常量因子同步升高,洛阳市地下水的污染趋势和地下水的硬度变化具有良好的规律性。所以本次(许多城市的预测也有类似情况)也只能选择地下水的硬度进行预测,由于洛阳盆地水质演化的一个主要特征是地下水硬度的升高,在此重点分析地下水硬度的发展趋势。

6.4.2 灰色系统模型

目前,水文地质学研究的主要是水量、水质、热量在多孔介质中的迁移,而多孔介质中的许多机理都是灰色的。它尽可能从现有残缺不全、精度不够的灰色资料中挖掘出尽可能多的信息,用部分白色的信息达到系统地描述预测的目的。灰色预测一般不需要大量的数据,而是根据实际情况选择适量的数据进行累加生成、建模和预测。它是一种动态的分析过程。目前,灰色预测中的数列预测方法已经得到了广泛的应用。

6.4.2.1 GM(1,1)模型

灰色数列预测主要是建立灰色数列预测模型,即 GM(1,1)模型。其数学表达式为

$$\frac{dX^{(1)}(t)}{dt} + aX^{(1)}(t) = u$$

其中的 $X^{(1)}(t)$ 是由 $X^{(0)}(t)$ 经一次累加变换得到的,即 $X^{(1)}(t) = \sum_{k=1}^{t} X^{(0)}(k)$ 。求解微分方程得到

$$\hat{X}^{(1)}(t+1) = (X^{(0)}(1) - u/a)e^{-at} + u/a$$

然后将 $\hat{X}^{(1)}(t)$ 进行一次累减变换得到预测值 $\hat{X}^{(0)}(t)$

$$\hat{X}^{(0)}(t) = \hat{X}^{(1)}(t) - \hat{X}^{(1)}(t-1)$$

6.4.2.2 建模过程

在应用过程中,灰色数列预测模型的预测效果常常受到原始数据的长短和外界因素的干扰。提高模型预测精度的方法有多种,其中等维灰色递补动态预测能够有效地提高模型的预测性。它可以及时补充和利用新的信息,提高灰色区间的白化度;每预测一步,灰参数作一次修正,模型得到改进。在预测过程中,先用已知数列建立 GM(1,1)模型进行预测,然后将得到的预测值补充在已知数列之后,同时为保持数列的等长度(等维),去掉已知数列的第一个数据 ,再建立 GM(1,1)模型,预测下一个值。如此逐个预测,依次递补,直到完成预测目的或达到一定的精度要求。

具体步骤如下:

(1)对原始数据进行预处理,得到等间距数据;

(2)从处理后的数列 $X^{(0)} = [X^{(0)}(1), X^{(0)}(2), \cdots, X^{(0)}(n)]$ 中选取不同长度的连续子数列 $X_i^{(0)} = [X^{(0)}(i+1), X^{(0)}(i+2), \cdots, X^{(0)}(n)], i = 1,2,\cdots,n-4$；

(3)建立 GM(1,1)模型,进行动态预测:

①对子数列作一次累加变换,记为 $\{X_i^{(0)}\} \rightarrow \{X_i^{(1)}\}$，$X_i^{(1)}(t) = \sum\limits_{k=i+1}^{t} X_i^{(0)}(k)$；

②构造矩阵 $\boldsymbol{B}$ 与向量 Y_n

$$\boldsymbol{B} = \begin{bmatrix} -(X^{(0)}(i+1) + X^{(0)}(i+2))/2 & 1 \\ -(X^{(0)}(i+2) + X^{(0)}(i+3))/2 & 1 \\ \vdots & \vdots \\ -(X^{(0)}(n-1) + X^{(0)}(n))/2 & 1 \end{bmatrix}, Y_n = (X^{(0)}(i+2), X^{(0)}(i+3), \cdots, X^{(0)}(n))^{\mathrm{T}}$$

③用最小二乘法求系数 $\hat{a}_i$

$$\hat{a}_i = (\boldsymbol{B}^{\mathrm{T}}\boldsymbol{B})^{-1}\boldsymbol{B}^{\mathrm{T}} \cdot Y_n = [a_i \quad u_i]^{\mathrm{T}}$$

④求 $\hat{X}_i^{(1)}(t)$

$$\hat{X}_i^{(1)}(t+1) = (X_i^{(0)}(1) - u_i/a_i)e^{-a_i t} + u_i/a_i$$

⑤将 $\hat{X}_i^{(1)}(t)$ 进行一次累减变换得到预测值 $\hat{X}_i^{(0)}(t)$

$$\hat{X}_i^{(0)}(t) = \hat{X}_i^{(1)}(t) - \hat{X}_i^{(1)}(t-1)$$

⑥计算模型的预测误差,即残差和相对误差

$$E^{(0)} = X_i^{(0)} - \hat{X}_i^{(0)}$$

$$RE^{(0)} = (X_i^{(0)} - \hat{X}_i^{(0)})/X_i^{(0)} \times 100\%$$

⑦将预测值补充在已知子数列之后,同时去掉子数列的第一个数,重复①~⑥的步骤,直到完成预测目标。

6.4.2.3 浅层地下水硬度现状及预测

根据洛阳市内的地表水系分布、地下水流场以及工农业分布特点,选定 9 个水源地监测点的浅层地下水硬度作为分析对象。监测点的空间分布如图 6-24 所示。5#、8#和 9#这 3 个监测点分布在农业区,且距河较远,其余 6 个监测点都在市区内。各监测点的浅层地下水硬度数据采用“洛阳市地下水监测结果”,取每年 5 月和 10 月监测数据的平均值作为年平均值,并以 $CaCO_3$ 计。

1986 ~ 2002 年,洛阳市浅层地下水硬度升高了 67.00 mg/L,年平均升高 3.94 mg/L。从表 6-18 可以看出,各监测点的地下水水质出现不同程度的硬化。局部地段因受工业废水污染,其水质硬化曲线波动变化明显,如监测点 2,1995 年以前因附近有酸碱性工业废水通过厂区无防渗的场地、废水池及排水沟渗入地下,水质硬化呈突发性、上升幅度大的特点。监测点 4 是在老城区,工矿企业少。由于生活污水渗入地下,上部土层中丰富的方解石和白云石逐渐溶解,地下水中的 Ca^{2+}、Mg^{2+} 上升。该监测点附近,曾于 1984 ~ 1985 年和 1992 ~ 1996 年用较清洁的洛河水进行两次回灌试验,受回灌水稀释,浅层地下水硬化有所缓解,但这种影响是短期的。

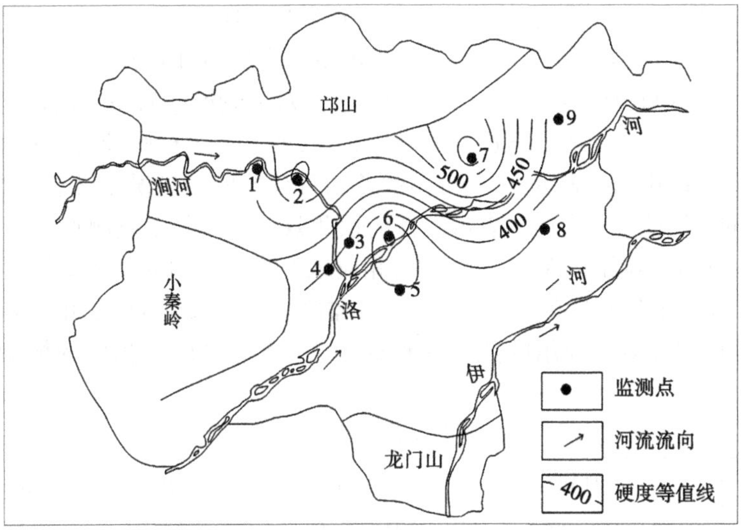

图 6-24　2002 年浅层地下水硬度分布

表 6-18　各监测点的浅层地下水硬度变化

监测点编号	监测点位置	时段(年)	硬度升高(mg/L)	硬度升高年平均值 (mg/L)
1	王府庄水源 9#	1988 ~ 2003	233.70	14.61
2	后李村水源 2#	1989 ~ 2002	281.25	20.09
3	临涧水源 7#	1988 ~ 2003	287.65	17.98
4	张庄水源 1#	1999 ~ 2003	176.25	11.02
5	洛南水源 21#	1999 ~ 2003	103.80	6.92
6	下池水源 4#	1993 ~ 2003	84.61	7.69
7	五里堡水源 6#	1988 ~ 2003	317.30	19.83
8	李楼水源 13#	1993 ~ 2003	64.87	5.90
9	东郊水源 1#	1993 ~ 2003	37.65	6.28

从 2002 年地下水硬度空间分布图(见图 6-24)可以粗略看出,洛河北面的浅层地下水硬度总体高于南面。监测点 2 和监测点 7 硬度超过 450 mg/L,属极硬水,其余各监测点的硬度大部分在 300 ~ 450 mg/L 范围内,属硬水。

6.4.2.4　浅层地下水硬度的灰色数列预测

将浅层地下水硬度视为灰色量,建立灰色数列预测模型,对硬度发展变化到未来某一时刻出现的数值(硬度年平均值)进行预测。9 个监测点的硬度预测时段到 2010 年。

1. 原始数据预处理

在建立灰色模型之前,对原始数据进行插值处理,以保证数据的等间距和连续性。

2. GM(1,1)模型建立及硬度预测

根据预测时段长度和原始数列的变化特点选取若干个不同长度(建模时段)的连续

子数列，建立 GM(1,1)模型，进行等维灰色递补动态预测。

GM(1,1)模型的精度检验方法包括：①残差大小检验，即按点检验；②关联度检验，指模型曲线的形状与建模数列曲线的形状接近程度的检验；③后验差检验，用残差数列的方差与原始数列方差之间的比值进行检验。其中，残差大小检验较直观且易判别。模型的预测误差除可以用残差表示外，还可用残差的百分比即相对误差表示。本书采用相对误差绝对值的平均值和最大值来表示模型的预测效果。对每个监测点而言，由不同长度的子数列可以建立不同的 GM(1,1)模型，相应地会得到不同的预测结果。因此，预测结果必须经过筛选，才有参考价值。综合考虑各监测点地下水硬度的变化趋势、影响因素以及模型的预测误差，最终选用的数列建模时段、预测时段以及相应的模型预测误差如表 6-19所示。

表 6-19 建模时段、预测时段及模型预测误差

监测点编号	建模时段	预测时段	ave$\|RE^{(0)}\|$(%)	max$\|RE^{(0)}\|$(%)
1	1992～2003 年	2004～2010 年	2.94	7.59
2	1999～2002 年	2003～2010 年	2.08	15.34
3	1993～2003 年	2004～2010 年	3.79	10.02
4	2000～2003 年	2004～2010 年	1.05	5.16
5	2000～2003 年	2004～2010 年	1.01	3.61
6	1996～2003 年	2004～2010 年	1.74	5.65
7	1998～2003 年	2004～2010 年	1.11	3.96
8	1995～2003 年	2004～2010 年	0.77	2.81
9	1999～2003 年	2004～2010 年	0.47	0.93

注：ave$|RE^{(0)}|$和 max$|RE^{(0)}|$分别表示相对误差绝对值的平均值和最大值。

用各监测点的原始数据及预测结果绘制硬度的变化历时曲线图和空间分布等值线图(见图 6-25)。可以看出，大部分监测点的浅层地下水硬度仍呈上升趋势，只有 2#、4#及 5#这 3 个监测点的浅层地下水硬度有所下降。

监测点 1，地下水中硬度与 Cl^- 含量有明显的相关性。矿化度越高，难溶碳酸盐溶解度越高。监测点 2，附近的硫酸厂于 1995 年停产，水源井也停产，这之后一直到 2002 年，地下水硬度明显回落。预测结果显示，2002 年以后硬度下降速度减小，趋于稳定。3#和 6#这两个监测点处在污水灌溉区内，受污水灌溉影响，浅层地下水硬度继续呈上升趋势。4#和 5#这两个监测点在市郊，由于附近的河流拦河蓄水，增加了对浅层地下水的补给，对浅层地下水起到稀释作用，使地下水硬度呈下降趋势。监测点 7 处于盆地平原区和邙山接触的边界弱透水地带，远离河水补给。该监测点处于水位低槽地带，加上生活污水长期下渗，使槽内污染物易集中而不易扩散，地下水硬度一直上升。农业灌溉区中监测点 8 尤其是监测点 9 附近，因污水灌溉，浅层地下水硬度升高。

对气象、水文和水质监测资料进行综合分析，单纯降雨因素对区内浅层地下水硬度影响不明显。

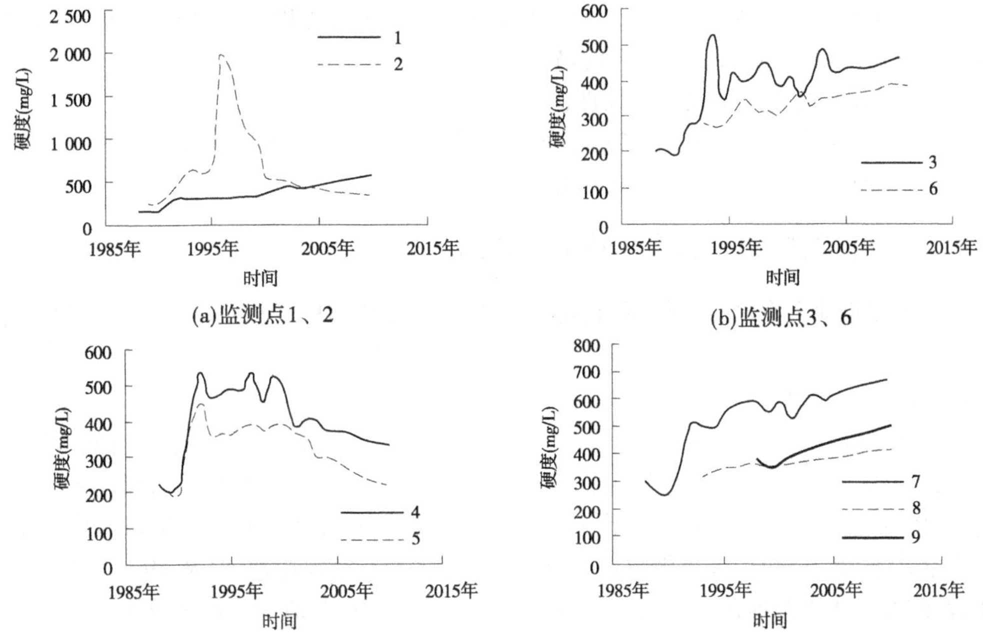

(a)监测点1、2　(b)监测点3、6　(c)监测点4、5　(d)监测点7、8、9

图 6-25　各监测点的硬度变化历时曲线

对比图 6-24、图 6-26、图 6-27 这 3 个等值线图发现,2002～2010 年,浅层地下水硬度的空间分布有所变化。到 2010 年,监测点 1 附近的浅层地下水的硬度仍居高不下,此外以监测点 7 为中心的极硬水带范围往东、南方向扩大;监测点 4 和 5 周围的浅层地下水硬度呈下降趋势。

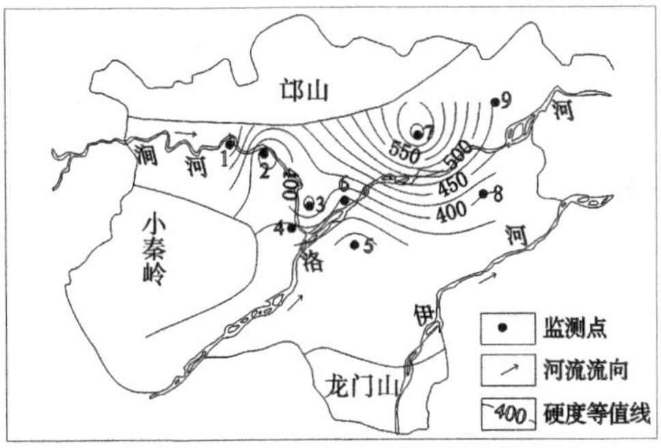

图 6-26　2007 年浅层地下水硬度分布

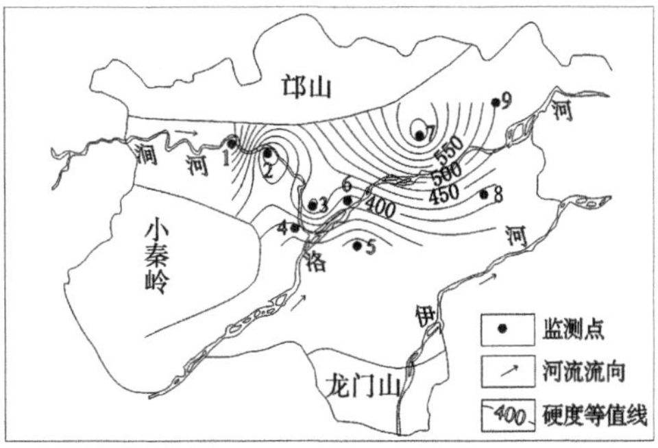

图 6-27　2010 年浅层地下水硬度分布

灰色数列预测结果反映了洛阳市浅层地下水硬度的未来变化趋势:

(1)除 2#、4#和 5#这 3 个监测点的浅层地下水硬度有所下降外,洛阳市大部分地方的浅层地下水硬度仍呈上升趋势,尤其是 1#、3#、7#及 9#这 4 个监测点附近的浅层地下水硬度居高不下。

(2)2002～2010 年,浅层地下水硬度的空间分布将发生变化。

高硬化的水不利于人们饮用和工业生产。因此,作为洛阳市重要供水水源的浅层地

下水的水质必须得到改善,并使之得以有效利用。建议当地政府结合各地浅层地下水硬度升高的各种影响因素,采取相应的措施:

(1)加强工业废水排放前的处理;

(2)在污水灌溉的地区,灌溉水必须进行适当处理后再灌溉,或用较清洁的水灌溉;

(3)调整地下水的开采空间布局等。

6.4.3 其他指标的动态变化特征及预测分析

利用多年地下水水质分析资料,定性分析地下水中 NO_3^-、Cl^-、SO_4^{2-} 等指标的变化趋势。

6.4.3.1 硝酸盐氮

从多年资料(见图 6-28)可以看出,洛阳市地下水中的硝酸盐氮含量随时间有增加的趋势,但增加的幅度不一样,根据趋势预测到 2010 年张庄水源地 5#井含量可能大于 20 mg/L、9#井已超标为 22 mg/L,其他水源地含量为 4～10 mg/L,1995 年后李 2#井,洛南 6#井含量大于 15 mg/L。五里堡水源地从 1971～1977 年后含量递增,从 1977 年后缓慢增加,目前五里堡水源地污染严重。硝酸盐氮含量在张庄水源地增长速度较快。

图 6-28 地下水 NO_3^- 含量历时曲线

6.4.3.2 氯化物

从多年资料(见图 6-29)可以看出,洛阳市地下水中的氯化物含量随时间呈增加的趋势。根据变化趋势预测到 2010 年张庄 9#井含量可能大于 100 mg/L,临涧 9#井含量大于 100 mg/L,五里堡 1#井含量大于 100 mg/L。张庄水源地主要北靠化工厂,东为涧河,南为洛河,是极易污染的水源地,河流污染或工厂污染下渗,可能是张庄水源地污染的原因。其他地带均小于 100 mg/L,一般含量在 30 ~ 90 mg/L,只有洛南水源地水质较好,小于 30 mg/L。

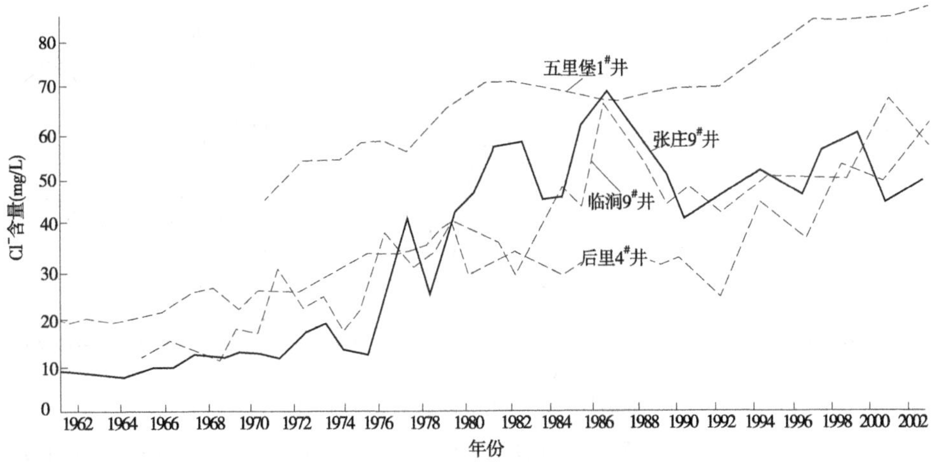

图 6-29　地下水 Cl^- 含量历时曲线

6.4.3.3　硫酸盐

硫酸盐的含量变化规律性差。总体上看,张庄水源地、后李 4#井、五里堡 1#井和临涧 3#井呈明显递增规律(见图 6-30),预测到 2010 年,后李 4#井已超标为 9.134 nmg/L,张庄 9#井含量大于 3 nmg/L,其他井均小于 3 nmg/L,五里堡 1#井含量大于 3 nmg/L。后李水源地硫酸盐的污染与附近硫酸厂排污有关,而且污水排入涧河,导致了张庄和临涧水源地的污染,但张庄、临涧附近的工厂排污也是不可忽视的污染源。

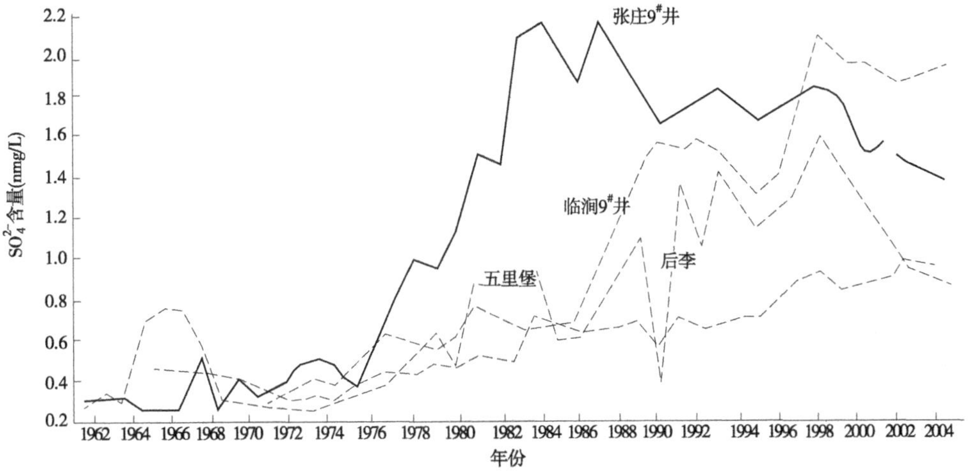

图 6-30　地下水 SO_4^{2-} 含量历时曲线

6.4.3.4　钠

钠含量的增高对灌溉有一定的影响,洛阳市地面水中钠含量较低,对农业用水均适应,但从多年资料看也呈增加趋势(见图 6-31),预测 2010 年张庄 9#井含量大于 3 nmg/L、五里堡 1#井和临涧 9#井均大于 3 nmg/L。

从上述动态曲线和预测分析可以看出,洛阳盆地地下水水质渐向恶化方向发展,由污

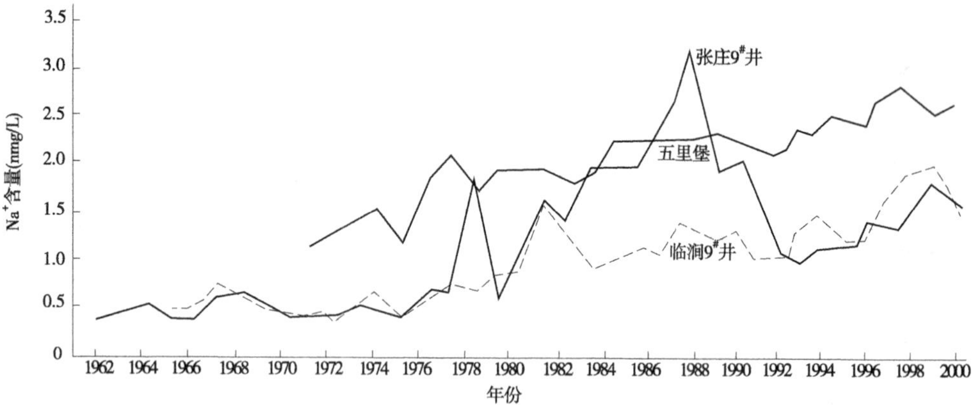

图 6-31 地下水 Na^+ 含量历时曲线

染动态可看出,1976 年之后水质污染的速度明显加快。这种污染趋势和洛阳市工农业生产发展趋势是一致的。污染最严重的是五里堡水源地和后李水源地,污染速度最快的是张庄水源地。从污染程度可知,五里堡水源地和后李水源地为重污染区。后李水源地由动态曲线看,1962 ~ 1987 年间,可能有两大污染事故发生,第一期为 1965 ~ 1968 年,第二期为 1981 ~ 1998 年。这两个时期地下水各种因子剧增。曲线出现了两个高峰,就加剧了地下水的污染,使污染因子含量持续增加。很可能与硫酸厂排污有关。其他水源地均呈现向污染方向发展的趋势。所以,应加强保护及治理措施,以减缓目前的地下水污染速度。

第 7 章　勘查区地下水环境质量评价

7.1　地面水环境质量评价

7.1.1　地面水环境质量评价方法

区内地面水体主要为洛河、中州渠。依据《地面水环境质量标准》(GB 3838—88)有关规定,评价方法采用污染指数法。其方法如下。

7.1.1.1　单因子评价和综合水质类别法

单因子评价是把断面各监测项目的实测平均值作为该断面河流的代表值,同《地表水环境质量标准》(GB 3838—2002)(见表 7-1)中各类水质的标准值作比较,监测项目的实测年平均值符合几类标准,该项目水质类别就为几类,用罗马数字表示。

综合水质类别是取河流断面各监测项目单因子评价中污染最重的水质类别作为该断面综合水质类别,若同一断面中出现相等最高水质类别在两项以上,则用阿拉伯数字标在水质类别符号的右下角,表示达到该类水质的项目个数。

7.1.1.2　地面水综合污染指数法

$$P_j = \sum_{i=1}^{n} P_{ij}$$

$$P_{ij} = \frac{C_{ij}}{C_{io}}$$

式中:P_j 为 j 断面水综合污染指数;P_{ij} 为 j 断面水 i 项污染物的污染指数;C_{ij} 为 j 断面水 i 项污染物的年平均值;C_{io} 为 i 项污染物评价标准值;n 为参与评价的污染物的项目数。

评价因子选择具有代表性的 14 个因子作为评价因子,即高锰酸盐指数、化学需氧量(COD_{cr})、生化需氧量(BOD_5)、非离子氨、亚硝酸盐氮、硝酸盐氮、挥发酚、氰化物、总砷、总汞、六价铬、总铅、总镉、石油类。评价标准采用《地面水环境质量评价标准》(GB 3838—88)中Ⅳ类水质标准(见表 7-1),评价结果见表 7-2、表 7-3。

7.1.2　地面水环境质量现状评价

总体上讲,区内地面水体污染较严重。洛河在进入该区前,由于接纳了洛阳市大量工业废水和生活污水,水质明显恶化,到白马寺断面,综合污染指数为 6.97,综合水质类别为 V_3 类,主区污染因子为 COD_{cr}、石油类和非离子氨。进入该区后,由于偃师市载区及沿岸乡镇工业废水、生活污水的不断汇入,水质污染更加严重,到伊洛河汇合处,综合水质类别为 V_4 类,综合污染指数为 1.94,主要污染因子为石油类、非离子氨、COD_{cr}、BOD_5 等,洛河污染属有机污染类型。

表 7-1 水质标准

项目	评价标准				
	Ⅰ	Ⅱ	Ⅲ	Ⅳ	Ⅴ
pH	6.5 ~ 8.5				6 ~ 9
溶解氧(mg/L)	>6	6	5	3	2
化学需氧量(COD_{cr})(mg/L)	<15	15	15	20	25
高锰酸盐指数(mg/L)	<2	4	6	8	10
生化需氧量(BOD_5)(mg/L)	<3	3	4	6	10
非离子氨(mg/L)	<0.02	0.02	0.02	0.2	0.2
亚硝酸盐氮(mg/L)	<0.06	0.1	0.15	1.0	1.0
硝酸盐氮(mg/L)	<10	10	20	20	25
挥发酚(mg/L)	<0.002	0.002	0.005	0.01	0.1
氰化物(mg/L)	<0.005	0.05	0.2	0.2	0.2
总砷(mg/L)	<0.05	0.05	0.05	0.1	0.1
总汞(mg/L)	<0.000 05	0.000 05	0.000 1	0.001	0.001
六价铬(mg/L)	<0.01	0.05	0.05	0.05	0.1
总铅(mg/L)	<0.01	0.05	0.05	0.05	0.1
总镉(mg/L)	<0.001	0.005	0.005	0.005	0.01
石油类(mg/L)	<0.05	0.05	0.05	0.5	1.0

中州渠目前已完全成为接纳洛阳市污水的排污沟，污染相当严重，在进入该区前唐寺断面处综合污染指数仍高达56.45，综合水质类别为 V_7 类，主要污染因子为石油类、生化需氧量、化学需氧量、高锰酸盐指数、非离子氨、挥发酚等，属有机污染类型。

7.1.3 地面水污染特征及原因分析

由前面分析评价结果可以看出，区内地面水体属有机污染类型，造成这种污染的主要原因如下：

(1)大量生活污水未经处理直接排入地面水体；

(2)大量工业废水排入地面水体；

(3)生活垃圾沿河渠堆放，增加了地面水污染；

(4)农业污染源对地表水污染日趋加重。

7.1.4 地面环境质量年际变化

在各级政府的努力下，治污取得了一定成效，地面水体污染得到控制，各河渠 1997 年、1998 年的综合污染指数见表 7-4，由表 7-4 可看出，各河渠水质都有所好转。

表 7-2　偃师市地面水各断面水质监测结果统计(一)

河流	断面	项目	pH 值	悬浮物	总硬度($CaCO_3$)	溶解氧	高锰酸盐指数	化学需氧量	生化需氧量	非离子氨	亚硝酸盐氮	挥发酚	氰化物	总砷	总汞	六价铬	总铅	总镉	石油类	硝酸盐氮	电导率	综合水质类别
洛河	白马寺	样品数	12	12	12	12	12	12	12	12	12	12	12	12	12	12	12	12	12	12	12	V_3
		最小值(mg/L)	7.80	13.0	188.24	6.40	3.20	15.0	1.0	0.003	0.124	0.002	0.002	0.004	0.000 02	0.002	0.005	0.000 5	0.02	2.14	42.0	
		最大值(mg/L)	8.60	234.8	422.48	1.20	7.90	37.70	11.0	1.134	1.394	0.018	0.012	0.007	0.000 02	0.002	0.005	0.000 5	1.34	8.48	228.0	
		超标率(%)	8.33			16.67	0	66.67	25.0	50.0	8.33	8.33	0	0	0	0	0	0	58.33	0		
		平均值(mg/L)	8.0	60.7	297.05	4.33	5.45	25.08	5.42	0.308	0.519	0.005	0.006	0.004	0.000 02	0.002	0.005	0.000 5	0.54	3.45	102.9	
		水质类别	Ⅰ			Ⅳ	Ⅲ	Ⅴ	Ⅳ	Ⅴ	Ⅳ	Ⅲ	Ⅱ		Ⅰ	Ⅰ	Ⅰ	Ⅰ	Ⅴ	Ⅰ		
	伊河汇合处	样品数	12	12	12	12	12	12	12	12	12	12	12	12	12	12	12	12	12	12	12	V_4
		最小值(mg/L)	7.62	14.8	190.28	10.10	4.10	18.60	2.0	0.026	0.143	0.002	0.004	0.004	0.000 02	0.002	0.005	0.000 5	0.36	1.92	28.0	
		最大值(mg/L)	8.60	325.2	377.83	3.50	10.90	54.10	13.0	1.672	1.239	0.014	0.033	0.012	0.000 02	0.002	0.005	0.005	6.72	6.14	203.0	
		超标率(%)	8.33			0	41.67	91.67	33.33	50.0	8.33	33.33	0	0	0	0	0	0	75.0	0		
		平均值(mg/L)	7.94	92.7	302.44	6.35	7.01	31.64	6.25	0.327	0.557	0.008	0.012	0.006	0.000 02	0.002	0.005	0.005	2.44	3.52	96.1	
		水质类别	Ⅰ			Ⅰ	Ⅳ	Ⅴ	Ⅴ	Ⅴ	Ⅳ	Ⅳ	Ⅱ	Ⅰ	Ⅰ	Ⅰ	Ⅰ	Ⅰ	Ⅴ	Ⅰ		
中州渠		样品数	6	6	6	6	6	6	6	6	6	6	6	6	6	6	6	6	6	6	6	V_7
		最小值(mg/L)	7.80	35.8	197.16	4.70	14.20	109.00	27.0	0.034	0.002	0.007	0.002	0.004	0.000 02	0.002	0.005	0.005	1.98	0.60	12.9	
		最大值(mg/L)	8.0	301.4	464.73	0.10	160.0	528.0	194.00	1.036	2.104	0.019	0.260	0.014	0.000 76	0.002	0.005	0.005	30.12	5.34	248.0	
		超标率(%)	0			83.33	100	100	100	83.33	16.67	83.33	16.67	0	0	0	0	0	100	0		
		平均值(mg/L)	7.84	96.7	396.35	1.12	48.35	202.83	65.17	0.525	0.460	0.014	0.051	0.007	0.000 26	0.002	0.005	0.005	11.95	3.97	132.5	
		水质类别	Ⅰ			Ⅴ	Ⅴ	Ⅴ	Ⅴ	Ⅴ	Ⅳ	Ⅴ	Ⅲ	Ⅰ	Ⅳ	Ⅰ	Ⅰ	Ⅰ	Ⅴ	Ⅰ		

表 7-3　偃师市地面水各断面水质监测结果统计(二)

河流	断面	评价指标		高锰酸盐指数	化学需氧量	生化需氧量	非离子氨	亚硝酸盐氮	硝酸盐氮	挥发酚	氰化物	总砷	总汞	六价铬	总铅	总镉	石油类	综合污染指数
洛河	伊洛河区	年均值	P_{ij}	0.88	1.58	1.04	1.64	0.56	0.18	0.80	0.06	0.02	0.02	0.04	0.10	0.10	4.88	11.94
			K_1(%)	7.37	13.23	8.71	13.74	4.69	1.51	6.70	0.50	0.50	0.17	0.34	0.84	0.84	40.87	
	白马寺	年均值	P_{ij}	0.68	1.25	0.90	1.54	0.52	0.17	0.5	0.03	0.04	0.02	0.04	0.10	0.10	1.08	6.97
			K_1(%)	9.76	17.93	12.91	22.0	7.46	2.44	7.17	0.43	0.57	0.29	0.57	1.43	1.43	15.49	
中州渠	唐寺	年均值	P_{ij}	6.04	10.14	10.86	2.62	0.46	0.20	1.40	0.26	0.07	0.26	0.04	0.10	0.10	23.90	56.45
			K_1(%)	10.70	17.96	19.24	4.64	0.81	0.35	2.46	0.46	0.12	0.46	0.07	0.18	0.18	42.34	

表 7-4　1997 年、1998 年各河渠综合污染指数对照

年份	洛河	伊洛河	中州渠
1997	5.76	12.31	73.33
1998	6.83	11.94	52.33
水质变化趋势	稍差	稍好	好

7.2　浅层地下水化学特征

7.2.1　概述

区内浅层地下水主要接受大气降水补给、侧向径流补给、洛河侧渗补给及农业灌溉回渗补给，排泄以人工开采为主；浅层地下水化学特征受地下水补给条件运动规律控制及人为因素的影响。根据浅层地下水水质分析成果，区内浅层地下水总硬度为 104.9 ~ 625.1 mg/L，平均 395.66 mg/L（以 $CaCO_3$ 计）。地下水的 pH 为 7.10 ~ 8.53，矿化度为 262.00 ~ 1 745.79 mg/L，为弱碱性低矿化度的淡水（见表 7-5）。

7.2.2　浅层地下水化学类型及分布规律

按舒卡列夫分类法，区内浅层地下水分为四种水化学类型，其分布规律见图 7-1。

(1) HCO_3 – Ca · Mg 型水：分布在区内古城—南蔡庄—塔庄沿河地带及北部黄土丘陵区。

(2) HCO_3 – Ca · Ng · Ma 型水：分布在区内中部新庄北—杜楼—偃师县城一带。

(3) HCO_3 · SO_4 – Na 型水：分布在石碶—新城一带。

(4) HCO_3 · SO_4 – Ca · Na · Mg 型水：分布在偃师市环世公司—偃师老城一带。

区内浅层地下水由南向北具有明显的水平分带。南部洛河大堤两侧沿河地带，地下水主要接受洛河侧渗补给，其水化学特征与洛河水较相近，为低矿化度的重碳酸型水，水化学类型一般为 HCO_3 – Ca · Mg 型水；中部由于地下水径流条件较差，矿化度、总硬度相对较高，水化学类型一般为 HCO_3 – Ca · Na · Mg、HCO_3 – Ca · Mg · Na 型水；北部黄土丘陵区地下水主要接受大气降水补给，地下水径流条件较好，地下水水质较好，水化学类型一般为 HCO_3 – Ca · Mg 型水（见图 7-1）。

区内地下水化学成分在垂向上也有较明显的变化，见表 7-6，Mg^{2+}、SO_4^{2-} 及总硬度以 50 ~ 100 m 处最大，100 ~ 260 m 处最小，其他离子及矿化度随深度增加逐渐变小。

区内浅层地下水化学成分在枯水期和丰水期亦有明显的变化规律，如总硬度在枯水期往往大于丰水期的总硬度（见表 7-7）表明水化学成分与补给强度相关。

表 7-5　偃师市规划区浅层地下水化学成分统计

项目	范围值(mg/L)	均值	项目	范围值(mg/L)	均值
$K^+ + Na^+$	26.68 ~ 475.50	77.46	Se	<0.005 0	<0.005 0
Ca^{2+}	40.08 ~ 157.11	87.69	Hg	<0 ~ 0.000 2	<0.000 2
Mg^{2+}	18.00 ~ 57.48	43.07	Cd^{2+}	<0.01	<0.01
Fe^{3+}	<0.002 5 ~ 0.10	0.051	Cr^{6+}	<0 ~ 0.06	
Fe^{2+}	<0.02	<0.02	Pb^{2+}	<0.01	<0.01
NH_4^+	0.04 ~ 0.40	0.039	Ag^+	<0.000 14	<0.000 14
Cl^-	12.0 ~ 293.17	67.4	总硬度($CaCO_3$)	104.09 ~ 625.61	395.66
SO_4^{2-}	14.08 ~ 422.66	101.45	暂时硬度($CaCO_3$)	175.16 ~ 585.38	333.24
HCO_3^-	219.05 ~ 724.31	411.85	负硬度($CaCO_3$)	0 ~ 109.0	10.02
F^-	0.20 ~ 0.58	0.388	永久硬度($CaCO_3$)	0 ~ 173.83	77.11
NO_3^-	1.77 ~ 48.70	22.98	总碱度	190.92 ~ 594.19	343.17
NO_2^-	<0.002 ~ 0.01	<0.005	矿化度	262.00 ~ 1 745.79	617.65
Mn^{2+}	<0.002 5	<0.002 5	pH	7.10 ~ 8.53	7.58
Ca^{2+}	<0.002	<0.002	可溶性 SiO_2	9.0 ~ 23.6	17.50
Zn^{2+}	<0.05	<0.05	灼烧残渣	226.62 ~ 559.89	360.83
C_6H_5OH	<0.002	<0.002	灼烧减量	115.08 ~ 197.28	151.38
CN^-	<0.002 ~ 0.012	<0.003	耗氧量	0.64 ~ 1.28	0.91
阴离子合成洗涤剂	<0.1	<0.1	溶氧量	4.99 ~ 9.00	7.08
As^{3+}	<0.01	<0.01	细菌总数(个/L)	10 ~ 840	127
			大肠菌群(个/L)	<3 ~ 11	
本次探采结合孔水质细菌学指标均不超标					

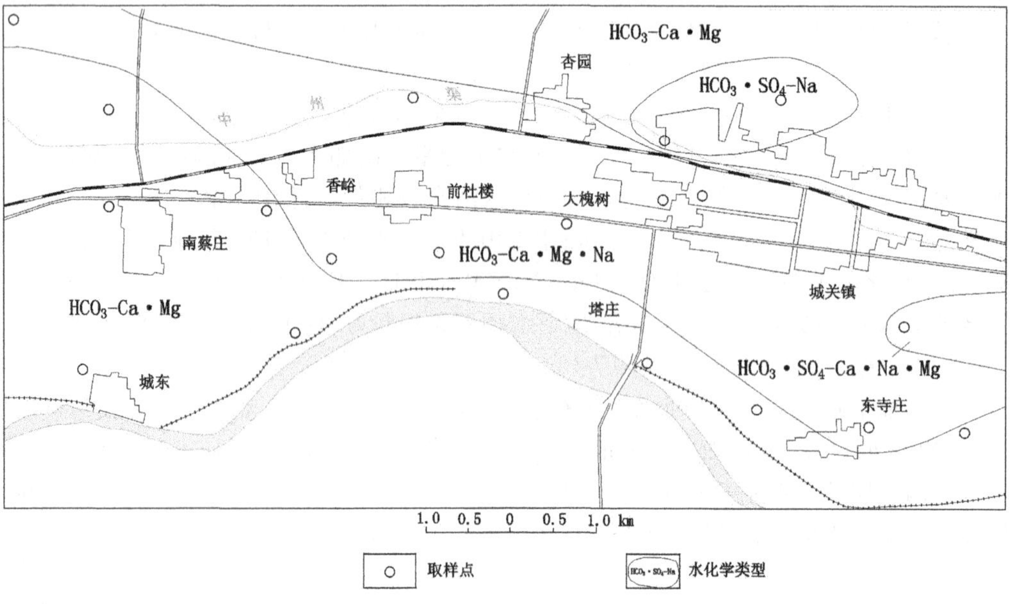

图 7-1　偃师市洛河北岸地下水化学类型分布

表 7-6　不同深度离子含量对比　（单位：mg/L）

深度(m)	Na^+	Ca^{2+}	Mg^{2+}	Cl^-	HCO_3^-	SO_4^{2-}	矿化度	总硬度
<50	114.66	104.21	46.91	105.0	433.22	167.30	800	453.41
50～100	47.20	64.83	77.37	24.82	372.86	234.25	656.60	479.60
100～260	28.54	44.09	17.01	9.2	256.27	12.86	261	180.16

表 7-7　浅层地下水总硬度变化情况统计

位置	偃高供水井	电机厂水井	化肥厂水井
1997 年	482/400	410/340	374/358
1996 年	809/420	474/236	408/400

注：表中分子表示枯水期总硬度(mg/L)，分母表示丰水期总硬度。

7.3　浅层地下水水质评价

根据区内水质分析成果，对浅层地下水进行评价。

7.3.1　饮用水水质评价

根据《生活饮用水卫生标准》(GB 5749—85)进行评价。区内浅层地下水物理性质为无色、无味、无嗅、无肉眼可见物。勘探区内地下水水质完全符合现行《生活饮用水卫生标准》，但在测绘范围内，除部分地带总硬度、Cl^-、SO_4^{2-}、矿化度、细菌学指标超标外，其他分析项目均符合现行《生活饮用水卫生标准》，Cl^-、SO_4^{2-}、矿化度超标点仅分布在偃师东部老城村(见表 7-8)。

表 7-8　浅层地下水超标因子统计

编号	位置	总硬度	矿化度	Cl^-	SO_4^{2-}
X_{28}	偃师市印刷厂	482.93			
X_{22}	阳兴宾馆 310 路南	478.76			
X_{15}	城关镇老城村	585.38	1 745.79	293.17	422.66
X_{34}	城关镇许庄村	625.61			
X_1	环世公司	565.51			
X_7	水厂院内	453.41			
X_9	香峪村南	560.50			
X_{35}	偃师二水厂 1#	479.60			

7.3.2　工业用水水质评价

工业用水水质评价仅按锅炉用水的 4 个主要指标(见表 7-9)进行评价，其计算结果见表 7-10。

表 7-9　锅炉用水水质标准

成垢作用				起泡作用		腐蚀作用	
锅垢总量	水质类型	硬垢系数	水质类型	起泡系数	水质类型	腐蚀系数	水质类型
<125	锅垢很少的水	<0.25	软深淀物水	<60	不起泡的水	>0	腐蚀性水
125~250	锅垢较少的水	0.25~0.5	中等深淀物水	60~200	半起泡的水	<0 $K_k+0.05Ca^{2+}>0$	半腐蚀性水
250~500	锅垢较多的水	>0.5	硬深淀物水	>200	起泡的水	<0 $K_k+0.05Ca^{2+}<0$	非腐蚀性水
>500	锅垢很多的水						
$H_0=S+C+36rFe^{2+}+17rAl^{3+}+20rMg^{2+}+59rCa^{2+}$ 其中：H_0 为锅炉总量（mg/L）； S 为悬浮物含量（mg/L）； C 为胶体总量（mg/L）		$K_N=H_N/H_0$ $H_n=SiO_2+20rMg^{2+}+68(rCL^-+rSO_4^{2-}-rNa^+-rK^+)$		$F=62rNa^++78rK^+$		酸性水 $K_k=1.008(rH^++rAl^{3+}+rFe^{2+}+rMg^{2+}-rCO_3^{2-}rHCO_3^-)$ 碱性水 $K_k=1.008(rMg^{2+}-rHCO_3)$	
注：rFe^{2+}、rMg^{2+}、…分别为 Fe^{2+}、Mg^{2+}…、离子含量（mg/L）							

由表 7-10 可知，区内浅层地下水锅垢总量为 148.00 ~ 555.76 mg/L，属锅垢较少的水；硬垢系数为 0.100 75 ~ 0.594 1，属软沉淀、中等沉淀水；腐蚀系数 $K_k < 0$，$K_k + 0.05Ca^{2+}$ 在 2.21 ~ 3.31 属非腐蚀性或半腐蚀性水，起泡系数为 57.04 ~ 442.06，属起泡、半起泡的水。作为锅炉用水，除偃师市印刷厂、水泵厂、化肥厂、环世公司、城关镇石硖村、老城许庄较差外，其他地带较好。

表 7-10　工业用水水质评价计算成果

孔号	位置	锅垢总量 H_0（mg/L）	硬垢总量 H_n（mg/L）	硬垢系数 K_n	腐蚀系数		起泡系数
					K_k	$K_k + 0.05Ca^{2+}$	
X_{32}	城关镇塔庄桥东北角	361.20	136.28	0.377	-3.83	0.098	131.87
X_{12}	城关镇石硖村	163.77	55.80	0.341	-2.97	-1.137	282.91
X_{28}	偃师市印刷厂	402.88	198.10	0.492	-3.52	1.410	201.62
X_{23}	城关镇东寺庄东	321.45	88.40	0.275	-4.15	-0.192	156.74
X_{13}	邙岭乡牛店新村	186.71	28.00	0.150	-3.01	0.315	57.04
X_{27}	首阳山镇羊二庄二队造纸厂	314.24	68.80	0.190	-3.70	0.899	164.16
X_{26}	古城村北 200 m	380.64	196.15	0.515 3	-3.427	2.201	151.90
X_{25}	南蔡庄村南侧	337.20	173.052	0.513 2	-2.711 5	1.697	207.576
X_{24}	前纸庄村中造纸厂	263.55	14.196	0.433 3	-2.782 1	0.674 9	141.05
X_{33}	东寺庄水厂 2#	148.00	53.00	0.358 1	-2.106 7	-0.102 7	71.92
X_{22}	阳光宾馆 310 公路南	385.42	210.60	0.546 4	-3.255 8	107 342	240.56
X_{14}	城关镇新城村北	167.07	29.60	0.177 2	-4.546 1	-2.211 6	442.06
X_{15}	城关镇老城村	481.65	107.00	0.222 2	-6.572 2	-0.209 7	128.4
X_{34}	城关镇许庄村	555.76	319.64	0.575 1	-4.546 1	3.309 4	214.52
X_{21}	杜楼北电化厂	221.47	60.40	0.272 7	-3.729 6	-0.994 1	168.64
X_{18}	新庄村	295.58	175.60	0.594 1	-2.288 2	1.539 39	76.88
X_{17}	大寨南（二级阶地）	206.51	77.60	0.375 8	-2.459 5	0.035 48	139.98
X_{29}	摩托车厂	334.18	96.52	0.288 8	-3.758 8	0.668 7	330.80
X_{20}	南蔡庄道 310 路南	384.08	152.12	0.396 1	-3.024	2.216 5	164.02
X_{19}	村东村西	367.85	158.8	0.431 9	-3.497 8	1.662 7	129.46
X_1	偃师市环世公司	504.3	191.552	0.379 8	-5.241 6	1.51	403.124
X_2	许庄西农场	226.3	2.8	0.100 75	-3.175 2	-0.45	82.15
X_3	后庄南	311.95	144.88	0.464	-2.772	1.31	76.88
X_4	偃师化肥厂	323.1	135.77	0.42	-2.82	1.109	239.20
X_5	水泵厂	304.45	68.276	0.224	-3.628 8	-0.05	256.866
X_6	红牡丹纸厂	372.3	151.272	0.406	-3.588	0.95	243.16
X_7	水厂院内	402	194.48	0.484	-3.226	1.98	309.07
X_8	纸庄北	414.5	171.124	0.413	-3.78	1.764	331.58
X_9	香峪村南	507.3	196.524	0.387	-3.93	2.82	220.596
X_{10}	后张	375.8	186.44	0.496	-2.74	2.10	135.718
X_{11}	和村	348.3	224.19	0.65	-2.24	2.10	129.89

7.4 中深层地下水化学特征

7.4.1 中深层地下水化学成分

据本次勘探资料及一水厂中深层水水质分析成果，中深层水矿化度为 261 ~ 262 mg/L，总硬度为 175.16 ~ 186.17 mg/L，pH 为 8.10 ~ 8.53，属低矿化度、弱碱性淡水，水质类型为 $HCO_3-Ca\cdot Mg$ 及 $HCO_3-Ca\cdot Mg\cdot Na$ 型水（见表 7-11）。

表 7-11 偃师市洛河北岸中深层地下水化学成分对比 （单位：mg/L）

项目	取样位置		
	东寺庄水厂 2[#]	二水院内 K_2 孔	城关镇石硖村
$K^{+}+Na^{+}$	26.68	28.54	104.15
Ca^{2+}	40.08	44.09	36.37
Mg^{2+}	18.23	17.01	22.97
Cl^{-}	12.0	9.2	23.6
SO_4^{2-}	14.08	12.86	130.64
CO_3^{2-}	6.75	0	0
HCO_3^{-}	219.05	256.27	295.32
NO_3^{-}	13.28	13.28	3.54
Fe^{3+}	<0.05	<0.05	$<2.5\times10^{-3}$
Mn^{2+}	$<2.5\times10^{-3}$	$<2.5\times10^{-3}$	$<2.5\times10^{-3}$
Cu^{2+}	$<2.5\times10^{-3}$	$<2.5\times10^{-3}$	$<2.0\times10^{-3}$
Zn^{2+}	<0.05	<0.05	<0.05
挥发酚类	$<2.0\times10^{-3}$	$<2.0\times10^{-3}$	$<2.0\times10^{-3}$
阴离子合成洗涤剂	<0.10	<0.10	<0.10
F^{-}	0.20	0.18	0.30
CN^{-}	2.0×10^{-3}	2.0×10^{-3}	0.012
As^{3+}	<0.01	<0.01	<0.01
Se	$<5.0\times10^{-3}$	$<5.0\times10^{-3}$	$<5.0\times10^{-3}$
Hg	$<2.0\times10^{-4}$	$<2.0\times10^{-4}$	
Cd^{2+}	<0.01	<0.01	<0.01
Cr^{6+}	<0.004	<0.005	0.008
Pb^{2+}	<0.01	<0.01	<0.01

续表 7-11

项目	取样位置		
	东寺庄水厂 2#	二水院内 K_2 孔	城关镇石硖村
Ag^+	$<1.4\times10^{-4}$	$<1.4\times10^{-4}$	$<1.4\times10^{-4}$
硝酸盐氮	3.0	3.0	0.8
pH	8.53	8.10	7.80
总硬度	175.16	180.16	186.17
暂时硬度	190.92	210.19	242.22
总碱度	3.815	4.10	4.84
负硬度	15.76	30.13	56.05
碳酸盐碱度	0.225	0	0
重碳酸盐碱度	3.59	4.10	4.84
氨氮	<0.02	<0.02	<0.02
二氧化碳	23.0	13.0	18.0

注：所检验项目结果均符合国家《生活饮用水卫生标准》(GB 5749—2006)规定，表中单位为 mg/L。

7.4.2　中深层地下水水质评价

根据水质分析成果对中深层地下水进行不同用途的水质评价。

7.4.2.1　**生活饮用水水质评价**

依据 GB 5749—2006 进行评价，区内中深层地下水所检项目均符合《生活饮用水卫生标准》(GB 5749—2006)。

7.4.2.2　**工业用水水质评价**

工业用水水质评价仅按锅炉用水的 4 个主要指标评价，计算结果见表 7-12，由表 7-12 可知，锅垢总量为 148.0～157.8 mg/L，属锅垢较少的水；硬垢系数为 0.26～0.358 1，属中等沉淀物的水；起泡系数为 71.92～76.90，属半起泡水；腐蚀系数 $K_k<0$，$K_k+0.05Ca^{2+}<0$，属非腐蚀性水，作为锅炉用水，水质较好。

表 7-12　中深层地下水工业用水水质评价计算成果

位置	锅垢总量 H_0(mg/L)	硬垢总量 H_n(mg/L)	硬垢系数 K_n	腐蚀系数		起泡系数
				K_k	$K_k+0.05Ca^{2+}$	
1 水厂 2#	148.0	53.00	0.358 1	−2.906 7	−0.102 7	71.92
K_2 探采结合孔	157.8	41.0	0.26	−2.721 6	−0.517 1	76.90

7.5　地下水水质演变特征

地下水水质的演变除受地质、地形地貌、水文地质条件等因素影响外，与工业污染和人为活动亦密切相关。

从表7-13、表7-14可看出，1989～1998年浅层地下水化学成分基本上没有大的变化，但各个离子的含量呈上升趋势，总硬度、矿化度变化最为明显（见图7-2），其中总硬度1989年平均值为184.33 mg/L，至1998年增大至394.07 mg/L，致使该区内浅层地下水总硬度多数超过现行生活饮用水水质标准。此外，在市区化肥厂一带氨氮含量超标132倍，主要是化肥厂在生产过程中NH_3的跑、滴、漏、随雨水及生产废水长期下渗所致。市水泵厂附近Cr^{6+}含量严重超标（见表7-15）。根据上面资料，超标范围不大，且分布在纸庄水源地下游，对二水厂水源地影响不大。

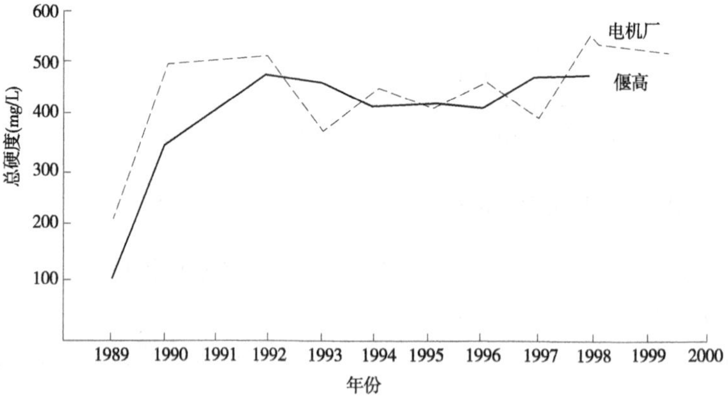

图7-2　偃师市浅层地下水总硬度变化曲线

表7-13　1989年地下水化学成分统计

项目	范围值	均填	项目	范围值	均值
$K^+ + Na^+$	25.76～132.30	77.706	Cr^{6+}	0～0.019	0.005
Ca^{2+}	36.07～98.20	53.782	Hg		
Mg^{2+}	17.081～64.41	39.183	总硬度	96.00～258.00	184.33
Fe^{3+}	0～0.44	0.059	矿化度	252.00～870.00	500.00
Cl^-	7.091～98.2	42.207	pH	7.44～7.90	
SO_4^{2-}	10.086～155.62	78.412	游离CO_2	7.0～24.0	13.334
NO_3^-	2.21～21.75	7.536	可溶性SiO_2	10.0～28.0	19.125
NO_2^-	0～0.011	0.001 8	耗氧量	0.543～7.60	4.001
HCO_3^-	244.068～585.76	363.177	细菌总数	46～2 300	306
F^-	0.220～0.850	0.618	大肠菌群<	9～230	

注：水化学类型主要有$HCO_3-Na\cdot Mg\cdot Ca$、$HCO_3-Ca\cdot Mg\cdot Na$、$HCO_3-Na\cdot Mg$三种类型。

表 7-14 偃师市地下水水质分析成果统计

年份	色度	pH	总硬度（$CaCO_3$）（mg/L）	Zn（mg/L）	Cr^{6+}（mg/L）	Fe^{3+}（mg/L）	F^-（mg/L）	NO_3^-（mg/L）	NO_2^-（mg/L）	NH_4^+（mg/L）	Cl^-（mg/L）	SO_4^{2-}（mg/L）	溶解性总固体（mg/L）	细菌总数（个/mL）	大肠菌群（个 mg/L）	样品数（个）
1990	1~3	6.5~7.0	460~1 422.9								16.8~11.5	20~180		<10~7 230	3~7 230	12
1991	1~3	6.5~7.5	426~806.3								37.8~109.0	20~120		<10	3~7 230	9
1992	1~2	6.8~7.5	255.7~522.0	0.03~0.05	0~0.03	0.06~0.18	0.35~0.7				75~120.0			10~300	3~230	7
1993	0~2	6.8~7.8	127~384.0		0.09		0.5~1.29	0.22~5.86	0.001~0.04		21~136.95			2	2~210	30
1994	1~2	6.5~7.0	164~497.0	0.02~0.5	0~0.38	0.03~0.25	0.3~0.51				35.7~275.0			0~650	3~7 230	23
1995	1~2	6.5~7.0	191~522	0.05~0.12	0~0.22	0.06~0.45	0.36~0.55				30~275.5			0~1 600	<3~18	39
1996	1~2	6.5~6.9	158~1 041	0.2~0.7	0~0.01	0.07~0.2	0.4~0.6				35~245			0~2 500	<3~27	30
1997	1~2	6.7~6.9	216~520	0.2~0.4	0~0.06	0.06~0.12	0.41~0.53			0~4.0	24~150	75~150	155~840	10~381	<3~11	23
1998	0~13	6.5~8.0	200~565.51	0.016~0.6	0~0.13	<0.05~0.3	0.30~0.65	17.71~29.22			20~145	20~216.2	200~999	2~500	<3~7	25

表 7-15　Cr^{6+} 含量一览

时间	1989	1992	1994	1995	1997
Cr^{6+} 含量(mg/L)	0.019	0.03	0.38	0.22	0.06

7.6　地下水环境质量评价

地下水环境质量根据《地下水质量标准》(GB/T 14848—93)进行评价。评价方法采用综合评价分值(F)法,其计算公式为

$$F = \sqrt{(\bar{F}^2 + F_{max}^2)/2}$$

$$\bar{F} = \frac{1}{n}\sum_{i=1}^{n} F_i$$

式中:$\bar{F}$ 为各单项组分评价分值 F_i 的平均值;F_{max} 为单项组分评价分值 F_i 中的最大值;n 为参加评分的项目数。

综合评价分级见表 7-16,计算结果见表 7-17。由表 7-16、表 7-17 可见,偃师老城和许庄一带,浅层地下水水质极差;香峪村南和纸庄北一带浅层地下水水质较差;偃师市印刷厂、阳光宾馆和东寺庄浅层地下水水质较差,此外,偃师其他地方浅层地下水均为水质较好或良好的水。中深层地下水水质较好(见图 7-3)。

表 7-16　综合评价分级(F)

级别	优良	良好	较好	较差	极差
F 值	<0.80	0.80~2.50	2.51~4.25	4.26~7.20	>7.20

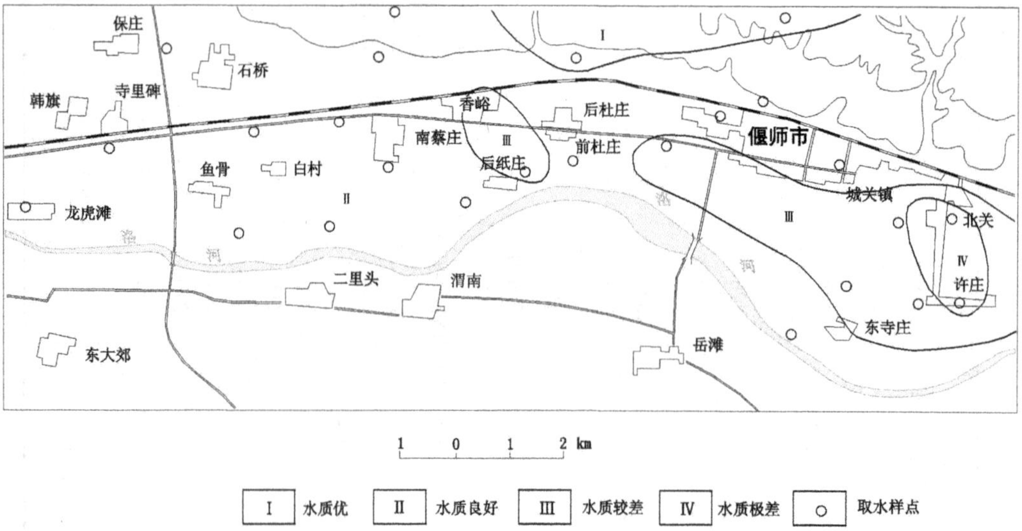

图 7-3　偃师市洛河北岸地下水质量级别分区

表 7-17　偃师市地下水质量评价结果

位置	F_{min}	F_{max}	F	n	位置	F_{min}	F_{max}	F	n
环世公司	1.115	10	7.15	26	许庄村	3.0	10	7.38	5
许庄西农场	1.0	6	4.30	26	杜楼北电化厂	0.4	1.0	0.762	5
后庄南	0.769	3	2.19	26	新庄	1.0	3	2.236	5
偃师化肥厂	1.0	3	2.236	26	大寨南	0.625	3	2.167	8
水泵厂	0.769	3	2.19	26	摩托车厂	1.375	3	2.33	8
红牡丹纸厂	0.769	6	2.19	26	南蔡庄道北 310 路南	1.375	3	2.33	8
水厂院内	1.038	6	4.31	26	古城村西	1.375	3	2.33	8
纸庄北	1.038	10	4.31	26	偃师县城关塔庄桥	0.80	3	2.195	25
番峪村南	1.577	3	7.158	26	偃师市东寺庄东	0.64	3	2.169	25
后张	0.962	3	2.23	26	偃师市印刷厂	0.88	6	4.288	25
和村	0.731	3	2.183	26	偃师城关石硖村	0.64	3	2.169	25
古城村北 200 m	0.769	3	2.19	26	偃师邙岭牛店新村	0.167	1	0.717	6
南蔡庄村南侧	0.961	3	2.23	26	首阳山镇羊二庄	1.167	3	2.276	6
前纸庄村中造纸厂	0.693	3	2.177	26	偃师二水厂 1# 主孔	1.125	6	4.32	8
东寺庄水厂 2#	0.766	6	4.277	26	偃师二水厂 2# 主孔	0.5	3	2.15	8
阳光宾馆 310 公路南	2.6	6	4.624	5	偃师二水厂 3# 主孔	1.0	6	4.30	1
新城村北	1.398	3	2.34	5	偃师二水厂 4# 主孔	0.25	1	0.729	8
老城村	6.398	10	8.394	5					

第 8 章 勘查区地下水开采技术条件与环境保护

8.1 水源地开采方案的确定

8.1.1 布井方案的确定

偃师市第二水厂纸庄水源地属傍河型水源地，洛河岸边地带含水层厚度大，颗粒粗，导水性能好，浅层地下水与洛河水水力联系密切，沿岸布井开采能有效地激发夺取洛河水对地下水的补给，所以确定沿洛河岸边地带布设开采井；考虑到洛河水质已受到污染，开采井尽可能远离河水，以增加地下水径流途径，保证供水水质，开采井布置在洛河大堤北距大堤 400 m 处。

第二水厂初步设计布井方案是平均布井，见图 8-1，平均布井开采所引起的区域水位降深较大，考虑到尽可能减少与农业争水的矛盾，单排布井开采为最佳，因此选用单排布井方案，井间距 500 m 左右，共布置 11 眼，总开采量 52 800 m/d，区域水位降深达 0.03 ~ 2.01 m，井壁水位降深达 5 ~ 8 m。

8.1.2 井深及单井出水量确定

8.1.2.1 浅井井深、孔径及单井出水量的确定

根据勘探资料，浅层含水层底板埋深一般在 60 ~ 70 m，局部达 90 m，其底板为稳定的厚度大于 30 m 的厚层状隔水层，为防止过滤器因沉砂堵塞，底部设置 8 ~ 10 m 沉淀管，所以井深以 100 m 为宜。区内浅层含水层中含有中细砂。为防止管井涌砂，建议建井时加大孔径，以增加滤层厚度，钻探口径以大于 600 mm 为宜。

根据区内水文地质条件和开采布井方案，结合本次勘探抽水试验成果，单井出水量以 4 800 m^3/d 为宜。

8.1.2.2 中深井井深、孔径及单井出水量的确定

本次工作勘探深度在 360 m 以上，综合分析所获得的中深层水文地质资料，依据地层结构，确定中深井井深以 350 m、孔径以 550 mm、单井涌水量以 450 m^3/d 为宜。

8.1.3 井型与井管结构的确定

8.1.3.1 浅井井型与井管结构

根据区内水文地质条件和试验结果，采用管井取水不仅单井出水量大，而且可降低成本，宜于施工，缩短建井周期，又可增大单井出水量。建议采用一径到底的管井井型。

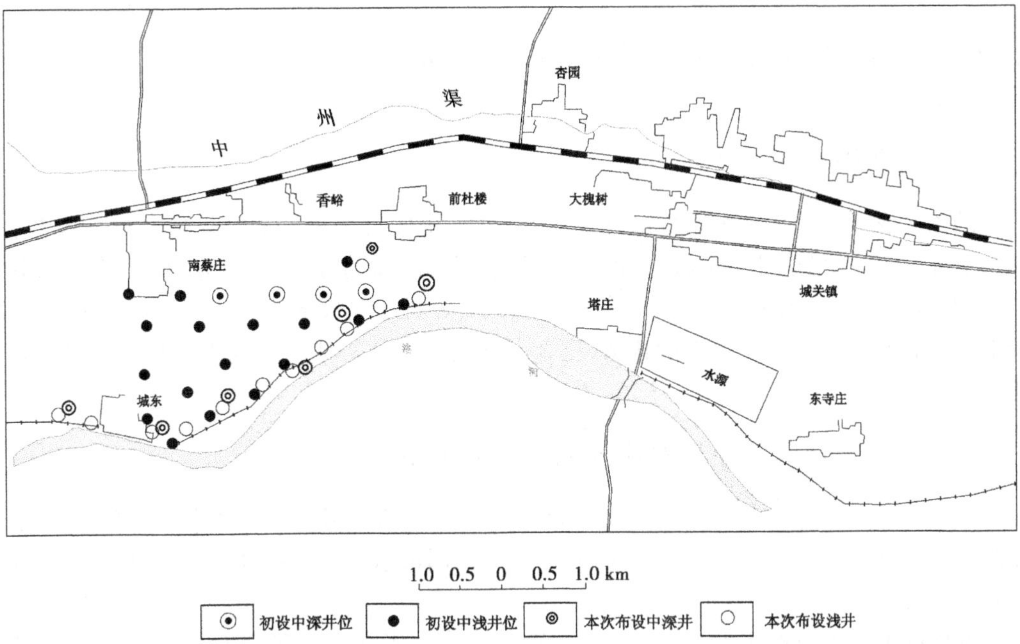

图 8-1　初步设计布井方案与单排(本次)布井方案示意图

区内沿洛河地带含水层渗透系数为 30 ~ 80 m/d;据《供水管井设计、施工及验收规范》(GJJ 10—86),地下水允许下管流速 $V_g \leq 0.010 \sim 0.013$ m/s。采用下式计算井径分别为 400 mm、325 mm、273 mm 时的地下水入管流速见表 8-1。

$$V_c = \frac{Q}{\pi l n D} \tag{8-1}$$

式中:Q 为井孔出水量,m^3/s;l 为过滤器有效长度,m;n 为过滤器进水表面有效孔隙率;D 为井孔直径,m;V_c 为地下水入管流速,m/s。

表 8-1　地下水入管流速与适宜井径选择对比

单井出水量(m^3/d)	4 800		
井径(mm)	400	325	273
入管流速(m/s)	0.011	0.015	0.016
适宜井径(mm)	400		

从表 8-1 可知,生产井单井出水量为 4 800 m^3/d 时,井径以 400 mm 为宜。

8.1.3.2　中深井结构确定

据中深井抽水试验资料及施工技术条件,中深井宜采用“一道管柱,一径到底”的井结构,即 100 m 以上选用 325 mm 管径,100 ~ 350 m 变径为 219 mm。

中深层含水层渗透系数为 24.51 m/d,据《供水管井设计、施工及验收规范》(GJJ 10—86),地下水允许入管流速 $V_g < 0.008$ m/s,井径按 219 mm 采用式(8-1)计算地下水入管流速为 $V_c < 0.006$ m/s,满足要求。

8.2　水源地开采与农业用水的关系

8.2.1　农业用水开采现状

勘探区农业开采地下水以分散开采为主，包括灌溉用水和乡镇企业用水。灌溉用水具季节性，每年在旱季开采量较大，但开采时间不长，灌溉期过后，水位能很快恢复。据调查，农业日开采量约 3.88 万 m^3。多年的动态观测资料和现状条件下均衡计算结果表明，地下水动态基本上趋于自然均衡状态，至今尚未发现因开采地下水而引起的环境地质问题。

8.2.2　水源地开采条件与农业开采条件的关系

水源地开采层埋深在 15 ~ 100 m，井深 90 ~ 100 m；农业开采层与水源地开采层相同，井深 30 ~ 50 m，抽水泵安装深度 12 ~ 15 m，多为洛阳市水泵厂产深井泵；人畜用水为手压井开采，井深 20 ~ 25 m。

勘探区地下水位埋深小于 10 m，一般为 4 ~ 8 m。当开采降深小于 5 m 时，对农业用水影响不明显；当开采降深为 5 ~ 7 m 时，部分井出水量可能减小；若水位降深大于 8 m，农业用水井出现吊泵。

据水位预报结果，第一开采方案开采 5 年后，降深大于 5 m 的范围约 19.8 km^2（见图 8-2）。由此可见，在首电水源地和二水厂水源地全部开采条件下，对区内工农业条件影响不大。

8.3　地下水资源保护

纸庄水源地与洛河水联系密切，包气带岩性为粉土，垂直渗透能力较强。所以，水源地卫生防护很重要，现提出如下建议：

（1）不得向洛河及其主要支流排入未经处理的工业废水及各类污水，水源地范围内，不得使用大量持久性、剧毒性农药。

（2）对水源地水质进行长期监测，发现水质异常应及时分析原因，采取防治措施。对洛河河床底泥应定期取土样进行污染分析，确定其污染程度，防止污染进一步加重。

（3）水源地应根据国家颁布的《饮用水源保护区污染防治管理规定》，充分考虑水源地地质地貌、环境水文地质条件、地表水体现状、工农业布局、城市发展规划等情况，分级建立卫生防护区。防护区内严禁超标废水排入、堆入生活及工业垃圾，应涵养和保护地下水资源。

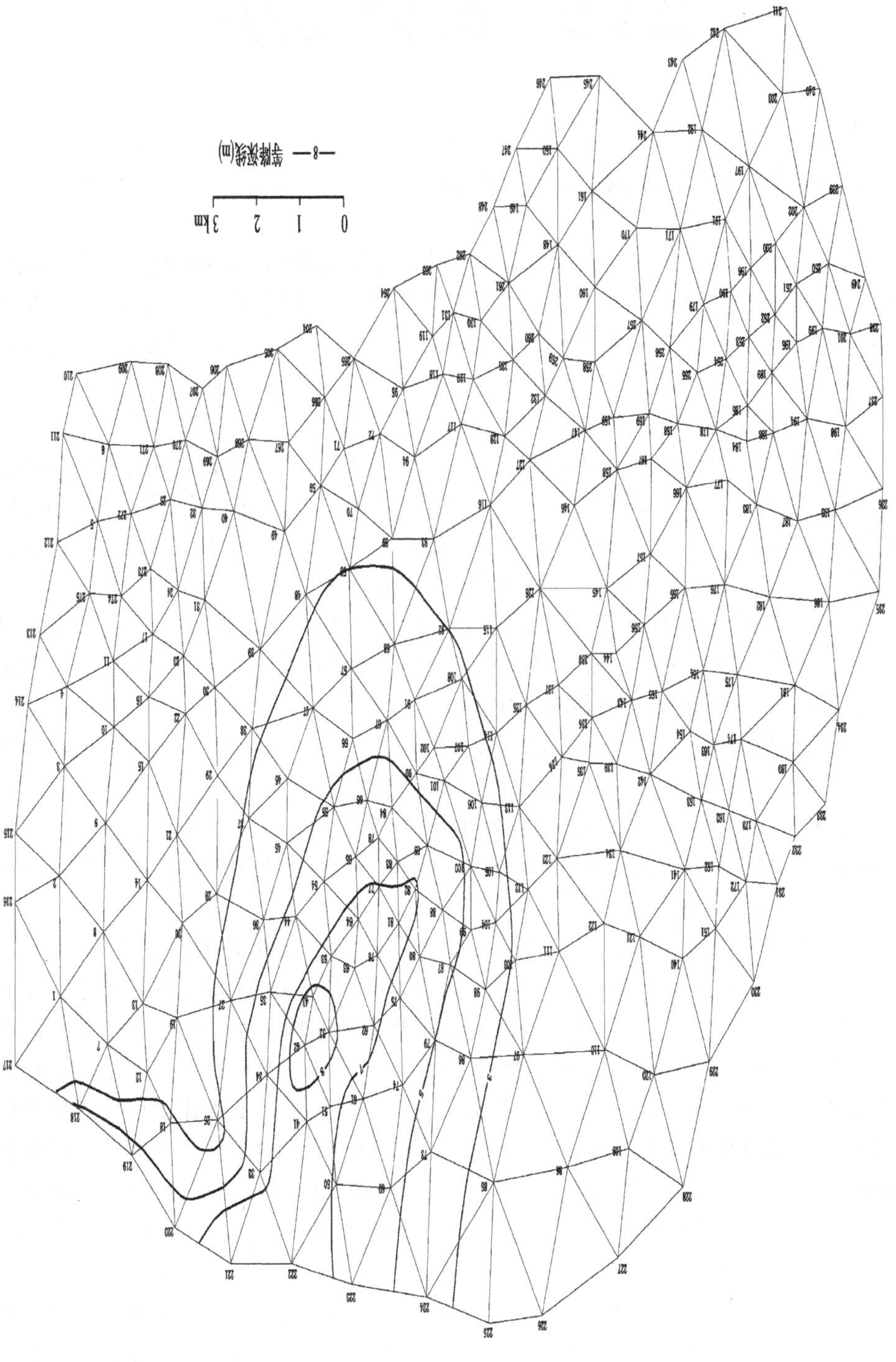

图 8-2　第一方案开采 5 年后等降深线图

第 9 章　结论和建议

9.1　区域地下水环境演化结论

随着工农业的发展,洛阳盆地地下水开采量始终呈增加趋势,导致地下水位大幅度持续下降。洛阳盆地内地下水动力场尤其是浅层地下水动力场在过去的几十年内已呈现不同程度的退化,地下水化学场朝恶化方向发展。地下水化学组分含量不断增加,地下水硬度逐年提高,并超过现行饮用水水质标准。本章研究了大规模开采地下水以来地下水演化规律,探讨了控制和影响地下水演化的主要因素,得出如下结论:

(1)影响洛阳盆地地下水位动态的因素有地形、地貌、岩性和水文地质条件等静态因素以及气象、水文和人为因素等动态因素。根据影响地下水位动态变化的主要因素,区内地下水位动态可划分为水文型及气象水文型、降水入渗型、径流 - 开采型、气象 - 径流开采型、径流 - 开采型、降水入渗 - 径流 - 灌溉型、回灌 - 开采型。

(2)地下水开采,造成区域地下水位大幅度持续下降。洛阳盆地地下水动力场已发生明显变化,主要表现在两个方面:一是地下水位持续下降及降落漏斗不断扩大;二是地下水埋藏条件和地下水流场发生显著变化。

(3)研究区浅层地下水动力场演化的最直接因素是地下水系统的内部结构和人为开采活动。地下水系统的内部结构是指含水层系统的水文地质特征,特别是含水层的发育程度及由此决定的地下水循环条件,是控制地下水动力场演化的内在因素。人为开采活动是影响地下水动力场演化进程的外部条件。此外,气象、水文因素的变化也是影响地下水动力场演化进程的重要方面。

(4)洛阳盆地第四系浅层地下水化学环境皆呈不同程度的退化趋势,地下水宏量组分、NO_3^-、TDS、总硬度的迅速升高是地下水化学环境退化的主要标志,地下水化学环境主要受水文地质条件和人类工程活动等因素的控制和影响。地下水中的宏量组分大幅度上升,导致总硬度、TDS 大范围升高;地下水已遭受 Cr^{6+}、NH_4^+、NO_3^- 等有毒、有害物质的污染;其污染程度城市区大于郊区,反映了人类活动强度大小对地下水化学环境演化的控制作用;洛阳市区及偃师市区地下水化学环境退化速率最快;地下水开采降落漏斗区地下水化学环境退化速率又明显快于非降落漏斗区;洛阳城市区已运行的水面工程,使地下水化学场发生了重分布,总硬度、NO_3^- 等含量呈降低趋势;水面工程的运行,使洛河水对地下水补给量增加,导致 NH_4^+ 等污染物进入浅层地下水。

(5)洛河河床岩性均由砂砾石组成,其中夹有薄层黏性土和泥质粉细砂层,对各种污染物的净化能力均达到 90% 以上,在 pH 大于 7 的条件下,重金属在渗透过程中可完全被净化,NH_4^+、NO_2^- 的净化能力在 95% 以上,而 NO_3^- 的含量升高(见表 6-2)。

(6)包气带介质层对重金属有很强的净化能力,尤其是对 Cu^{2+}、Pb^{2+} 净化能力最强;

中细砂对 COD、BOD 有较强的去除能力，试验初期，降低量在 70% ~80%；包气带介质层对 Cl 净化能力较弱，在短时间内介质中就达到饱和而失去净化能力；在同一介质层中，在未达到吸附饱和之前，渗出的水中污染物含量随时间的延续而逐渐减少；在达到饱和以后，渗出水中污染物含量随时间的延续而增加。

(7)河水水质对地下水化学环境的演化也有显著的控制作用。地下水的总硬度、TDS、Cl^- 的含量都明显高于河水的浓度。地下水中 NH_4^+ 的含量随距离河流的距离的增加而减少。地下水中的 NO_3^- 的含量随距离河流的距离的增加而增加，同时有 NO_2^- 检出。地下水中的 COD 的含量随距离河流的距离的增加而减少。

(8)污灌区地下水中的宏量化学组分和污染组分的含量明显高于非污灌区地下水的含量，污水灌溉直接污染了地下水，污水灌溉加速了地下水环境退化的速率。

(9)地下水化学环境演化以地下水中 NO_3^-、NH_4^+、TDS、硬度、Cl^-、SO_4^{2-} 等化学组分的升高为特点。地下水化学环境演化主要受水文地质条件、污染河流、污水灌溉、大规模开采地下水、环境污染等因素的控制和影响。地下水环境演化是人类活动的结果，表现为随人类活动强度的变化而变化，近十余年来，随着区内工农业的发展，地下水环境退化呈现不断增加的趋势。

9.2　勘查结论

(1)偃师市第二水厂纸庄水源地属傍河型水源地。350 m 以上含水层呈多层状，主要为冲积、冲湖积松散堆积物。可划分为浅层含水层(埋深小于 100 m)和中深层承压水(100 ~350 m)两个含水层组。

(2)勘探资料表明，浅层含水层由第四系上更新统和全新统冲积砂、砂砾石组成，厚度大，一般 40 ~50 m，空间展布稳定。透水性好，渗透系数 K 为 30 ~80 m^3/d，水量丰富，傍河地带，降深 5 m 时单井出水量大于 5 000 m^3/d，与洛河水力联系密切，是该水源地的主要开采层。

中深层含水层组，由砂、砂卵石组成，是区域上(洛阳盆地)中深层含水层在本区的延伸，在盆地西部边缘与浅层含水层组联系较密切(区内无联系)。降深为 15 m 时单井出水量为 4 000 ~5 000 m^3/d，补给条件稍差，可作为水源地辅助开采层。

(3)地下水可采资源量计算和评价根据群孔及多孔抽水资料，利用多种不同方法求参，利用二维有限元计算结果表明，水源地以 52 800 m^3/d 开采量开采 5 年，平水年枯水期开采漏斗区最低水位标高 102.66 m，与开采前相比水位降低 8.59 m。根据均衡计算结果，在开采条件下，地下水总补给量为 58.171 万 m^3/d，除去现状开采量 35.436 万 m^3/d，剩余 18.88 万 m^3/d，因此水源地开采是有保证的。

中深层地下水采用不同方法评价，新增开采量为 1.8 万 m^3/d，可作为该水源地的辅助水源进行试验性开采。

(4)勘探区内浅层地下水主要来自上游地下潜流的侧向补给和大气降水、洛河水及渠水的垂直入渗和灌溉水回渗。采用数值法及水均衡法计算结果表明，水源地开采 5.28 万 m^3/d，其中补给量是有保证的且对邻近水源地无显著干扰，对周围环境条件也不会产生明显影响。

(5)水源地地下水为无色、无味、无嗅、透明度好、矿化度低的淡水,水质良好。符合饮用水标准,勘探区地下水中的各种离子及污染物含量均未超标,但测绘范围内已有 NH_4^+、NO_2^-、总硬度、Cr^{6+}、SO_4^{2-} 等离子超标,洛河水已受严重污染,应引起重视。

(6)根据水源地开采条件,浅层水开采采用傍河单排布井为最佳开采方案,浅层水开采井井距为500 m,单井出水量以4 500 ~5 000 m^3/d 为宜,井径为400 mm;中深层水开采井井距以 1 000 m 为宜。

9.3 建 议

(1)水源地应按国家颁布的有关标准和报告中的意见,建立水源地卫生防护带,鉴于水源地傍河取水的特点,应特别注意对洛河水质的保护,对区内污水排放应引起注意。

(2)合理开发和保护地下水资源。目前,已建立的地下水观测网,应继续进行观测;开采期间,应建立专门性观测系统,随时掌握地下水位、水质的变化特征,为科学管理地下水提供基础依据。

(3)深入研究洛河对地下水的补给机理,以及洛河水质对地下水水质的关系。包气带地层对有机污染物的吸附、过滤作用等进行专题研究。

(4)洛河河床岩性为粉砂、细砂、粉细砂,引河水补给地下水是一种有效措施,可建设拦河橡胶坝拦蓄河水,增加河水对地下水的补给。

(5)目前,城市区地下水开采已形成以化肥厂为中心的开采降落漏斗,应尽快调整市区地下水开采方案,关闭化肥厂自备井和一水厂 2[#]和 3[#]供水井;化肥厂取水地段移至塔庄至新寨在傍洛河地带或转用城市集中供水网供给,若采用傍河取水方案应采用探采结合的方法进一步加以论证,这样对保护城市水源具有长远的现实意义。

(6)在开采中深层地下水时,采用探采结合的方法进一步对中深层水进行评价,为水源地施工设计提供开采中深层水的依据。

参考文献

[1] Barlow P M, Desimone L A, Moench A F. Aquifer response to stream-stage and recharge variations. Ⅱ. Convolution method and applications. Journal of Hydrology, 2000, 230(3-4): 211-229.

[2] Bear J. 地下水水力学[M]. 许涓铭等译. 北京:地质出版社, 1985.

[3] Beyerle, U.; Aeschbach-Hertig, W.; Hofer, M.; Imboden, D. M.; Baur, H.; Kipfer, R.

[4] Bouwer, H.. In: Chow, V. T., (Ed.), Theory of Seepage from Open Channels, Advances in Hydroscience, 1969, 5: 121-172.

[5] Bouwer, H.. Unsaturated flow in groundwater hydraulics. Am. Soc. Civ. Engr, J. Hydrauls Div. 1964, 90(5): 121-144.

[6] Bresler, E., Simultaneous transport of solute and water under transient unsaturated flow conditions, Water Resour. Res., 9: 975-980, 1972.

[7] Bresler, E., Two-dimensional transport of solutes during nonsteady infiltration from a trickle source, Soil Sci. Soc. Amer. Proc., 39(4), 1975.

[8] Cey E. E., Rudolph D. L., Parkin G. W., et al. Quantifying groundwater discharge to a small perennial stream in southern Ontario, Canada. Journal of hydrology, 1998, 210: 21-37.

[9] Cook, P. G.; Favreau, G.; Dighton, J. C.; Tickell, S. Determining natural groundwater influx to a tropical river using radon, chlorofluorocarbons and ionic environmental tracers. Journal of Hydrology Volume: 277, Issue: 1-2, June 1, 2003, 74-88.

[10] Criss R. E., Davission M. L.. Isotopic imaging of surface water/groundwater interactions, Sacramento Valley, California. Journal of hydrology, 1996, 178: 205-222.

[11] Dillon, P. J., Liggett, J. A., 1983. An ephemeral stream-aquifer interaction model. Water Resour. Res. 19(3), 621-626.

[12] Feddes R. A., Kowalik P. J. and Zaradny H.. Simulation of field water use and cropyield. Simulation Monograph, 9. Poduc, Wageningen, 1978, 189.

[13] Feddes R. A.. Modeling and simulation in hydrologic system related to agricultural development: state of the art. Agric. Water manage. 1988, 13: 235-248.

[14] Grebenyukov P. G.. Interaction between surface and subsurface waters: case study of a region in Kazakhstan. Water resources, 2001, 28(1): 26-32.

[15] Grove, D. B. and Stollenwerk, K. G., Chemical reactions simulated by ground-water-quality models, Water Resources Bulletin, 23(4): 601-615, 1987.

[16] Hantush M. M.. Chance constrained model for management. Journal of water resources planning andmanagement, ASCE, 1989, 115(3).

[17] Hillel D. Computer Simulation of Soil Water Dynamics[M]. Academic Press, New York, 1977.

[18] Illangaselkare T., Morel-Seytoux H. J.. Stream-aquifer influence coefficient as tools for simulation and management. Water resources research, 1982, 18(1): 168-176.

[19] Infiltration of river water to a shallow aquifer investigated with 3H/3He, noble gases and CFCs.

[20] James W. M.. Model for prescribing groundwater use permits. Journal of water resources planning and management, ASCE. 1992, 118(5): 224-230.

[21] Journal of Hydrology Volume: 220, Issue: 3-4, September 9, 1999: 169-185.

[22] Jury, W. A., Biggar, J. W., field scale water and solute transport thoruth unsaturated soils, ed. by Shaubberg &J. Shalhevet, soil salinity under irrigation: processes and management, Berlin, 1984.

[23] Jury, W. A., Biggar, J. W., field scale water and solute transport thoruth unsaturated soils, ed. by Shaubberg & J. Shalhevet, soil salinity under irrigation: processes and management, Berlin, 1984.

[24] Lyons W. B., Tyler S. W., Gaudette H. E., and Long D. T.. The use of strontium isotopes in determining groundwater mixing and brine fingering in a playa spring zone Lake Tyrrell, australia. Journal of hydrology, 1995, 167: 225-239.

[25] McDonald, M. G., Harbaugh, A. W., 1983, 1984, 1988, 1996. A modular three-dimensional finite difference groundwater model. United States Geological Survey, Openfile Report No. 6.

[26] Moench A. F., Barlow P. M.. Aquifer response to stream-stage and recharge variations. I. Analytical step-response functions. Journal of Hydrology, 2000, 230(3-4): 211-229.

[27] Morel-Seytoux H. J.. A combined model of water table and river stage evolution. water resources research, 1975, 11(6): 968-972.

[28] Morel-seytouxHJ. A simple case of conjunctive surface-groundwater management. Groundwater. 1985, 13(6): 506-515.

[29] Nathant, Bruas. 地表地下水系统动态管理. 水文地质工程地质译丛. 1993(2): 1-82.

[30] Neuman, S. P., Feddes, R. A., Bresler, E., Finite element analysis of a 2-dimensional flow insoils considering water uptake by roots: Theory, Field application, Soil Sci. Soc. Amer. Proc. 39(2): 224-252, 1975.

[31] Nielsen, D. R., Biggar, J., W. and Erh1, T., Spatial variability of field measured soil, water properties, Hilgardia, 42: 215-259, 1973.

[32] Osman Y. Z., Bruen M. P.. Modeling stream-aquifer seepage in an alluvial aquifer: an improved loosing-stream package for MODFLOW. Journal of Hydrology, 2002, 264: 69-86.

[33] Pucci A. A. Jr., Pope D. A.. Simulated effects of development on regional ground-water/surface-water interactions in the northern Coastal Plain of New Jersey. Journal of hydrology, 1995, 167: 241-262.

[34] Rao Vemari V. and Cedeno W.. New genetic algorithm for multi-objective optimization in water resource management. Proceeding of the IEEE conference on evolutionary computation, 1995: 495-500.

[35] Rovey, C. E. K.. Numerical model of flow in stream aquifer system, Hydrology Paper No. 74, Colorado State University, Fort Collins, Colorado. 1975.

[36] Serrano S. E., Workman S. R.. Modeling transient stream/aquifer interaction with the Boussinesq equation and its analytical solution. Journal of hydrology, 1998, 206(3-4): 245-255.

[37] Serrano S. E., Workman S. R.. Modeling transient stream/aquifer interaction with the non-linear Boussinesq equation and its analytical solution. Journal of Hydrology, 1998, 206: 245-255.

[38] Silliman S. E., Ramirez J., McCabe R. L.. Quantifying downflow through creek sediments using temperature time series: one-dimensional solution incoparating measured surface temperature. Journal of hydrology, 1995, 167(1-4): 99-119.

[39] Sophocleous M. A., Koelliker J. K., Govindaraju R. S., Birdie T., Ramireddygari S. R., Perkins S. P.. Intergrated numerical modeling for basin-wide water management: the case of the Rattlesnake Creek basin in south-central Kansas. Journal of hydrogy, 1999, 214(1-4): 179-196.

[40] Unger P. W., Vigil M. F.. 覆盖作物对土壤水的影响[J]. 水土保持科技情报, 2000(1): 1-3.

[41] Wang M. and Zhang C.. Groundwater management optimization using genetic algorithms and simulated annealing: formulation and comparision. Journal of the American Water resources Association, 1998, 34

(4):519-530.

[42] WillisR, WilliamW-GYeh. Groundwater system planning and management New jersey. Pren-tice Hall, 1987. 21-233.

[43] Winter T. C. ,Harvey J. W. ,Franke O. L. and Alley W. M. Ground water and surface water: a single resource. U. S. Geological Survey Circular1139,Denver, Colorado. 1999.

[44] Workman S. R. ,Serrano S. E. and Liberty K.. Development and application of an analytical model of stream/aquifer interaction. Journal of Hydrology,1997,200:149-164.

[45] Yehdegho B. , Rozanski K. , Zojer H. , Stichler W.. Interaction of dredging lakes with the adjacent groundwater field: an isotope study. Journal of hydrology,1996,192:247-270.

[46] 蔡喜明,翁文斌,等. 基于宏观经济的区域水资源多目标集成系统[J]. 水科学进展,1995(2):139-144.

[47] 陈崇希,林敏. 地下水动力学[M]. 武汉:中国地质大学出版社,1999.

[48] 陈崇希,裴顺平,王逊. 非完整河的数值模拟方法及建模中的若干问题[J]. 勘察科学技术,1999(4):3-6.

[49] 陈模,杨绍斌. 焉耆盆地盐渍化土壤的形成与改良[J]. 国土与自然资源研究,1992(3):46-49.

[50] 程先军,许迪. 地下滴灌土壤水运动和溶质运移的数学模型及验证[J]. 农业工程学报,2001,16(7):1-4.

[51] 冯耀龙,韩文秀,王宏江,等. 面向可持续发展的区域水资源优化配置研究[J]. 系统工程理论与实践,2003(2):133-138.

[52] 郭元裕,李寿声. 灌排工程最优规划与管理[M]. 北京:水利电力出版社,1994(10):172-180.

[53] 黄冠华. 模糊线性规划在灌区规划与管理中的应用[J]. 水利学报,1991(7):40-44.

[54] 黄康乐. 饱和—非饱和水盐运动的研究及其在土壤盐碱地改良中的应用[D]. 武汉:武汉水利电力大学,1987.

[55] 蒋业放,鲁静. 河流—含水层相互作用条件下的数值计算问题[J]. 河北地质学院学报,1994,17(4):378-386.

[56] 蒋业放,张兴有. 河流与含水层水力耦合模型及其应用[J]. 地理学报,1999,54(6):526-533.

[57] 靳孟贵,刘延锋,董新光,等. 节水灌溉与农业面源污染控制研究——以新疆焉耆盆地为例[J]. 地质科技情报,2002,21(1):51-54.

[58] 雷志栋,杨诗秀,等. 土壤水动力学[M]. 北京:清华大学出版社,1988.

[59] 李令跃,甘泓. 试论水资源合理配置和承载能力概念与可持续发展之间的关系[J]. 水科学进展,2000,11(3):307-313.

[60] 李卫东,李保国,石元春. 区域冲积土壤质地剖面的随机模拟及其在土壤水转移上的应用[J]. 中国农业大学学报,1996,1(5):46.

[61] 李卫红,袁磊. 新疆博斯腾湖水盐变化及其影响因素探讨[J]. 湖泊科学,2002,14(3):223-227.

[62] 李韵珠,陆景文,黄坚. 蒸发条件下粘土层与土壤水盐运移[C]//国际盐渍土改良学术讨论会论文集. 1985:176-190.

[63] 刘健民,张世法,刘恒,等. 京津唐地区水资源大系统供水规划和调度优化的递阶模型[J]. 水科学进展,1993(2):98-105.

[64] 刘文祥,李喜俊,郭海燕. 新疆博斯腾湖水环境容量研究[J]. 环境科学研究,1999,12(1):35-38.

[65] 吕殿青,王文焰,王全九. 滴灌条件下土壤水盐运移特性的研究[J]. 2000,19(1):16-21.

[66] 吕殿青,王全九,王文焰. 滴灌条件下土壤水盐运移特性的研究现状[J]. 水科学进展,2001,12(1):107-112.

[67] 潘世兵,王忠静,邢卫国.河流含水层数值模拟方法探讨[J].水文,2002,22(4):19-21.
[68] 沙鲁生,方红远,蔡守华,等.模拟技术与多目标决策在平原湖区水资源优化调度中的应用[J].农田水利与小水电,1995(12):12-17.
[69] 石玉波,母敏霞,等.广义响应函数在地表地下水联合管理中的应用[J].水利学报,1996(4):65-72.
[70] 唐德善.大流域水资源多目标优化分配模型研究[J].河海大学学报,1992(2):35-439.
[71] 王桂芬.地膜覆盖条件下土壤水及溶质运移规律的室内试验研究[J].水利水电技术,1996(3):43-47.
[72] 许迪,程先军.地下滴灌土壤水运动和溶质运移数学模型的应用[J].农业工程学报,2002,18(1):17-21.
[73] 许新宜,王浩,甘泓.华北地区宏观经济水资源规划管理理论与方法[M].郑州:黄河水利出版社,1997.
[74] 薛松贵,王益能.网络方法在流域水资源利用模拟模型研究中的应用[J].水科学进展,1995(1):66-70.
[75] 延耀兴,谢冰.水资源系统分析中的限界搜索法[J].西北水资源与水工程,1995(3):26-35.
[76] 尹美娥.咸水灌溉下的土壤水盐运动规律[J].水利水电技术,2000,31(7):22-24.
[77] 曾赛星,李寿声.灌溉水量分配大系统分解协调模型[J].河海大学学报.1990(1):67-758.
[78] 赵耀东.傍河水源地诱发补给试验研究[J].西北水资源与工程,1991(1).
[79] 朱文彬.水资源开发利用与区域经济协调管理模型系统研究[J].水利学报,1995(11):31-38.
[80] 左强.改进交替方向有限单元法求解对流弥散方程[J].水利学报,1993(3):1-10 .